装幀　田中久子

人類の未来に危険が潜むとすれば、それはヒトが
種として衰亡することではなく、
生物の進化が究極の皮肉に終わることにある。
人類の心をとおして己を理解したまさにそのとき、
生命は自らのもっとも美しい創造物を
すでに破滅の淵に追いやってしまっているのだ。

———E・O・ウィルソン

数十世紀という長いときがあったとしても、
事が起きるのは今このときしかない。

———ホルヘ・ルイス・ボルヘス

6度目の大絶滅

目次

●本文中、（　）は原注、［　］は訳注を表す。また、＊は傍注、［　］の数字は巻末注番号を示す。
●本文中の書名は、未邦訳のものは初出に原題とその逐語訳を併記した。

生命の歴史における主要な出来事（過去５億年）

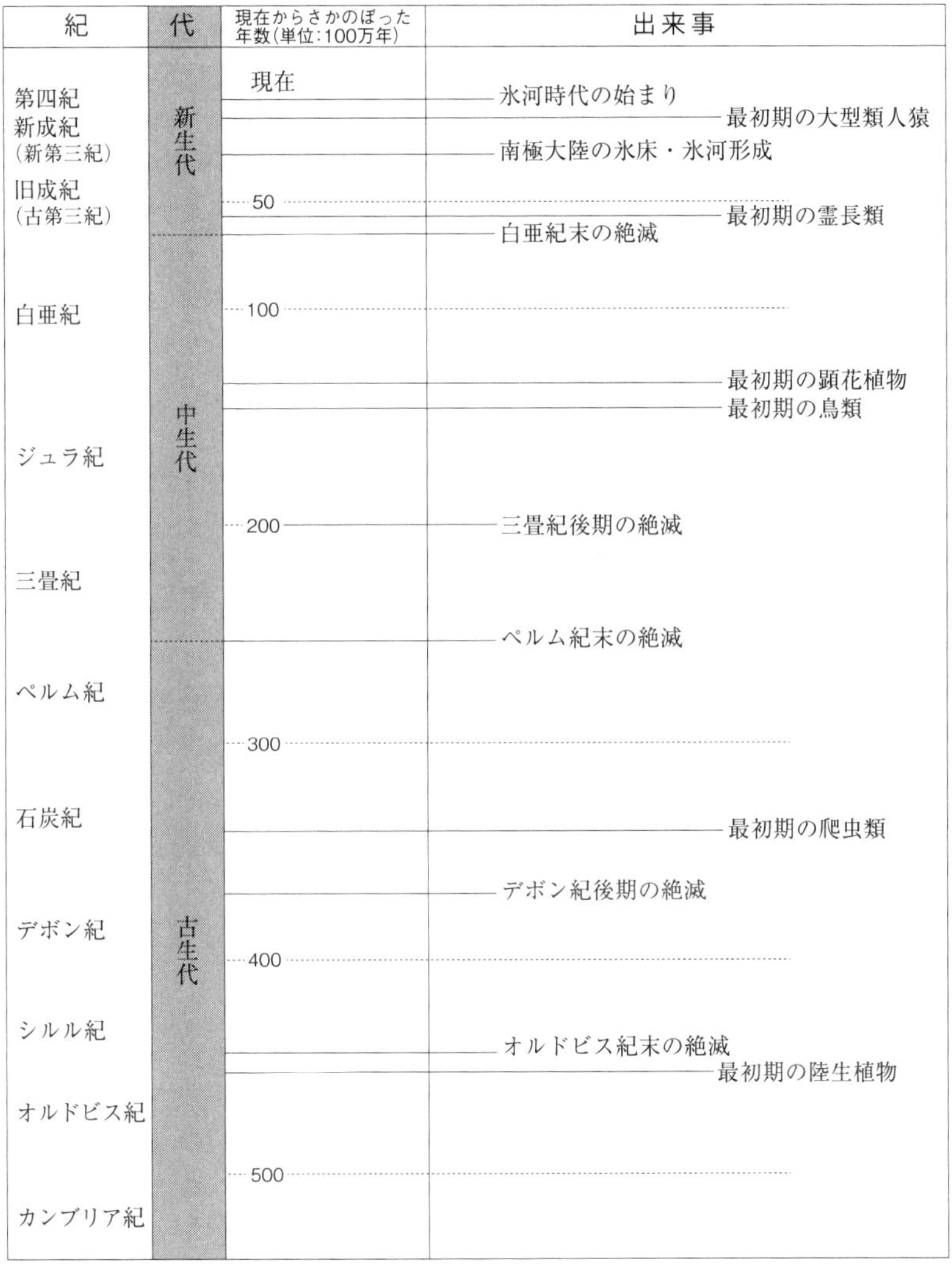
紀
代
現在からさかのぼった年数（単位：100万年）
出来事
第四紀
新成紀
（新第三紀）
旧成紀
（古第三紀）
白亜紀
ジュラ紀
三畳紀
ペルム紀
石炭紀
デボン紀
シルル紀
オルドビス紀
カンブリア紀
新生代
中生代
古生代
現在
50
100
200
300
400
500
氷河時代の始まり
最初期の大型類人猿
南極大陸の氷床・氷河形成
最初期の霊長類
白亜紀末の絶滅
最初期の顕花植物
最初期の鳥類
三畳紀後期の絶滅
ペルム紀末の絶滅
最初期の爬虫類
デボン紀後期の絶滅
オルドビス紀末の絶滅
最初期の陸生植物

プロローグ

とかく始まりというものは闇に包まれている。この物語にしても、始まりはおそらく二十万年前の新しい種の誕生にさかのぼるということしかわかっていない。このとき、その種にまだ名前はない。というより、名前をもつものはまだなにもない。ところが、この種はものを名づける能力をもっている。

新しく生まれた種がどれもそうであるように、彼らの状況もまだ不安定だ。総個体数は少なく、住みついた範囲はアフリカ東部の一角に限られている。ゆっくりと数が増えるが、ふたたび減っただろう。ほとんど絶滅寸前になり、わずか数千のつがいになったとも言われる。

この新種は、取り立ててすばしこいわけでも、強いわけでも、多産なわけでもない。ところが、著しく知略に富む。彼らは、やがて気候や捕食者や獲物が異なる地域にまで徐々に広がっていく。住処《すみか》や地形の制約ものともせず、河川、高地、山脈をわたる。沿岸では貝類を採集し、内陸では哺乳類を狩る。どこに腰を落ち着けても、工夫を凝らしてその場所に慣れていく。ヨーロッパ大陸に達すると、自分たちによく似た生き物に遭遇した。これらの生き物はもともとこの大陸に長く暮らしてきたもので、がっしりして筋骨たくましい。新種はこの生き物たちと交雑し、何らかの手段で彼らを根絶やしにしてしまう。

この話の顚末《てんまつ》が新種のその後をよく物語る。拡散するにしたがい、この種は自分たちの二倍、十倍、あるいは二十倍も大きい動物たちに出会う。巨大なネコ科の動物、見上げんばかりのクマ、ゾウほどもあるカメ、体高が四・五メートルはあろうかというナマケモノ……。これらの種はより力強く獰猛《どうもう》だった。それでも繁殖のスピードが遅く、全滅の憂き目にあう。

陸生動物であるにもかかわらず、私たち新種は創意工夫に満ち、海をもわたる。長さが三〇センチメートルの卵を産む鳥類、ブタくらいの小さなカバ、巨大なトカゲなど、独特の進化をとげた動物の暮らす島々にも足跡を残す。孤絶した環境にいたこれらの動物は、新参者や彼らについてくる動物（たいていの場合はネズミ）に対処する能力がない。そのため多くは姿を消す。

こうしたことを何千年、何万年とくり返しながら、すでに新種とも言えなくなった私たちは地球の隅々にまで広がる。この時点で、いくつかの出来事がほぼ同時に起き、自らホモ・サピエンスと呼び習わすようになった人類は未曾有《みぞう》の速度で人口を増やす。一世紀で人口が倍になり、さらに倍に、そのまたさらに倍になる。広大な森林が消えていく。人類は生きるために、意識して森林を開拓する。そして、ほぼ無意識のうちに、生物を大陸間で移動させて生物圏を再構築する。

あるとき、これまでにない劇的な変化が訪れる。地下深く埋蔵されたエネルギー源を発見した人類は、大気の組成を変えはじめる。やがてこれが気候と海水の化学成分の変化につながる。動植物の一部は別の場所に移動してこうした変化に対応する。山に上ったり、極地へ移動したりするのだ。しかし大半はそうはいかない。最初は数百、やがて数千、そしておそらく何百万種という動植物が、気づけば死の淵に立たされている。絶滅率が急上昇し、生物界が様変わりする。

地球上の生命をこれほど変えた生き物はいまだかつてないが、これに匹敵する出来事は過去にも起きている。はるか昔、ごくまれに地球が大激変を起こし、生物の多様性が失われた。太古に起きたこれらの現象のうち、五回は規模が大きく、いわゆる「ビッグファイブ」と呼ばれる。そして今まさに、私たち自身が同じ現象を新たに引き起こそうとしている。そのことに私たちが気づくのと、これらの出来事について詳細が明らかになるのが同時進行で起こっているのは、信じがたい偶然にも思える。しかし、おそらくただの偶然ではないだろう。今回の現象がビッグファイブほど大きな影響を与えるかどうかはまだわからないが、それは「六度目の大絶滅」として知られつつある。

「六度目の大絶滅」の物語は、少なくとも本書では十三章から成る。各章では、いずれもある意味において象徴的な種（アメリカマストドン、オオウミガラス、白亜紀末に恐竜とともに絶滅したアンモナイトなど）を追っていく。前半の章に出てくる生き物はすでにこの地上から姿を消している。本書のこの部分は、過去の大量絶滅とその発見の歴史にかかわっており、フランスの博物学者ジョルジュ・キュヴィエの研究から始まる。本書の後半は現在進行形の物語で、どんどん分断されつつあるアマゾンの熱帯多雨林、急激に温暖化するアンデス高地、そしてグレートバリアリーフの外縁部について述べる。私はこれらの地を実際に訪ねた。ジャーナリストの血がそうさせたのだ。そこには研究ステーションがあったり、だれかが調査に招いてくれたりした。現在起きている変化の規模はあまりに大きく、たとえどこに行ったにしても、適切な助言さえあればその兆候を見つけられただろう。ある章では、まさに私の家の裏庭で起きている絶滅（おそらく、あなたの家の裏庭でも起きていると思う）を紹介しよう。

仮に絶滅が恐ろしい話題だとしたら、大量絶滅はまさに身の毛もよだつテーマだと言わねばならない。同時にそれは興味深くもある。本書では、現在解明されつつあることの衝撃と恐怖の両方を伝えたいと思う。自分が真に途方もない時代に生きているのだという感慨を読者の方々にもっていただけたなら、筆者としてこれほど幸せなことはない。

第1章　パナマの黄金のカエル

ゼテクヤセヒキガエル
Atelopus zeteki

パナマ中央部にあるエル・バジェ・デ・アントンという町は、およそ百万年前の噴火でできたクレーターの中心に位置する。クレーターは約六・四キロメートルの直径があり、晴れた日には壊れた塔のような起伏のある丘が町を取り囲んでいるのが見える。エル・バジェには一本のメインストリート、警察署、青空市場しかない。定番のパナマ帽や鮮やかな色合いの刺繍製品に加えて、市場では世界のどこにもないほど多彩な黄金のカエルの人形が売られている。葉の上にとまった黄金のカエル、後肢で立つ黄金のカエル、いささか理解に苦しむが、携帯電話を手にした黄金のカエル。フリル付きのスカートをはいた黄金のカエル、ダンスのポーズをした黄金のカエル、フランクリン・ルーズヴェルトよろしくパイプで煙草を吸う黄金のカエル。イエローキャブ顔負けの黄色地に褐色の斑点のある黄金のカエルは、エル・バジェ近辺の固有種である。パナマでは幸運の象徴とされ、宝くじに印刷されているほどだ（少なくとも昔はそうだった）。

つい十年前まで、黄金のカエルはエル・バジェを取り囲む丘陵のどこにでもいた。このカエルには毒があり（たった一匹の皮膚に含まれる毒で、平均的な大きさのマウスが一千匹殺せるとされている）、その目も覚めるような鮮やかな色は森の地面でもよく目立つ。エル・バジェからさほど遠くないある川は、サウザンド・フロッグ・ストリームと名づけられていた。川沿いに歩いていくと、岸辺でひなたぼっこしている黄金のカエルをあまりにたくさん見かけるので、ここを何度も訪れたある両生類学者は、「それはもう壮観で……まさに壮観としか言いようがありませんでした」と私に語った。

ところが、エル・バジェ近辺でカエルが消えはじめたのである。パナマ西部、つまり、コスタリカとの国境付近ではじめて人の目にとまったこの問題は、当時まだ危機とは考えられていなかった。あるアメリカ人大学院生が、たまたまその熱帯多雨林でカエルの研究をしていた。博士号論文を書くためにしばらくアメリカに帰国し、熱帯多雨林に戻ってきたら、カエルだけでなく両生類という両生類が忽然《こつぜん》と姿を消していた。なにが起きたのかわからなかったものの、研究にカエルが必要だったため、少し東に移動して新たに研究拠点を設けた。当初、新しい拠点のカエルは元気に見えたものの、しばらくすると同じことが起きた。両生類がぱったりと姿を見せなくなったのだ。惨事は雨林内を広がっていき、二〇〇二年にはエル・バジェのおよそ八〇キロメートル西にあるサンタフェ周辺の丘陵や河川では、ほぼカエルを見かけることがなくなった。二〇〇四年、小さなカエルの死体がエル・バジェに近いエル・コペ周辺でも目撃されるようになった。このころまでには、パナマとアメリカの生物学者グループが、黄金のカエルは存続の危機にあると結論づけていた。彼らは、このカエルの雌雄をそれぞれ数十匹、雨林で捕獲して屋内で飼育し、なんとかこの種を救おうと決めた。ところが、カエルを死に追いやっている厄災の元凶は生物学者が恐れていたよりさらに素早く広がった。生物学者たちが計画を推し進める前に、異変の波が押し寄せたのだ。

六度目の大絶滅が起きている

私がエル・バジェのカエルについて知ったのは、わが子のために買い求めた児童向けの科学雑誌を読んだときだった。[1]記事にはパナマの黄金のカエルや、そのほかの鮮明な色のカエルのカラー写真が掲載されており、広がる惨事とその前に立ちはだかろうと奮闘する生物学者たちの物語を伝えていた。生物学者たちはエル・バジェに新しい研究施設を建設したいと考えたが、それではもう間に合わなかった。できるかぎりたくさんのカエルを救おうとしたものの、つかまえたカエルを保護する場所がない。では、いったいどうしたのだろう？　もちろん、カエルのホテルに入れたのだ！「すてきなカエルのホテル」――じつは朝食付きのふつうのホテル――が、その一角でカエルを「タンクに入れて」滞在させることに同意してくれたのだった。「生物学者に見守られ、カエルたちはメイドとルームサービス付きの高級宿泊施設で楽しんだ」と記事にはあった。カエルには新鮮でおいしい食事が与えられた。「新鮮すぎて皿から飛び出してしまうほどだった」

「すてきなカエルのホテル」の記事を読んだ数週間後、私はやや違った論調の、カエルにかんする別の論文[2]に目をとめた。『米国科学アカデミー紀要』に掲載されたその論文は二人の両生類学者による共著だった。それは「われわれは六度目の大量絶滅のさなかにいるのか？　両生類の世界から見る」と題されていた。執筆者のカリフォルニア大学バークレー校のデイヴィッド・ウェイクと、サンフランシスコ州立大学のヴァンス・ヴリーデンバーグは、「この地上では五度にわたって生物の大量絶滅が起きた」と述べている。

彼らによれば、これらの絶滅は「生物多様性の恐るべき減少」をもたらした。最初の大量絶滅は、大半の生物がまだ水中で暮らしていた約四億五千万年前のオルドビス紀後期に起きた。史上最大の大量絶滅は約二億五千万年前のペルム紀末に起き、このときは地上のありとあらゆる生物があやうく絶滅の危機に瀕した（この大量絶滅は「大量絶滅の母」または「大絶滅」と言われる）。いちばん最近でもっとも有名な大量絶滅は白亜紀の終わりごろに起き、恐竜のみならずプレシオサウルス（首長竜）、モササウルス（海竜）、アンモナイト、プテロサウルス（翼竜）が消滅した。両生類の絶滅率にもとづき、ウェイクとヴリーデンバーグは、現在これに匹敵するほど破滅的な現象が進行中である、と論じていた。彼らの論文はたった一枚の写真に凝縮される。その写真のなかでは、十四匹ほどのマウンテンキアシカエルが、ぶよぶよになって岩の上で仰向けに倒れ、全部死んでいる。

子ども向けの雑誌が、死んだカエルでなく生きたカエルの写真を掲載した理由はわからないでもない。それに、まるでピーター・ラビットの作者ビアトリクス・ポターのように、カエル

がルームサービスを頼むエピソードで茶化したくなるのもうなずける。それでも、ジャーナリストの私から見れば、あの雑誌は肝心なことを伝えていないように思われた。約五億年前に背骨をもつ動物がはじめて登場して以来、たった五度しか起きていない出来事はきわめてまれな現象と言っていいだろう。そしていま、六度目のそうした出来事が私たちの眼前で起きているという考えに、私は衝撃を受けた。この物語は間違いなく壮大で陰鬱《いんうつ》で非常に重要であり、だれかが語らねばならない。ウェイクとヴリーデンバーグが正しいなら、現代を生きる私たちは、生命の歴史におけるもっともまれな現象の一つを目にしているばかりか、それを引き起こしている張本人なのだ。「あるひ弱な種が」と二人の科学者は述べた。「はからずも自身のみならず、地上に生き

るほかの大半の種の運命までも変えてしまうような能力を手にした」。ウェイクとヴリーデンバーグの論文を読んだ数日後、私はパナマ行きの飛行機便を予約した。

鳴き声が聞こえない

エル・バジェ両生類保護センター（EVACC《イーバック》）は、黄金のカエルの人形が売られている青空市場近くの未舗装の道路沿いに建つ。それは、郊外の牧場主の家くらいの規模で、がらんとした小さな動物園の裏の、とても眠そうなナマケモノの檻の向こうにある。建物全体がタンクだらけだ。まるで図書館の書棚に収められた本のように、壁沿いにタンクが並べられ、部屋の中央にもさらにタンクがある。背の高いタンクには樹上生のシロメアマガエル、背の低いタンクには地上生ロバーガエルの一種クラウガストル・メガケファルスなどが入れられている。卵を保育嚢《のう》に入れて運ぶツノフクロアマガエルのタンクは、卵を背中に背負って運ぶパナマツノガエルを入れたタンクの隣にある。「黄金のカエル」の愛称で呼ばれるゼテクヤセヒキガエルは、数十個のタンクに入れられていた。

黄金のカエルは独特の側対歩《そくたい》［同じ側の前後肢を同時に上げて歩く］で歩むため、まっすぐ歩こうとしている酔っぱらいに似てなくもない。長く細い四肢、とがった黄色の口、漆黒の眼をもち、その眼で世の中を用心深く見ているかのようだ。正気を疑われるのを承知で言うが、このカエルにはなにか知的なところがある。自然環境では、雌が川の浅瀬に卵を産み、そのあいだ雄は苔《こけ》むした岩の

パナマの黄金のカエル（ゼテクヤセヒキガエル）。

上から縄張りに目を光らせる。

イーバックでは、どの黄金のカエルのタンクにも専用の細いホースで新鮮な水が送られており、かつて棲息していた小川に似た条件で繁殖できるよう配慮されている。私はこのような人工の川の一つで真珠のネックレスのような卵を見つけた。近くのホワイトボードには、だれかが一匹のカエルが「卵を産んだ《デポシト・ウエボス》!!」と興奮気味に報告していた。

イーバックは黄金のカエルの棲息《せいそく》地のほぼ中央に位置しているが、外界とは完璧に遮断されている。完全に消毒されていなければカエルであっても外から持ち込まれることはないし、カエルは収容前に消毒液で処理される。訪問者は特殊な靴をはき、外で使ったバッグやナップザック、機器等は持ち込まないよう求められる。タンクに流れ込む水はすべて濾過《ろか》され、特殊な処理が施されている。その密閉性ゆえに、この施設は潜水艦、より適切に言うなら大洪水が起きたときのノアの方舟のようだ。

ここの所長はエドガルド・グリフィスというパナマ人である。グリフィスは長身でがっしりした肩をしており、丸っこい顔に大きな笑みを浮かべている。両耳にシルバーのピアスをつけ、左のすねにはカエルの骨格の大きなタトゥーを入れている。三十代なかばの彼は、成人してからの人生のほとんどをエル・バジェのカエルのために捧げてきたと言っても過言ではなく、平和部隊のボランティアとしてパナマにやってきたアメリカ人の妻も、カエル好きに変えてしまった。この地域でカエルの小さな死体が目につくようになったのに最初に気づいたのも彼であり、ホテルに収容された数百匹のカエルの多くを自ら捕獲した（これらのカエルは、イーバックの建物が完成するとただちにそこに移された）。イーバックが一種の方舟だとすれば、グリフィスはさしずめノアだが、四十日をはるかに超えて超過勤務についている。彼によれば、この仕事の秘訣はカエルを一匹一匹知ることにあるという。「どのカエルも、私にはゾウと同じくらい大切なんです」

はじめてイーバックを訪れたとき、グリフィスは自然界ではすでに絶滅したカエルの仲間を見せてくれた。そのなかには、パナマの黄金のカエルのほかにも、二〇〇五年にはじめて同定されたパナマヒダアシキノボリガエルがいた。当時、イーバックにはこの種のカエルは一匹しか残っておらず、ノアのように、ひとつがい残す望みすら明らかに絶たれていた。緑がかった茶色に黄色い斑点のあるこのカエルは、体長約一〇センチメートルで、その大きな足は、なりばかり大きい十代の若者を思わせた。このカエルはエル・バジェの北側にある森のなかに棲《す》み、木の洞《うろ》に卵を産みつける。珍しいことに、このカエルの雄はオタマジャクシに文字どおり自分の背中の皮膚を喰わせて育てる。

グリフィスによれば、イーバック設立後にあわててカエルの捕獲に奔走したため、保護されずに絶滅してしまった両生類はほかにも多いのではないかという。全体の数は把握しきれていない。大半がはじめから科学界にその存在を知られていないからだ。「残念なことに」と彼は語る。「これらの両生類はひっそりと人知れず消滅するのです」

「エル・バジェでは一般人でもこのことに気づいています。こう私に言うんです。『カエルはどうしちまったんだ？　このごろ鳴き声が聞こえないぞ』ってね」

謎の殺し屋

カエルがどんどん姿を消しているという話があちこちで聞かれるようになった数十年前、この分野の一流の専門家の一部はきわめて懐疑的だった。なんと言っても、両生類はこの地球上できわめて長く生き延びてきていた。こんにちのカエルの祖先は四億年前に水中から陸に上がり、二億五千万年前までには、現在の両生類（両生綱）のすべての目《もく》――カエルとヒキガエル（無尾目）、イモリとサンショウウオ（有尾目）、アシナシイモリという奇妙な四肢のない生き物（無足目）――につながる最初期の祖先がすでに進化を遂げていた。つまり、両生類は鳥類や哺乳類より長く生きてきたのみならず、恐竜が出現する前から存在してきたのだ。

大半の両生類は（「両生類」という語は「二重生活」を意味するギリシャ語に由来する）、かつて棲息していた水辺の世界といまだに密接なつながりがある（古代エジプト人は、ナイル川が毎年氾濫するときに、陸と川が結びついてカエルが生まれたと考えていた）。カエルの卵には殻がないので、生きていくためには水を必要とする。パナマの黄金のカエルのように、多くのカエルが川に卵を産む。ほかにも、一時的にできた水たまり、地中、泡でできた巣に卵を産むカエルがいる。背中や保育嚢に卵を入れておくカエルのほかに、脚の周りに卵を包帯のように巻くカエルもいる。卵を胃袋で育てて口から子ガエルを産むイブクロコモリガエルも、最近まで二種いたものの、どちらも絶滅した。

両生類は、地球上の陸地のほとんどがパンゲアという一つの大陸だったころに出現した。パンゲア大陸がいくつかに分裂すると、両生類は南極大陸を除く各大陸の条件に適応した。世界中で、七千種あまりが同定されており、大多数が熱帯多雨林にいるとはいえ、オーストラリアのサンドヒルカエルのように砂漠に生きるもの、アカガエルのように北極圏に生きるものまでいる。トリゴエアマガエルをはじめとする北米のカエル数種は、アイスキャンデーのように固く凍りついて冬をやりすごす。彼らの進化史はじつに長いので、ヒトから見ると互いにかなり似ているカエルでも、遺伝子的にはコウモリとウマほど違うかもしれない。

私がパナマに来たきっかけをつくった論文の共著者の一人、デイヴィッド・ウェイクは、両生類が絶滅しつつあると当初は信じなかった人びとの一人だ。それは一九八〇年代なかばのことだった。[3] ウェイクの学生たちが、カリフォルニア州のシエラネバダ山脈へカエル捕獲に出かけて手ぶらで戻ってくるようになった。彼自身が学生だった六〇年代には、シエラネバダ山脈ではカエルに出会わないほうが難しかった。「草地を歩いていると、つい踏みつけてしまうのです」と彼は話してくれた。「もう、どこにでもいるのですから」。ウェイクは学生たちが捕獲場所を間違えているか、カエルの見つけ方を知らないのだろうと思った。ところが、カエル捕獲に数年の経験をもつポスドク（博士研究員）までもが、カエルを一匹も見つけられなかったと報告した。彼は答えた。「わかった、ぼくもいっしょに行くから、昔カエルをつかまえた場所を訪ねてみよう」。そしてウェイクはこう回想する。「昔カエルがいた場所に彼を連れていったところ、ヒキガエルを二匹しか見つけられなかったのです」

なにが起きているのか把握するのは、地理的な問題もあって難しかった。カエルは人口過密で人に荒らされた場所だけでなく、中南米の山岳地帯のように比較的人が訪れることの少ない場所からも消えているようだったからだ。一九八〇年代末、アメリカのある両生類学者がコスタリカ北部のモンテベルデ雲霧林保護区に行き、オレンジヒキガエルの繁殖行動を研究しようとした。かつてオレンジヒキガエルがすさまじい数で繁殖していた場所に二度にわたってフィールド調査に出かけたが、やっと一匹の雄を見かけただけだった（現在絶滅種に数えられているオレンジヒキガエルは明るいオレンジ色をしていて、パナマの黄金のカエルの遠い親戚にあたる。じつは、黄金のカエルは両眼の後ろに一対の耳腺《じせん》をもっていて、正確に言えばヒキガエル科に属する）。同じころ、コスタリカ中央部では、生物学者がこの地に固有のカエル数種が激減したことに気づいた。希少な種も、より一般的な種も消えつつあった。エクアドルでは、よく人家の裏庭にいたジャンバトフキヤガエルが数年のうちに姿を消した。オーストラリア北東部では、かつてもっとも一般的だったカメガエルの一種タウダクティルス・ディウルヌスがもうどこを探してもいなかった。

オーストラリアのクイーンズランド州から、アメリカのカリフォルニア州にいたるまでのカエルを死に追いやっている、謎に満ちた殺し屋にかかわる最初の手がかりは、皮肉と言えば皮肉にも動物園で得られた。ワシントンDCにある国立動物園は、スリナムに棲息するコバルトヤドクガエルをもう何代にもわたって飼育することに成功していた。

ところがある日、動物園内のタンクで飼育されていたこれらのカエルが死にはじめた。動物園の動物病理学者が死んだカエルの検体を採取し、走査型電子顕微鏡で調べた。すると、カエルの皮膚に奇妙な微生物が付着しているのを発見し、やがてそれがツボカビ類として知られる真菌であることがわかった。

ツボカビ菌はほぼ遍在しており、樹上にも地中にもいる。けれども、この菌は未発見のもので、新たに属を設けなくては分類できないほど特殊だった。それはカエルツボカビ（バトラコキトリウム・デンドロバティディス＝*Batrachochytrium dendrobatidis*）――「*batrachos*」はカエルを意味するギリシャ語――と命名され、Ｂｄと略記されることになった。

この動物病理学者は、感染したカエルの検体をメイン大学の菌類学者に送った。菌類学者は菌を培養して、一部をワシントンに送った。実験室で培養されたこの菌にさらされると、健康なコバルトヤドクガエルは病気になって三週間で死んでしまった。その後の研究により、Bdは、生存に不可欠な電解質を、皮膚をとおして吸収できないようにしてしまうことが解明された。このためカエルは心不全を起こすのだという。

猛威をふるうツボカビ菌

イーバックはまだ完成したとは言いがたい。私がセンターで過ごした週、アメリカのボランティアチームが展示の準備を手伝っていた。一般に公開するにあたり、生物学的安全を確保するために展示空間をほかの部分と遮断し、専用の出入り口を設けなければならなかった。壁には穴が開けられ、そこにガラスケースがはめ込まれる予定になっていた。穴の周囲には、付近の山々の景色が描かれている。

展示のハイライトは黄金のカエルが入った大きなガラスケースで、ボランティアの人たちは、高さ約九〇センチメートルの滝をコンクリートでつくろうとしていた。けれども、水の循環システムに問題が見つかり、金物店のない峡谷では交換部品の入手が難しかった。そのため、ボランティアは当てもなく待機している時間が多かった。

私は彼らといっしょにぶらぶらして長い時間を過ごした。グリフィス同様、彼らもまた一人残らずカエル好きだった。うち何人かはアメリカの動物園で両生類の飼育係をしていた（ある人はカエルのために結婚をフイにしたと語った）。私はチームの熱意に感動した。それはカエルを「カエルのホテル」に収容し、未完成とはいえイーバックを設立して運営した意気込みと同じものだった。とはいえ、私は壁に描かれた緑の山々と作り物の滝にはなにか深い悲しみを覚えずにはいられなかった。

エル・バジェ近辺の森にはほとんどカエルが残されていないことから、カエルをイーバックに収容した措置が正しいことはすでに証明ずみだった。ところが、カエルがセンターで長く過ごせば過ごすほど、そこで保護する理由を説明するのは難しくなる一方だった。ツボカビ菌は生存するために両生類を必要とするわけではない。ということは、この菌のためにこの地のカエルが一匹残らず絶滅したあとでも、菌はなにごともなかったかのように生きつづける。したがって、イーバックの黄金のカエルを外界のエル・バジェを囲む山地に戻したら感染して死ぬだろう（菌は消毒液で殺せるが、雨林全体を殺菌するなど明らかに不可能だ）。イーバックで話を聞かせてくれた人はみな、センターの目的はカエルがふたたび森に帰れるまで生かしておくことだと話してくれたものの、どうすればそれが実際に可能となるのか想像もできないと語った。

「いずれ打開策は見つかるという希望を捨ててはなりません」と話してくれたのは、ヒューストン動物園から来ている両生類学者のポール・クランプで、彼は遅れている滝計画の責任者だった。「なにかが起きて問題が解決し、すべては元どおりになると望んでなにが悪いでしょうか。もっとも、口に出して言うとなにかばかげて聞こえるのは否めませんが」

「重要な点はカエルを元の土地に戻せるか、ということです。日ごとにこれが幻想のように思えてきます」とグリフィスが言う。

エル・バジェを急襲したあと、ツボカビ菌は勢いを弱めることなく東へ広がった。菌は反対のコロンビア側からもパナマに入ってきた。さらに南米高地を抜け、オーストラリアの東海岸に到達し、ニュージーランドとタスマニアにも拡散した。カリブ海をはるかに超え、イタリア、スペイン、スイス、フランスでもその存在が確認されている。アメリカでは、菌は数か所の点から放射状に広がったらしく、さざなみのような広がり方とは異なっている。もうここまで来れば、なにをどうしようが防ぐ手立てなどないようにも思える。

グローバル化の影響

音響エンジニアが「背景雑音」と言うように、生物学者は「背景絶滅」と言う。通常の年代なら――ここで言うところの「年代」は地質年代の世《せい》をさす――絶滅はごくまれにしか起きず、種分化よりまれなほどで、背景絶滅率として知られる確率で起きる。この確率は生物分類群によって異なり、百万種につき年あたりの絶滅種数で表されることが多い。背景絶滅率の計算は骨の折れる仕事で、化石のデータベースをくまなく調べ上げねばならない。いちばんよく研究されたグループと思われる哺乳類の背景絶滅種数は、約〇・二五と考えられている[4]。つまり、現在約五千五百種の哺乳類がいるので、背景絶滅率にしたがえば大雑把に言って七百年ごとに一種が消えるということだ。

大量絶滅はこれとはわけが違う。背景が変化するというより、激変が起きて絶滅率がスパイ

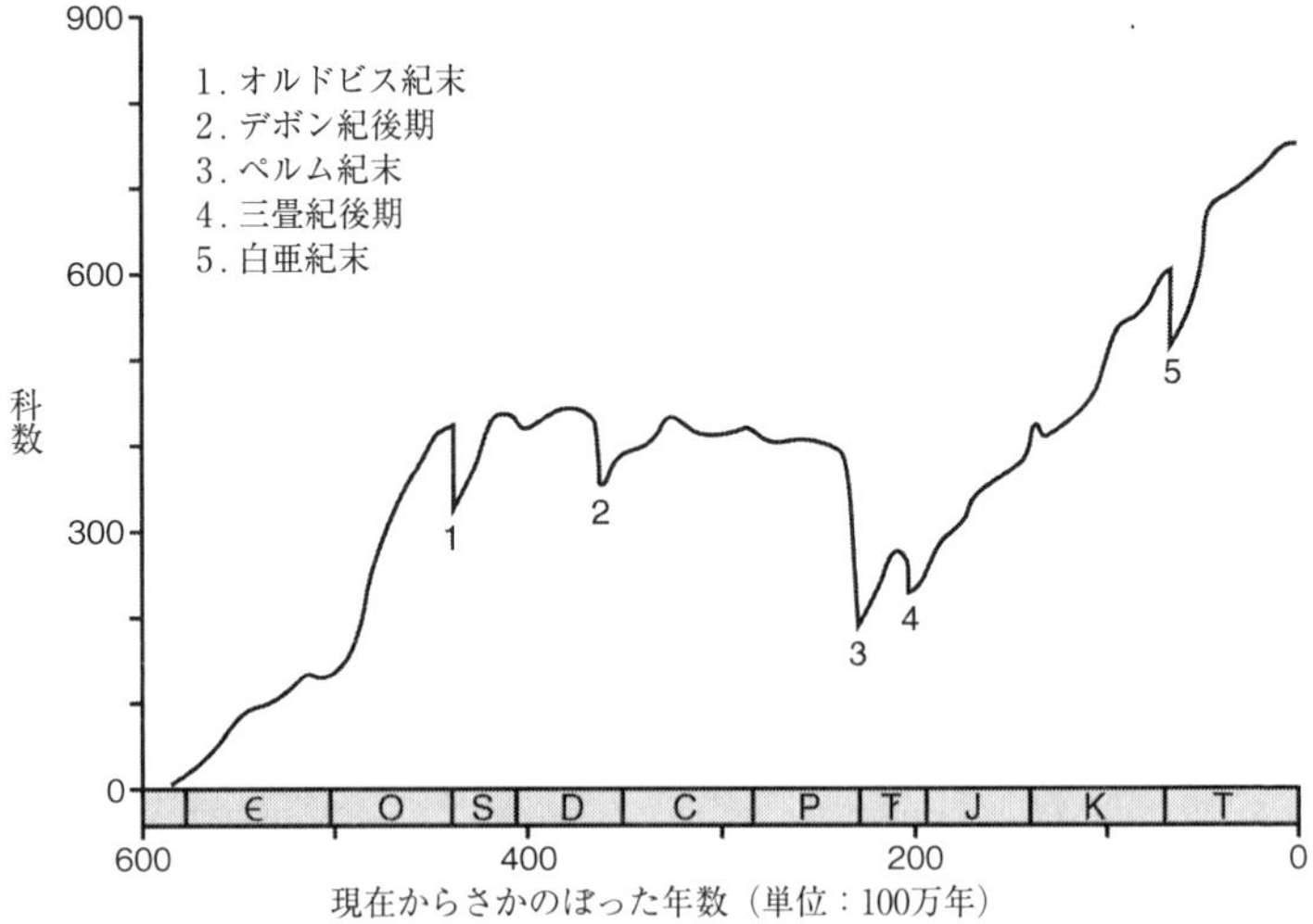

海洋化石の記録から見てとれるビッグファイブの絶滅では、科レベルの多様性が大きく減少した。しかし、ある科の１種でも生き残ればその科は生き残ったことになるので、種レベルでの損失はこれよりはるかに大きかった。

ク状の波形を描く。この話題にかんして多くの著作があるイギリスの古生物学者アンソニー・ハラムとポール・ウィグナルは、大量絶滅を「世界中の生物相の大多数が、地質学的に見てとるに足らない時間で」消滅する現象と定義する。[5] 同じく別の専門家のデイヴィッド・ヤブロンスキーは、大量絶滅を急速に「地球規模で」起きる「生物多様性の多大な損失」と定義する。[6] ペルム紀末の絶滅を研究する古生物学者のマイケル・ベントンは、生物の系統樹の隠喩を用いてこう言う。[7]「大量絶滅では、まるで正気を失った男が斧を振り回したかのように木の大枝が刈りとられる」。五人目の古生物学者デイヴィッド・ラウプは、この現象を被害者の視点から見る。[8]「種の絶滅率はほとんどの場合、低い値で推移する」。ところが、この「比較的安全な状態はまれに起きるきわめて高い絶滅率で区切られる」。したがって生命の歴史は「長く退屈な時間がときおりパニックによって遮られるのだ」。

パニックが起きると、まるで地球上でキャスト変更でもあったかのように、それまで優勢だった生物が消滅したり劣勢な立場に追いやられたりする。このような大規模な消失を観察した古生物学者は大量絶滅――いわゆるビッグファイブに加えて、より小規模のものがあった――の際には、通常の生存法則は一時無効になると推測した。条件があまりに劇的か急激に（あるいは、あまりに劇的かつ急激に）変わるために、進化史はほぼ無意味になるのだ。実際、日常的な脅威に対処するための形質そのものが、そうした特殊な状況では命とりになるかもしれない。

両生類の背景絶滅率がいまだに正確に計算されていないのは、彼らの化石がほとんど残っていないからでもある。けれども、その数字はまず間違いなく哺乳類より低いだろう[9]。おそらくは、千年に一種が絶滅するくらいかと思われる。その絶滅種はアフリカに棲息するものかもしれないし、アジアやオーストラリアの種かもしれない。言いかえれば、ある人が両生類の絶滅を目にする確率はほとんどゼロに近いはずだった。

ところがグリフィスは、すでに数種の両生類の絶滅を見てきている。フィールドで研究する両生類学者なら、ほぼ全員が数種の絶滅を目にしている（この本を書くためにリサーチしているあいだに、この私ですら一種が完全に絶滅し、パナマの黄金のカエルのように三、四種が野生では絶滅したのを見届けた）。「私が両生類学を仕事に選んだのは動物が好きだったからだ[10]」とアトランタ動物園からやって来た両生類学者のジョセフ・メンデルソンは記事に書いている。「それが古生物学のようになってしまうとは思いもよらなかった」

現在、両生類は世界でもっとも絶滅の危機に瀕しているとも考えられており、その絶滅率は背景絶滅率の四万五千倍という試算もある。[11] ところが、その他の多くの動物種の絶滅率も両生類に迫りつつある。造礁サンゴ類の三分の一、淡水生貝類の三分の一、サメやエイの仲間の三分の一、哺乳類の四分の一、爬虫類の五分の一、鳥類の六分の一がこの世から消えようとしていると推定される。[12] 損失は南太平洋でも、北大西洋でも、北極でも、アフリカのサヘル草原でも、湖沼《こしょう》でも、島嶼《とうしょ》でも、山地でも、峡谷でも、ありとあらゆる場所で起きている。見る目を養えば、きっとあなたも自分の裏庭で現在起きている絶滅の兆候を見てとることができるだろう。

生物種の消滅にはさまざまな理由がある。しかし、その過程を丹念に追っていけば、かならず同じ犯人――あるひ弱な種――にたどり着く。

Ｂｄは自力で移動することが可能だ。この菌は細長い鞭毛《べんもう》をもつ微小な胞子を形成する。胞子は水中を泳ぐことができるので、小川の水や嵐のあとの流去水に乗って長い距離を移動できる（パナマで東に進んだ拡散経路はこのような形態をとったと思われる）。だが、このような拡散だけでは、世界中のたくさんの土地、たとえば中米、南米、北米、オーストラリアに、この菌がほぼ同時に広がった経緯を説明することはできない。

一説によれば、Ｂｄは一九五〇年代から六〇年代にかけて、妊娠試験薬に使われたアフリカツメガエルの輸送によって世界中にばらまかれたという（妊娠女性の尿を注射されると、アフリカツメガエルの雌は数時間で卵を産む）。これを証明するかのように、アフリカツメガエルの多くはＢｄに感染しても発症しない。別の説によれば、この菌はウシガエルによって広められた。ウシガエルはヨーロッパ、アジア、南米に偶然もしくは意図的に持ち込まれたり、ヒトの食用として輸出されたりする。ウシガエルも多くはＢｄに感染しているものの、病気を発症することがない。最初の説は「アフリカ起源説」として知られ、二番目の説は「カエルの脚のスープ説」とでも呼べるだろう。

いずれにしても、原因は同じだ。だれかが船か飛行機に乗せないかぎり、Ｂｄに感染したカエルがアフリカからオーストラリアへ、あるいは北米からヨーロッパへ移動することはできない。こうした大陸間移動は現代ではさして珍しくもないとはいえ、三十五億年にわたる生命史ではおそらく前例を見ない。

ガラスタンクで一生を終える

Ｂｄはすでにパナマ全域をなめ尽くしたと思われるが、グリフィスはまだ生きているカエルをイーバックに収容する目的で、ときどき雨林に出かける。私はスケジュールを調整して、彼の捕獲作戦に一度参加させてもらった。ある夜、彼と滝づくりのボランティア二人とともに出かけたのだ。

私たちはパナマ運河をわたって東に進み、セロアスールという地域内の、高さが約二・五メートルもある鋼鉄の塀で周りを囲まれたゲストハウスで一夜を過ごした。夜が明けると、チャグレス国立公園の入り口にあるレンジャーステーションまで車で移動した。グリフィスは、イーバックにまだ収容されていない二種のカエルの雌を見つけたいと思っていた。彼は政府発行の捕獲許可証を取り出し、ステーションのまだ眠そうな係官に提示した。腹を空かせた犬が何匹かトラックの匂いをかいだ。

レンジャーステーションを過ぎると、道は深い轍《わだち》でできたくぼみの列になった。グリフィスがジミ・ヘンドリックスをトラックのCDプレーヤーにかけ、私たちはすすり泣くギターに合わせてでこぼこ道を進んだ。カエル捕獲には道具がたくさん必要になるため、グリフィスは運び屋を二人雇っていた。ロスアンヘレスという最後の小さな村を通りすぎたとき、男たちが霧のなかから現れた。私たちは車で行けるところまで行き、あとは全員が車を降りて歩いた。

道は赤土の泥に覆われて雨林のなかをくねくねと延びていた。数百メートル行くごとに、行く手を細い道が横切る。ハキリアリが葉の小片を巣まで持ち帰るために何百万回も――ことによると数十億回――行き来してできた道だ（彼らのコロニーはおがくずの山のように見え、町の公園ほどの大きさになることもある）。ヒューストン動物園から駆けつけたアメリカ人のクリス・ベドナルスキーが、兵隊アリを避けるよう私に注意した。噛みつかれると、兵隊アリは死んだあとでもアゴを人の皮膚に残す。「ほんとうにやっかいですよ」と彼は言い添えた。トレド動物園から駆けつけたもう一人のアメリカ人のジョン・シャスティンは、毒ヘビに備えて長いヘビ棒を携えていた。「幸い、最悪の事態になることはめったにありませんから」と私に請け合ってくれた。ホエザルが遠くで鳴いた。グリフィスがやわらかな地面に刻まれたジャガーの足跡を指さした。

一時間ほどすると、だれかが雨林を開墾したらしい畑が目に入った。不ぞろいのトウモロコシが少し植わっているが、だれかいる気配はなく、開墾者がやせた土地の農業に見切りをつけたのか、あるいは日中なので外出したのかわからなかった。エメラルドグリーンのオウムの群れがいっせいに飛び立った。さらに数時間後、小さな空き地に出た。青空のような翅《はね》をもつモルフォチョウがかたわらを飛んでいった。空き地には小屋があったが、あまりに古いのでみな外で寝ることにした。グリフィスが私のベッドを張るのを手伝ってくれた。それはテントとハンモックのあいだのような代物で、二本の木のあいだにつるすようになっていた。下側にある切れ目からなかに潜り込み、上側は突然の雨をしのげるようになっている。このベッドに入ったとき、私は棺桶に横たわっているような気分になった。

その夜、グリフィスは携帯ガスバーナーで米飯を炊いてくれた。食事がすむと、私たちはヘッドランプをつけて近くの川に降りていった。両生類の多くは夜行性で、彼らに会うには闇のなかを行くしかない。それは、危険きわまりない行為だった。私はすべってばかりで、雨林でいちばん大事な安全ルール——正体のわからないものをつかんではいけない——を破っていた。一度転んだとき、ベドナルスキーが拳《こぶし》ほどの大きさのタランチュラがすぐ隣の木にいるのを指さして教えてくれた。

カエル捕獲の達人は森に光を当てて、カエルの目が反射する光でその存在を知る。グリフィスがこの方法で最初に見つけたのは、葉の上にとまっているアマガエルモドキの一種コクラネラ・エウクネモスだった。このカエルは「ガラスカエル」の一種で、その名の由来は皮膚が透明で内臓が透けて見えるからだった。いま目の前にいるガラスカエルは緑色で黄色の斑点があった。グリフィスが荷物から手術用手袋を取り出す。完全に動きを止めたかと思うと、サギのような仕草でカエルをつまみ上げた。空いている方の手で綿棒のようなものをつかむと、カエルの腹をぬぐった。綿棒を小さなプラスチックの瓶に入れる。それはあとである実験室に送られて、Bdの感染が調べられる。このカエルは探していた種のカエルではなかったので、元の葉の上に戻された。そこで、彼はカメラをかまえる。カエルは静かにレンズを見つめ返した。

私たちは漆黒の闇のなかを歩きつづけた。だれかが森の地面に似た赤っぽいオレンジ色をしたユビナガガエル科のロバーガエルの一種プリスティマンティス・カリオフィラケウスを見つけ、別の人が明るい緑色で木の葉のような形をしたアカガエルの一種ラナ・ワルシェウィッチイを発見した。どちらのカエルにも、グリフィスはさきほどと同じ作業をくり返した。つかまえて、腹を綿棒でぬぐい、写真を撮る。最後に、ひとつがいのコヤスガエルの一種プリスティマンティス・ムセオススが抱接（両生類の交尾行動の一形態）しているのに出くわした。グリフィスはこの二匹はそっとしておいた。

グリフィスがつかまえたかった両生類の一種はツノフクロアマガエルだった。このカエルはシャンパンのコルクを抜いたときのような特徴のある鳴き声で知られる。ぬかるみを歩いていくと——すでに私たちは川のなかを歩いていた——その鳴き声が聞こえてきたが、四方から同時に聞こえてくるようだった。最初、それはすぐ近くに思えたが、近づくと遠くで聞こえた。グリフィスがコルクを抜いたような「ポンッ」という音を唇で出す。やがて、彼は私たちが水をはねてカエルを怖がらせているのに気づいた。そこで彼一人が進んでいき、私たちは膝まで水につかったままで動かずに長いあいだ待った。やっとグリフィスが手招きしたとき、彼は長い四肢をもつフクロウのような顔をした大きな黄色いカエルの前に立っていた。カエルは私たちの目の高さで木の枝にとまっている。グリフィスの目当てはツノフクロアマガエルの雌で、ぜひともイーバックに迎えたいと思っていた。彼は手を伸ばしてカエルをつかんで裏返した。雌なら保育嚢があるはずだが、このカエルにはない。グリフィスは腹を綿棒でぬぐい、写真に収め、元の木の枝に戻した。

「いい男っぷりだよ」と彼はカエルにつぶやいた。

夜半近くになって、私たちは野営地へと踵《きびす》を返した。グリフィスが連れて帰ると決めた両生類は、小さなヤドクガエルの一種ラニトメヤ・ミヌータを二匹、そして彼にも二人のアメリカ人にも種類がわからない白っぽいサンショウウオを一匹のみだった。カエルとサンショウウオはビニール袋に木の葉といっしょに入れて湿気を保った。そのとき、私はふとこんな思いに襲われた。このカエルたちとその子孫(生まれたと仮定して)、そしてそのまた子孫(生まれたと仮定して)は、もう二度と雨林の地面を歩くことはなく、殺菌されたガラスタンクで一生を終えるのだろう、と。その夜は土砂降りになり、私は棺桶のようなハンモックのなかで鮮やかで不安な夢を見たが、あとで思い出せたのはパイプで煙草を吸っている鮮明な黄色のカエルだけだった。

第2章　マストドンの臼歯

アメリカマストドン
Mammut americanum

現代の子どもたちが最初に出くわす科学概念は絶滅かもしれない。一歳児は恐竜のおもちゃを与えられて遊び、二歳児はこうした小さなプラスチック製の動物が、実際は巨大であることをいくらか理解しているだろう。学ぶのが早いか、オムツがとれるのが遅ければ、この子たちはオムツをしたまま、大昔にたくさんの種類の恐竜がいたが、ずいぶん前にみな死に絶えたことを説明できる（私の息子たちは幼いころ、ジュラ紀や白亜紀の森を描いたプラスチックの台に恐竜を置いて何時間も遊んだものだ。台には溶岩を噴出している火山があり、それを押すと楽しくもスリリングな音が出た）。こう考えると、絶滅は自明の概念のように思われるが、そうではない。

アリストテレスは全十巻から成る『動物誌』を著したが、動物に歴史があるかもしれないとは考えていなかった。大プリニウスは『博物誌』で実存する動物や伝説上の動物について書いているものの、絶滅動物についてはなにも触れていない。中世かルネサンス期に、地中から掘り出されたものをさして「化石」という語が用いられたときにも（「化石燃料」という用語はこれに由来する）、絶滅というアイデアが誕生することはなかった。啓蒙時代には、どの種も切れ目のない大いなる「生命の連鎖」の一部を成すという考え方が大勢を占めていた。アレクサンダー・ポウプが『人間論』に次のように書いている。

　生きとし生けるものは一つの壮大な全体の一部であり、
　自然がその身体で、神がその精神である。

　二名法を提唱したとき、カール・リンネは現生動物と絶滅動物の区別をしなかったが、それはそうした区別をする必要性を感じなかったからだ。一七五八年に彼が刊行した『自然の体系』の第十版には、六十三種のコガネムシ、三十四種のイモガイ、十六種のカレイが載っている。ところがこの本は、実際にはたった一つの種類の動物、すなわち現生動物しか扱っていない。
　こうした傾向は、これに反する証拠が豊富だったにもかかわらず、根強かった。ロンドン、パリ、ベルリンに貴族や学者たちがつくった展示室「驚異の部屋」には、だれも見たことのないような珍妙な動物の一部（現在なら三葉虫、箭石《やいし》［頭足類の古生物］、アンモナイトと同定されるだろう）が陳列されていた。アンモナイトには非常に大きいものがあり、その化石は馬車の車輪ほどもあった。十八世紀になると、マンモスの骨がシベリアからヨーロッパにどんどん入ってくるようになった。これらの骨もまた「驚異の部屋」行きだった。それはゾウの骨によく似ていた。当時のロシアにゾウはいなかったため、『創世記』の大洪水で北に流された動物のものと考えられた。

絶滅の概念は革命に揺れていたフランスで生まれたが、これはたぶん偶然ではないだろう。現在ではアメリカマストドンと呼ばれる動物と、博物学者のジョルジュ・キュヴィエが、この概念の誕生に大きくかかわっている。彼は洗礼名をヨハン・レオポルト・ニコラウス・フリードリッヒと言ったが、兄のジョルジュ・シャルル・アンリが夭逝《ようせい》したのちは彼の名前を引き継いで、たんにジョルジュとして知られるようになった。キュヴィエは科学史において評価の定まらない人物だ。彼は同時代人の何歩も先を歩いていたにもかかわらず、後れをとることもたびたびだった。魅力的だが陰険で、先見的であると同時に復古的でもあった。十九世紀のなかばまで、彼の見解の多くはその信憑《しんぴょう》性を疑われていた。ところが、ごく最近の発見によって、これまで完膚なきまでに批判されてきた彼の考えが正しかったことが立証され、キュヴィエの悲劇的な地球史観が予言的ととらえられるようになってきた。

消滅した初の動物

ヨーロッパ人が、アメリカマストドンの骨にはじめて遭遇したのがいつだったのか正確なところはわかっていない。一七〇五年、のちのニューヨーク州北部にあたる地域で発見された臼歯がロンドンに送られ、「巨人の歯」と名づけられた。[1] 当時の基準による科学研究の対象となった最初のマストドンの骨格は、一七三九年発見のものだった。その年、第二代ロングイユ男爵シャルル・ル・モワーヌは、四百人の兵士を指揮してオハイオ川流域を下流に向かっていた。彼のようなフランス人の兵士もいたが、大半は北米先住民のアルゴンキンとイロクォイだった。行軍は厳しく、物資も足りなかった。片方の脚をなくしたあるフランス兵が、兵士たちはどんぐりを食糧にしていたと、のちに回想している。[2] あるとき、おそらく秋のことだったと思われるが、ロングイユと兵士たちはオハイオ川東岸の、現在のシンシナティ近くに野営した。数人の先住民が狩りに出かけた。数キロメートル離れた場所で、彼らは鼻を突く臭いのする湿地に出た。アメリカバイソンがほうぼうからこの場所にかよった痕跡があり、数百本、ことによると数千本もの骨が沈没船の帆柱のように泥土から突き出ていた。男たちは約一メートルもの長さがある大腿骨、巨大な牙、何本かの大きな歯を持ち帰った。歯根はヒトの手ほどの長さがあり、どれも五キログラム近くあった。

骨に魅せられたロングイユは、野営地を引き揚げる際にこれらの骨を携行するよう命令した。兵士たちは巨大な牙、大腿骨、臼歯を引きずりながら原野を進んだ。やがてミシシッピ川に達し、フランス軍の別部隊と合流した。それからの数か月、ロングイユ指揮下の兵士は多くが病死し、先住民のチカソーとの戦闘は屈辱と敗北のうちに終わった。それでも、ロングイユは奇妙な骨を大切に保存していた。彼はニューオーリンズに出向き、これらの牙、歯、巨大な大腿骨をフランスに送った。骨はルイ十五世に献上され、王はそれを王室コレクションに加えた。数十年後、オハイオ川渓谷の地図はまだ大半が白紙のままだったが、例外は「ゾウの骨の発見地」だった（現在、「ゾウの骨の発見地」はケンタッキー州のビッグ・ボーン・リック州立公園になっている）。

ロングイユの骨は見る人を混乱させずにはおかなかった。大腿骨と牙はゾウのものに見えたが、当時の分類法では同類とされたマンモスのもののようにも思われた。ところが、歯が謎だった。どうにも分類できなかったのだ。ゾウの歯（マンモスの歯も）は上が平らで、細い畝《うね》が横に何本も延び、咬合面《こうごう》がランニングシューズの靴底のようになっている。ところが、のちにマストドンのものと知れるその歯は先端が尖っていた。どう見ても、それは巨人の歯に見える。これらの歯の一つを調べた最初の博物学者ジャン＝エティエンヌ・ゲタールは、この歯について推測することすら拒んだ。

「いったいどんな動物の歯なのか[3]」と彼は、一七五二年にフランスの王立科学アカデミーで論文を発表し、悲痛な口調で問いかけた。

一七六二年、ルイ十五世の王立コレクションの管理人だったルイ＝ジャン＝マリー・ドーバントンが「オハイオの未知の動物」は一種の動物ではないと主張し、不思議な歯の謎を解きにかかった。それは、二種の動物だというのである。彼は、牙と脚はゾウのもので臼歯はまったく別種の動物と考えた。おそらく、別のもう一種の動物はカバではないかと推測した。

ちょうどこのころ、マストドンの骨の第二弾がヨーロッパに送られてきた。今回はロンドンに届いた。これらの骨もビッグ・ボーン・リックから送られたもので、最初の骨同様に謎に包まれていた。骨と牙はゾウに似ているが、臼歯に突起がある。王妃付きの医師だったウィリアム・ハンターは、この相違点に対するドーバントンの説明に納得していなかった。彼が試みた説明は、より正解に近かった。

「アメリカのゾウとされているものは、解剖学者にまだ知られていない」[4] まったく新種の動物だ、と彼は述べた。それは肉食獣であり、だから恐ろしそうな歯をしているというのだった。彼はこの獣を「アメリカン・インコグニトゥム」と名づけた［インコグニトゥムは、知られていないものの意味］。

フランスの著名な博物学者だったビュフォン伯ジョルジュ＝ルイ・ルクレールが、話をさらに複雑にした。問題の骨は一種の動物でも二種の動物でもなく、異なる三種のもので、ゾウ、カバ、そして三番目の未知の種が交じっていると彼は論じた。恐怖の色を顔に浮かべながら、ビュフォン伯はこの最後の種――「三種のうち最大の種」――は消滅してしまったらしいと認めた。[5] これが消滅した初の陸生動物であると伯爵は述べたのだ。

一七八一年、トーマス・ジェファーソンがこの論争に参戦した。ヴァージニア州知事を退いた直後に刊行した著作『ヴァジニア覚え書』で、ジェファーソンは彼独自のインコグニトゥム論を展開した。ビュフォン伯と同様、彼はこの動物はあらゆる獣のなかで最大であり、「体積にしてゾウの五、六倍ある」と主張した（この主張は、新世界の動物が旧世界のものより小さく「退化している」という、当時ヨーロッパを席巻していた理論を突き崩すものだった）。ジェファーソンはこの動物はおそらく肉食であるという点でハンターと同意見だった。だが、この動物はまだどこかにいるかもしれなかった。もしヴァージニア州にいるなら、それは「原始的で、未開で、人跡未踏の大陸部」をうろついているはずなのだ。大統領権限で探検家のメリウェザー・ルイスとウィリアム・クラークを北西部に送り込んだとき、ジェファーソンは彼らが森にひそむインコグニトゥムに出会うことを期待していた。

彼はこう述べた。「自然の秩序というものは、いったん創造した動物を絶滅に追いやったり、自らの偉大な仕事の破綻につながる弱い環を残したりはしない」

種は絶滅する！

キュヴィエは、一七九五年はじめにパリにやって来た。オハイオ川渓谷で発見された骨がパリに送られてから半世紀が経っていた。二十五歳の彼は、離れ気味の灰色の両眼、高い鼻梁《びりょう》、ある友人が地球になぞらえた性格（おおむね落ち着いているが、突発的に興奮したり怒りを爆発させたりする）をしていた。[6] キュヴィエはスイス国境にある小さな町の出身で、首都パリにほとんど知人はいなかった。それでも、アンシャン・レジームの崩壊と彼自身の高い自尊心のおかげで、パリで名誉ある職を得た。年上の同僚は、のちに彼のことを「まるでキノコのように」パリに出現したと評している。[7]

パリの国立自然史博物館（王室コレクションの民主的な後身）でのキュヴィエの仕事は、正式には教職だった。しかし、彼は時間を工面して博物館の展示品の研究に夢中になった。長い時間を費やして、ロングイユがルイ十五世に送った骨をほかの標本と比べた。一七九六年四月四日——当時使用されていた革命暦で四年ジェルミナル（芽月）十五日、彼は研究成果を公開講義で発表した。

キュヴィエはまずゾウについて話しはじめた。ヨーロッパ人は、アフリカには獰猛なゾウがいて、アジアには従順なゾウがいることを以前から知っていた。それでも犬が犬であるように、獰猛だろうが従順だろうが、ゾウはゾウだと見なされていた。ところが、キュヴィエは博物館の保存状態がきわめてよいセイロンゾウの頭骨と、喜望峰から届いた別のゾウの頭骨を調べて、これらのゾウが異なる種に属すると判断した[8]。もちろん、彼は正しかった。「セイロンゾウとアフリカゾウの違いは、ウマとロバ、あるいはヤギとヒツジの違いより大きい」と彼は断言した。ゾウを区別する特徴に歯がある。セイロンゾウは表面に「折りたたんだリボン」のような波形の畝のある臼歯をもつが、喜望峰のゾウはダイヤモンド形の畝のある臼歯をもつ。だが、生きたゾウを見てもこの違いはわからないだろう。ゾウの喉の奥をのぞき込もうなどという酔狂な人はいないだろうから。「動物学がこの興味深い発見にいたったのは、解剖学のおかげにほかならない[9]」とキュヴィエは明言した。

ゾウを二種に分けることに成功すると、キュヴィエはさらに細かく分類を進めた。証拠を「徹底的に調べた結果」、ロシアで発見された巨大な骨にかんする通説は誤っていると彼は結論づけた。シベリアから届いた歯と顎は「ゾウに似通っているとは言えない」というのである。それはまったく異なる種のものなのだ。オハイオの動物については、「それがさらに大きく異なることは一目瞭然だ」という。

「もうだれも生存を確認できないこの二種の大型動物は、いったいどうしてしまったのだろうか」と彼は問いかけた。キュヴィエの考えでは、答えは明白だった。それは「*espèces perdues*《エスペース・ペルデュ》」、すなわち「失われし種」なのだ。この時点でキュヴィエは、絶滅した脊椎動物の数を（たぶん）

一種から二種に倍にした。だがこれは、ほんの手始めにすぎなかった。

数か月前、キュヴィエは、ブエノスアイレスの西側を流れるルハン川の岸辺で発見された骨格のスケッチを受けとっていた。体長が約三・五メートルで体高が二メートル弱というこの骨格は、マドリードに送られて慎重に復元された。スケッチを参考に、キュヴィエはその動物を――今度も正しく――度を越して巨大なナマケモノと同定した。彼はこの動物を「巨大な獣」を意味する「メガテリウム」と命名した。キュヴィエは、アルゼンチンはおろかドイツより遠い場所には出かけたことがなかったが、メガテリウムが南米の河畔をのし歩いていることは、もはやないと確信していた。すでに絶滅しているのだ。同じことは、いわゆるマーストリヒトの動物についても言えた。この動物が残したサメのような歯のついた、巨大で尖った顎の化石は、オランダの採石場で見つかっていた（マーストリヒトの化石は、一七九五年にオランダを占領したフランスによって没収されていた）。

仮に四種の絶滅種があるなら、ほかにもあるはずではないか、とキュヴィエは論じた。彼の手元にある証拠のことを考えたら、これは大胆な主張と言わねばならなかった。ほんの数本のばらばらの骨にもとづいて、キュヴィエは生命をまったく異なる観点から見ることを提案したのだ。種は絶滅する。これは単発的な現象ではなく、あまねく見られる現象だというのである。「これらすべての事実は首尾一貫していて、これに反する報告は皆無だから、私たちが現在目にしている世界以前に、別の世界があった証拠のように思える」とキュヴィエは述べた。「では、この原始的な世界はどのような場所だったのだろう？　そして、いかなる激変が生き物を絶滅に追いやったのか」

キュヴィエの偉業

キュヴィエの時代以降、国立自然史博物館はフランス中に分館のある壮大な組織に成長した。けれども、主要な建物群はいまだにパリ第五区の旧王立庭園跡にある。キュヴィエはただ博物館ではたらいただけではなく、博物館の敷地内に居を構え、成人してからの大半を化粧漆喰《しっくい》の施されたその大きな私邸で過ごした。現在ではこのキュヴィエ邸に隣接してレストランがあり、そのまた隣に動物園がある。私が動物園を訪れた日には、ワラビーが何匹か草地で日光浴をしていた。庭の反対側に大きなホールがあり、そこには博物館の古生物学コレクションが収められている。

博物館の館長は、長鼻目《ちょうびもく》が専門のパスカル・タシーという人物だ。長鼻目には、ゾウとその失われた従兄弟たち――ほんの数例を挙げるなら、マンモス、マストドン、ゴンフォセレが含まれる。私はタシーを訪ねた。キュヴィエが調べた骨を実際に見せてくれると約束してくれていたからだ。タシーは、古生物学ホールの地下にある薄暗いオフィスで、墓場に引けをとらぬほどの頭骨に囲まれてすわっていた。オフィスの壁には、タンタンの古いコミック本の表紙が飾られていた。タシーは、タンタンが発掘に加わる冒険話を読んで古生物学者になることを決めたんだと教えてくれた。

私たちは長鼻目についてしばらく話した。「この動物たちはすばらしい生き物です」と彼は言う。「たとえば、顔面が解剖学的に変化してできた鼻はまず他に類を見ないもので、五度にわたって進化しています。二度だけでも驚くべきことですが、変化が五度もべつべつに起きているのです。化石を見れば、この事実を認めざるをえません」。これまでに五千五百万年さかのぼって百七十種ほどの長鼻目が同定されているが、「まだまだ別種が見つかるでしょう」とタシーは語った。

階段を上がると、古生物学ホールの後ろ側に小規模な別館があった。タシーが金属製の収納棚がたくさんある小部屋の鍵を開けた。扉のすぐ内側に、一部ビニールに包まれた、毛の生えた傘立てのようなものがある。タシーの説明によれば、これはケナガマンモスの脚で、シベリア北方沖の島で凍結して乾燥した状態で発見されたのだという。じっくり眺めてみると、脚の皮膚がモカシンのように縫い合わされているのがわかった。被毛は濃褐色で、一万年以上経っているはずなのに、ほとんど完璧に保存されているようだった。

タシーがある収納棚を開けて中身を取り出し、木の机の上に置いた。ロングイユがオハイオ川流域から持ち帰った歯だった。大きくて、でこぼこがあり、黒っぽい。「これが古生物学界の『モナ・リザ』です」と、タシーはいちばん大きい歯をさして言う。「すべての始まりです。キュヴィエその人が自ら歯のスケッチを描いたというのも、すごいことですよね。つまり、彼はこの歯を非常に慎重に観察したのです」。タシーが当時の目録番号を指さした。それは十八世紀に骨に直接書かれたもので、いまでは色褪《あ》せて読むのが難しかった。

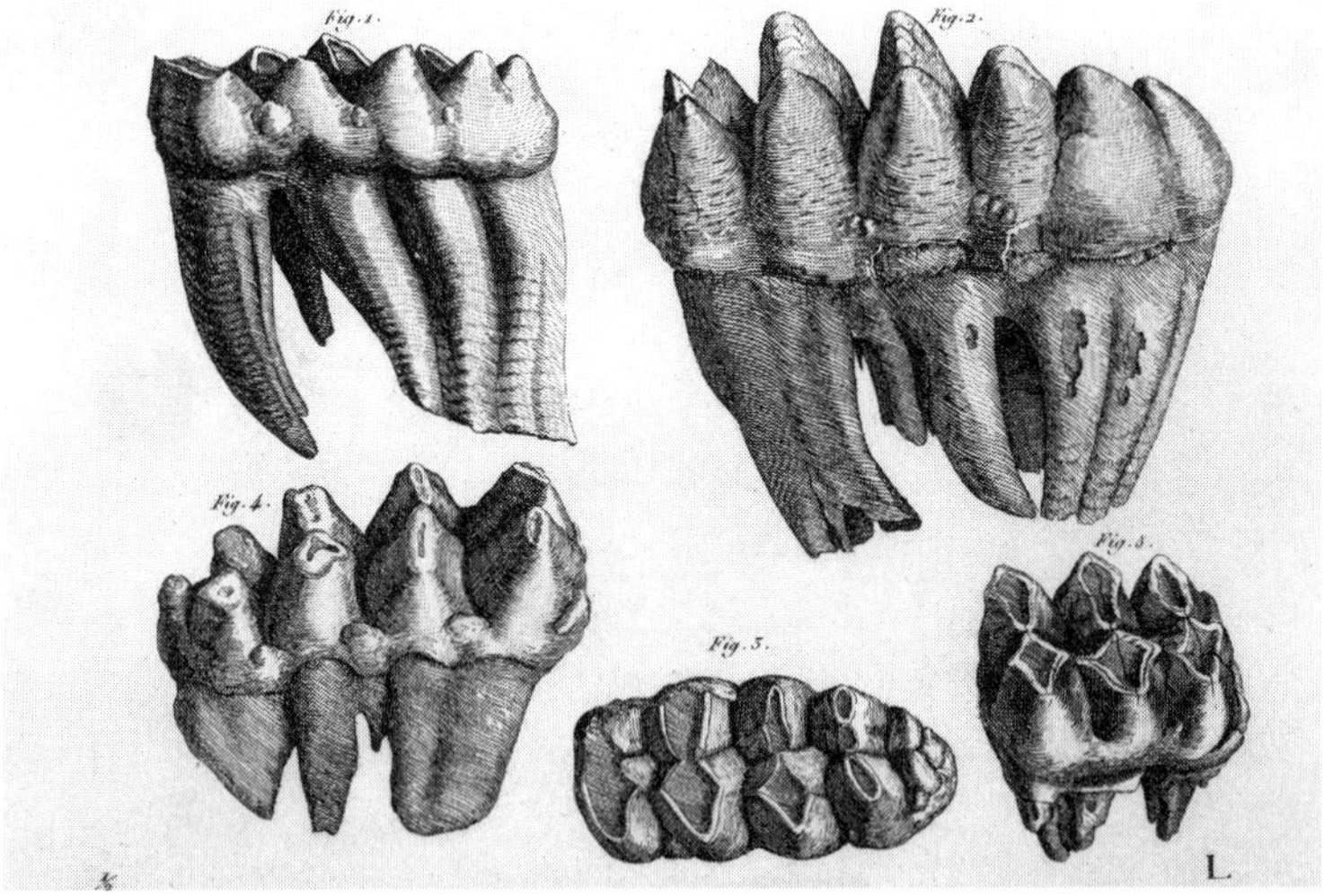

このマストドンの歯の版画は、1812年にキュヴィエが説明書きとともに発表したもの。

私はいちばん大きな歯を両手で持ち上げた。それはじつに驚嘆すべき代物だった。長さが約二〇センチメートル、幅が約一〇センチメートルあり、レンガくらいの大きさと重さだった。歯の咬頭《こうとう》(四組あった)は尖っていて、エナメル質は保存状態がよかった。ロープほどもある歯根は、マホガニーのような色の塊だった。

進化の観点から見るなら、マストドンの臼歯に不思議なことは一つもない。たいていのほかの哺乳類の歯のようにマストドンの歯は、象牙質の芯が、より硬く脆《もろ》いエナメル質の層で覆われている。およそ三千万年前、マストドンにつながる長鼻目の系統が、マンモスやゾウにつながる長鼻目の系統と枝分かれした。後者はやがてより複雑な歯を進化させたが、それはエナメルで覆われた板のようなもので、食パンのような形につながっていた。この構造は丈夫で、おかげでマンモスは——現在のゾウも——磨りつぶすのに強大な力を必要とする食物でも食べることができる。一方、マストドンはやや原始的な臼歯を使いつづけ（ヒトもそうだ）、ただただ嚙みくだくことに専心した。むろん、タシーが指摘したように、進化的な視点というものはキュヴィエの頭にはなく、それがために彼の業績はある意味でさらに大きな感動を与える。

「もちろん、彼は間違いも犯しています」とタシーは語る。「でも、彼の専門的研究の大半は並外れています。彼はじつに傑出した解剖学者でした」

マストドンの歯をもう少し見たあと、タシーは私を階上の古生物学ホールに案内してくれた。入り口を入ったすぐのところに、ロングイユがパリに送った大腿骨が台座に載せられて展示されていた。骨は板塀の支柱ほどの太さがあった。フランスの子どもたちがかたわらを通りすぎながら、興奮した叫び声を上げる。

タシーはリングにとおしたたくさんの鍵をもっていて、ガラスの陳列ケースの下にあるさまざまな引き出しを開けるのに使った。キュヴィエが調べたマンモスの歯や、彼がはじめて同定したその他の種々の絶滅種の一部を見せてくれた。そのあと、マーストリヒトの化石を保管している場所にも連れていってくれた。これは現在でももっとも有名な化石の一つだ（オランダは何度も返還を求めたが、フランスは二百年以上にわたって所有したままになっている）。十八世紀には、マーストリヒトの化石は未知のワニ、あるいは歯並びの悪いクジラと考えられていた。キュヴィエはけっきょくこの化石を海生爬虫類に分類した。彼は今度も正しかった（この動物はのちにモササウルスと命名された）。

昼どきになり、私はタシーとオフィスまでいっしょに歩いた。その後、私は庭を横切って旧キュヴィエ邸の隣にあるレストランへ行った。そうするのがふさわしく思えたので、キュヴィエ・メニュー——好みの前菜とデザートが選べる——を注文した。二品目のとてもおいしいクリーム入りタルトにとりかかっていたとき、ひどくお腹がいっぱいになった気がした。キュヴィエの体形について書かれていたことが頭をよぎる。革命時、キュヴィエはやせていた[10]。ところが博物館の敷地内で暮らすようになってから、どんどん肉付きがよくなり、最期のときを迎えたころにはなかなか恰幅《かっぷく》がよかったという。

有袋類の化石

「現生ゾウと化石ゾウの種について」と題された公開講義でキュヴィエは、絶滅を現実に起きた出来事として確立することに成功した。しかし彼のいちばん突飛な主張——絶滅種に満ちた、失われた世界がかつて存在した——はやはり突飛だった。仮にそのような世界が存在したのなら、ほかの絶滅種の痕跡が見つかるはずだった。キュヴィエはそれを探しに出かけた。

偶然にも、一七九〇年代のパリは古生物学者にとって理想的な場所だった。町の北側を走る山脈は、焼き石膏の主要原料である石膏がさかんに産出する採石場だらけだった（パリの町並みは多数の採石場の上に無計画に建築されたため、キュヴィエの時代までには陥没が大きな問題になっていた)。石工はわけのわからない骨に出くわすこともしばしばで、そうした骨は収集家に珍重された。ただし、収集家は自分が収集しているものの正体を知っていたわけではない。ある収集家の協力を得て、キュヴィエはもう一つ別の絶滅動物を復元し、ラニマル・モワイヤン・ド・モンマルトル(*l'animal moyen de Monmartre*)——モンマルトルの中型動物——と名づけた。

この間もキュヴィエは、ヨーロッパの他地域に住む博物学者たちから標本をゆずり受けていた。彼は貴重な品と見ると横どりするという悪評が立ったため、実際の化石を送ってくる収集家はほとんどいなかった。しかし詳細なスケッチが、ハンブルク、シュトゥットガルト、ライデン、ボローニャなどから届きはじめた。「私はひときわ熱心な方々……科学を育て愛するフランスや諸外国の人びとの恩恵を受けた[11]」とキュヴィエは感謝の思いを綴っている。

一八〇〇年、すなわちゾウの論文が発表された四年後までには、キュヴィエの化石コレクションには二十三種の絶滅動物が加わっていた。このなかには、パリの博物館の保存庫で彼が見つけたコビトカバ、骨がアイルランドで見つかった巨大な枝角をもつヘラジカ、ドイツで見つかった大型のクマ(現在ではホラアナグマとして知られる)がいた。この時点ですでに、モンマルトルの動物は異なる六種に分かれた、いや、増えていた(現在でも、これらの種については蹄《ひづめ》をもっていたこと、約三千万年前に生きていたことしかわかっていない)。「これほど多くの絶滅種がこれほど短期間に復元されたのであれば、地中奥深くにいったいどれほど多くの絶滅種がまだ眠っているだろうか[12]」とキュヴィエは問いかけた。

キュヴィエにはショーマンの素質があり、博物館が広報を雇うようになるずっと前から、人びとの関心を集める秘訣を知っていた（「彼は現在ならテレビスターになっていたかもしれません」というのがタシーのキュヴィエ評だった）。あるとき、パリの石膏採石場から細い胴体と四角い頭をもつ、ウサギほどの大きさの生物の化石が見つかった。その歯の形状から、キュヴィエは化石が有袋《ゆうたい》類のものであると結論づけた。これは大胆不敵な主張だった。というのも、旧世界に有袋類がいたことは知られていなかったからだ。劇的な効果をねらい、キュヴィエは自身の判断を公《おおやけ》の場で証明すると公表した。

有袋類は、現在では袋骨《たいこつ》と呼ばれる特徴的な一対の骨をもち、この骨は骨盤から延びる。彼が見た化石にこの骨は見つからなかったが、キュヴィエは発見地の周辺を探せば化石から外れた骨が見つかるはずだと予測した。彼は化石が見つかった場所を細い針で調べるにあたり、パリのエリート科学者集団を招待した。すると、どうだろう！　骨が見つかったのだ（この有袋類の化石は、レプリカがパリの博物館内の古生物学ホールに展示されているが、元の化石は展示するには貴重すぎると判断されたのか、特殊な保管庫に入れられている）。

キュヴィエは同じような古生物学ショーをオランダ訪問中にも行なっている。ハールレムの博物館で、彼は大きな半月形の頭骨が脊柱につながった標本を調べたことがあった。長さ約九〇センチメートルの化石はほぼ一世紀前に発見され、少々おかしなことにも思えるが、その頭部の形状からヒトのものとされていた（化石には、「大洪水時代の人間」を意味するホモ・ディルウィィイ・テスティスという学名まで与えられていた）。この同定に反論すべく、キュヴィエは、まずふつうのサンショウウオの骨格を入手した。次に、ハールレムの博物館館長の許しを得て、「大洪水時代の人間」の脊椎周辺の岩を取り除いていった。化石動物の前肢を見つけると、それはキュヴィエの予想どおりサンショウウオのそれに酷似していた[13]。この動物は大洪水以前のヒトではなく、もっと不思議な生き物、すなわち大型の両生類だったのだ。

キュヴィエが次々と絶滅種を発見するたびに、生物の性質が変わっていくかのようだった。ホラアナグマ、オオナマケモノ、オオサンショウウオですら、どれもが現在生き残っている種とどこかでつながっているのだ。けれども、バイエルンの石灰岩層で発見されていた奇怪な化石をどう考えればいいのだろう？　キュヴィエはこの化石の銅版画を、大勢いる知人の一人から得ていた。それは絡み合った骨を描いたもので、異様に長い腕、細い指、細いくちばしのようなものがあった。この化石を最初に調べた博物学者は、それは海洋生物で、長い腕を水かきのように使っていたと考えた。銅版画にもとづいて、キュヴィエは驚いたことに、この生物は空を飛ぶ爬虫類であると断定した。彼はそれを「指の翼」を意味するプテロダクティル（翼指竜）と名づけた。

私たち以前の世界

キュヴィエによる絶滅――「私たち以前の世界」――の発見は一大センセーションを巻き起こし、噂はたちまち大西洋の対岸にも伝わった。ニューヨーク州ニューバーグの農場でほぼ完全な巨大な骨格が見つかると、それは重大な発見とされた。当時、副大統領の職にあったトーマス・ジェファーソンは、この骨を手に入れようと何度か画策したが失敗している。一方、彼の友人で、フィラデルフィアにアメリカ初の自然史博物館を建設したばかりだった画家のチャールズ・ウィルソン・ピールは、容易にはあきらめず、とうとう骨の入手に成功した。

キュヴィエの上を行くショーマンだったと思われるピールは、数か月を費やしてニューバーグの骨を組み立てた。失われた部分は木材や紙張り子で修復した。彼はこの骨格を一八〇一年のクリスマスイヴに大衆に公開した。展示を宣伝するため、ピールはアフリカ系アメリカ人の使用人モーゼズ・ウィリアムズに北米先住民の頭飾りをかぶらせ、フィラデルフィアの市街地を白馬にまたがって歩かせた[14]。

復元された獣は肩までの体高が約三メートル、牙から尻尾までの体長が約五メートルと、大きさがやや誇張されていた。見物人はそれを見るのに五〇セント（当時としてはかなり高い）支払った。この生物（アメリカマストドン）にはまだ定まった名前がなく、インコグニトゥム、オハイオ動物、そして紛らわしいことにマンモスなどと呼ばれた。

それは世界初の大当たりを記録する展示となり、「マンモス熱」のうねりを生み出した。マサチューセッツ州チェシャーでは五〇〇キログラム以上の「マンモスチーズ」が生産され、フィラデルフィアのパン屋では「マンモスパン」が販売され、新聞各紙は「マンモスパースニップ［野菜の一種］」「マンモスピーチツリー」「マンモスイーター（十分で四十二個の卵をのみ込んだ）」のニュースを伝えた[15]。

ニューバーグで出た骨とハドソン峡谷にある近隣の町で出た骨を使って、ピールは二体目の

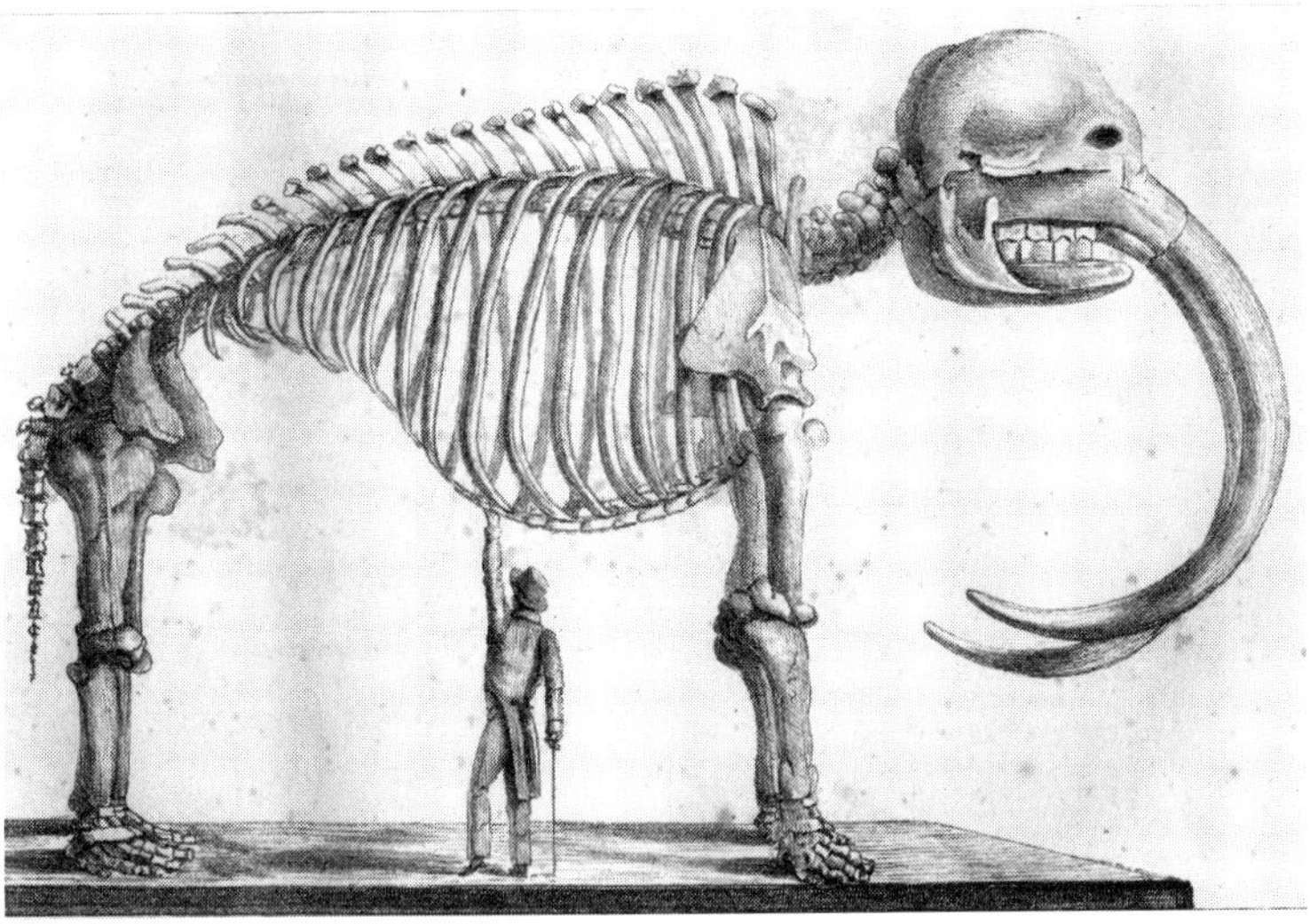

マストドン復元にも成功した。マストドンの大きな胸郭の下で催された祝いの夕食後、彼はこの二体目を二人の息子たちとともにヨーロッパに送り込んだ。骨格はロンドンで数か月にわたって展示され、このあいだに二人の息子たちはマストドンの牙はセイウチのように下向きのはずだと考えるようになった。彼らは骨格をパリに運び、キュヴィエに売ろうと企てていた。しかし、彼らがまだロンドンにいるうちに英仏戦争が勃発し、両国間での移動は不可能になった。

一八〇六年、キュヴィエはパリで論文を発表し、この骨格にようやくマストドンという名前を与えた。この奇妙な名称は「胸の歯」を意味するギリシャ語に由来している。臼歯にある突起が彼には乳頭を思わせたようだ（この時点で、この動物にはすでにドイツの博物学者によって学名が与えられていた。残念なことに、この学名——マンムート・アメリカヌム（*Mammut americanum*）——がマストドンとマンモスの取り違えを助長した［Mammutはドイツ語でマンモスを意味するため］）。

英仏二国間の敵対関係にもかかわらず、キュヴィエはピールの息子たちがロンドンに運んだ骨格の詳細なスケッチをなんとか入手し、これでこの動物の解剖学的様相がより鮮明に見えてきた。彼はマストドンが当時のゾウより、マンモスの方により近いことに気づき、新たな属をつくった（現在、マストドンは独自の属のみならず、それより上位分類である独自の科をも与えられている）。アメリカマストドンに加え、キュヴィエはほかの四種のマストドンを同定し、「いずれも現在の地上では見られない」と記している。ピールはキュヴィエが与えた新しい名前を一八〇九年まで知らずに過ごしていたが、知ったときには即座にこれに飛びついた。彼はフィラデルフィアの博物館にあるマストドンの骨格を正式にそれと「命名」すべきだとジェファーソンに書き送った。[16] ジェファーソンは、キュヴィエが思いついた名前について、はかばかしい反応を返さなかった。[17]「ほかのどんな名前でも大差ない」と言ったが、それでも命名のアイデアをしぶしぶ受け入れた。

一八一二年、キュヴィエは化石動物にかんする四巻の著書『四足獣の化石骨にかんする研究（*Recherches sur les ossements fossiles de quadrupèdes*）』を出版した。彼がこの本の執筆にとりかかる以前には、絶滅した脊椎動物はだれが数えるかによって、ゼロまたは一種だった。ほぼ彼一人の努力により、そのときにはすでに四十九種になっていた。

キュヴィエのリストに載る動物が増えるにつれ、彼の名声もまた高まった。博物学者は自分

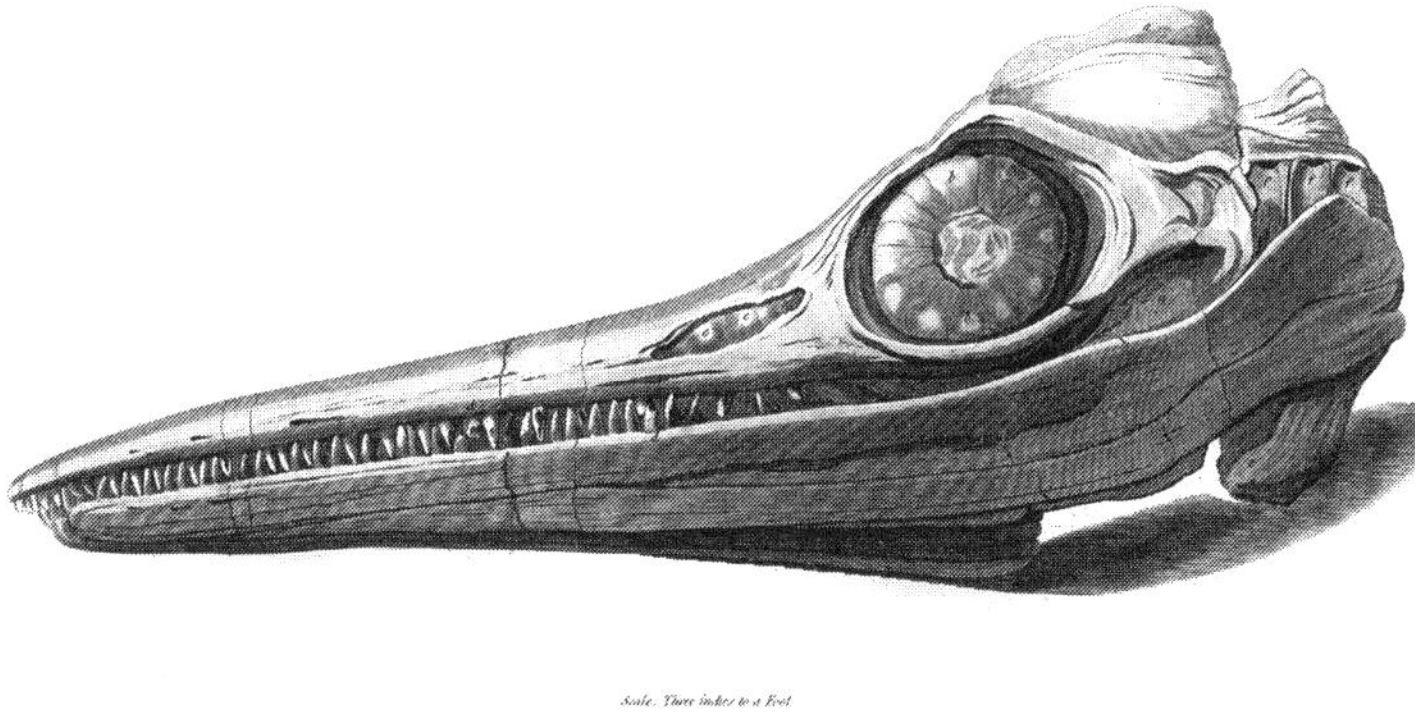

はじめて発見されたイクチオサウルスの化石は、ロンドンのエジプシャン・ホールに展示された。

の発見をキュヴィエに見せずに公表することはほとんどなかった。「キュヴィエは今世紀最大の詩人ではないだろうか[18]」とオノレ・ド・バルザックは問いかけた。「われらが不滅の博物学者は、白き骨から世界を再構築した。ギリシャ神のカドモスのように歯から町を再生したのだ」。キュヴィエはナポレオンに崇拝され、ナポレオン戦争がようやく終結すると、イギリスに招かれて社交界に出入りした。

　イギリス人はたちまちキュヴィエに魅了された。十九世紀初頭、化石収集が上流階級でさかんになり、新たな職業が生まれた。「化石採集者」は、裕福なパトロンのために標本を集めることを生業《なりわい》としていた。キュヴィエが『四足獣の化石骨にかんする研究』を出版した年、メアリー・アニングという若い女性の化石採集者が、ひどく風変わりな標本を発見した。ドーセット州の石灰岩の断崖で見つかったこの生物の頭骨は、ほぼ一・二メートルの長さがあり、顎は一対の尖ったプライヤーのような形をしていた。眼《がん》窩《か》は奇妙に大きく、骨のような鱗片《りんぺん》に覆われていた。

この化石はロンドンにとどまり、ピールのものと似たり寄ったりの私設博物館であるエジプシャン・ホールに収められた。それははじめ魚類として展示され、その後、新種の爬虫類――イクチオサウルス（魚竜）――と判明するまではカモノハシとされた。数年後、アニングが採集したほかの標本によってプレシオサウルス（首長竜）――「トカゲもどき」を意味した――と呼ばれるさらに奇妙な生き物の一部が復元された。オックスフォード大学初の地質学教授にして英国国教会の司祭ウィリアム・バックランドは、プレシオサウルスを「ヘビの胴体」のような首につながった「トカゲの頭」「カメレオンの肋骨とクジラの鰭《ひれ》」をもつと表現した。発見の知らせを受けたキュヴィエは、プレシオサウルスの説明があまりに常軌を逸していることから、標本はでっち上げではないかとの疑問をもった。アニングが別のほぼ完全なプレシオサウルスの化石を見つけたとき、彼はふたたびこの発見の知らせを受け、今回は自分が誤っていたと認めざるをえなかった。「これ以上恐ろしげな化石が出てくることはもうないだろう[19]」と彼はイギリスの知人に書き送っている。キュヴィエがイギリスを訪問した際にオックスフォード大学に出かけると、バックランドは別の驚くべき化石を彼に披露した。巨大な顎からは一本の曲がった歯が偃月刀《えんげつとう》のように突き出ていた。キュヴィエはこの動物も一種のトカゲと同定した。数十年後、この顎は恐竜のものと判明することになる。

当時、層位学はまだ揺籃期にあったが、重なったさまざまな岩石層がそれぞれ異なる時期に形成されたものだということはすでに理解されていた。プレシオサウルス、イクチオサウルス、

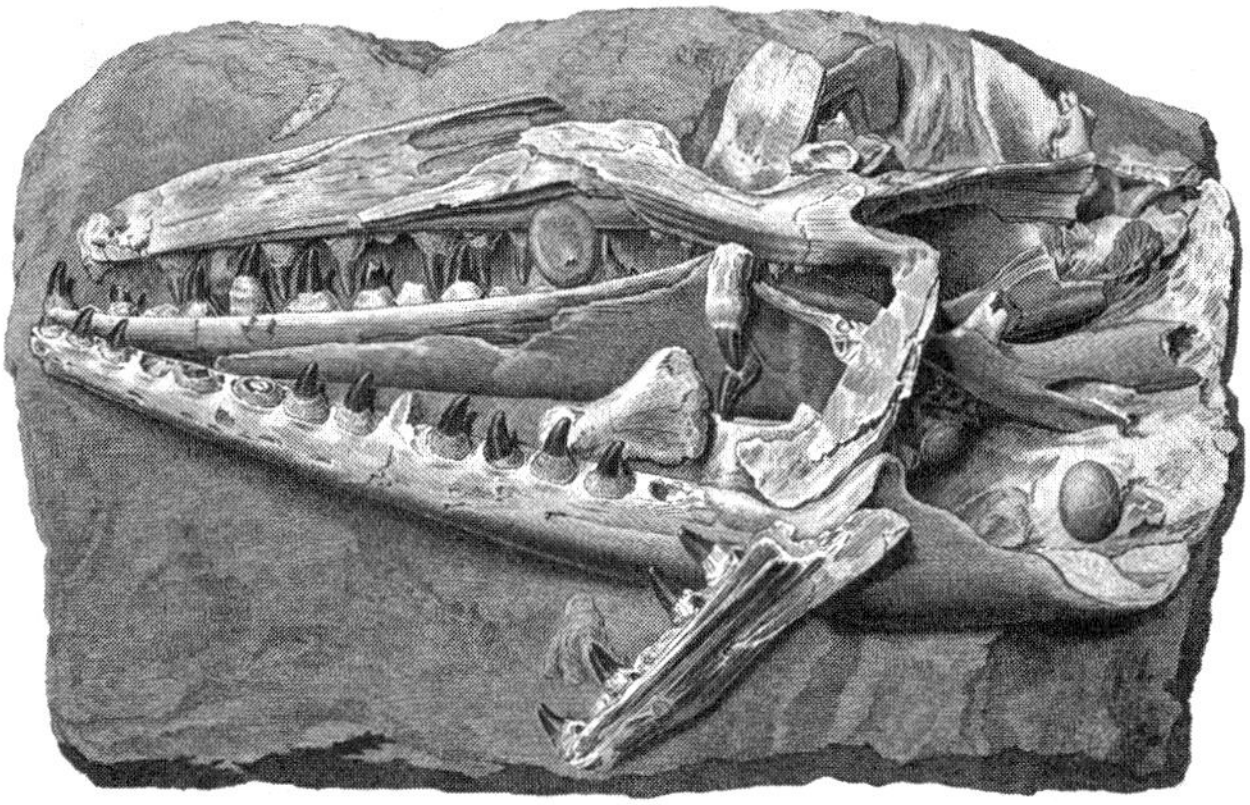

マーストリヒトの動物は現在もパリで展示されている。

そしてまだ名前を与えられていなかった恐竜は、そのころは第二紀と呼ばれ、現在は中生代と呼ばれる年代に形成された石灰岩の堆積層で見つかった。プテロダクティルとマーストリヒトの動物もそうだった。このパターンを見てとったキュヴィエは、生命史にかんする類いまれな洞察を得た。生命には方向性があるのだ。マストドンやホラアナグマのように、化石が地上の表面近くで見つかる絶滅種は現生動物目に属する。やや深く掘れば、モンマルトルで発見された生物のように、現在では近縁種のいない生き物の化石が見つかる。さらに深く掘れば、あらゆる哺乳類は化石記録から姿を消す。やがて、私たちの「直前」の世界ではなく、大型爬虫類が繁栄していたもう一つ前の世界に達するのだ。

生物変移説の反証

この生命史にかかわる考え方——すなわち、生命史は長く、変容しやすく、すでに失われた生き物にあふれている——からしてみれば、キュヴィエが自然に進化論に傾倒してもおかしくなかった。しかし、彼は当時パリで生物変移説として知られていた概念に反対を唱え、進化を説く同僚に恥をかかせることにおおむね成功している。奇妙なことに、彼に絶滅という概念を発見する能力があったがために、進化は彼にとって空中浮揚に負けないくらい荒唐無稽に思われたようだ。

キュヴィエ自身が再三指摘したように、彼は解剖学を信じており、このために彼はマンモスの骨とゾウの骨を区別でき、ほかの人がヒトと考えたものをオオサンショウウオと見抜いた。彼の解剖学の核心には、「部分の連関」と彼自身が呼んだ考えがあった。この言葉の意味は、動物の各部位はどれも互いに適合し、その特定の生命形態に最適であるようにデザインされているということだった。したがって、たとえば肉食獣は肉を消化するのに適した腸をもつ。同時に、その顎は、

獲物を喰らうようにできている。爪は獲物をつかまえて引き裂き、歯は獲物を喰いちぎり、運動系全体は獲物を追いつめてつかまえ、感覚器官は遠くの獲物の存在を感じとるようにできている。[20]

これとは逆に、有蹄動物は草食でなければならない。「獲物を捕らえる手段をもたない」からだ。この種の動物は「種子や草を噛みくだくための平たい歯冠」と横に動く顎をもつ。ある

部位が変化すると全体の機能が破綻する。たとえば、親とどこか違う歯や感覚器官をもって生まれてきた子は、完全に新しい種の生き物になれないばかりか、生存すらおぼつかない。

キュヴィエの時代、生物変移説のおもな提唱者は、国立自然史博物館の年上の同僚、ジャン＝バティスト・ラマルクだった。ラマルクによれば、生物をより複雑に変える力――「生命の力」――というものがある。また動植物は往々にして環境変化に対応することを余儀なくされる。生物は習性を変えることでこれに対処しようとする。すると新しい習性が形質の変化につながり、この新しい形質が子孫に受け継がれる。たとえば、湖で獲物を探す鳥は水をけるときに指先を広げる。こうして、この鳥は長いあいだに水かきを得てアヒルやカモになる。地中で過ごすモグラは眼を使わないので、世代を経て眼は小さく弱くなった。ラマルクはキュヴィエの絶滅という概念に激しい異議を唱えた。彼には、ある種全体を完璧に一掃するようなプロセスは想像もつかなかったのだ（興味深いことに、彼は人類が唯一の例外であるとしており、私たちは大型で繁殖スピードが遅い動物を絶滅に追いやることがあるかもしれないと考えていた）。キュヴィエが「失われし種」と考えていたものについて、ラマルクはそれは単にもっとも変化が大きかった動物種であると主張した。

動物が必要に応じて外見を変えられるという考えは、キュヴィエにとってばかばかしいのひと言に尽きた。彼は次のように揶揄《やゆ》している。「アヒルが水にもぐってカワカマスになり、たまたま水が干上がったらカワカマスがアヒルになり、水辺で餌を探す雌のアヒルは、腿を濡らすまいとして脚を長く伸ばして、サギかコウノトリになるとは[21]」。彼は、少なくとも自分にとっては決定的と思われる生物変移説の反証を、ミイラに見出した。

ナポレオンがエジプトに攻め入ったとき、フランス人はいつものように自分たちに興味のあるものなら片っ端から奪い去った。パリに送られてきたそんな略奪品のなかにネコのミイラがあった。[22] キュヴィエは変移の証拠になるものがないかミイラを調べた。だが、そのような証拠は一つも見つからなかった。解剖学的に見て、古代エジプトのネコは、パリの路地裏にいるネコと区別がつかないのだ。このことは、種が不変であることを証明していた。だがラマルクは反論した。[23] エジプトのネコがミイラにされてからの数千年など、悠久の時の流れに比べれば「とるに足らない」というのだ。

キュヴィエは少しも動ずることなく、こう答えた。「『永遠の時』をおおいに頼みにする博物学者もいることを私は承知している」。[24] やがてラマルクが死去して彼の弔辞を書くことになったとき、キュヴィエは故人を称賛するというより、ばっさりと切り捨てた。キュヴィエに言わせればラマルクは夢想家だった。「古きよき浪漫主義の殿堂さながらに」、彼の理論は「想像上の基盤」の上に成り立っており、「詩人の想像力には訴える」かもしれないが、「手、内臓、あるいは羽でもいいから解剖したことのある者なら、一瞬たりとも納得しないだろう」[25] というのだ。

キュヴィエはこう述べて生物変移説を葬り去ったが、その理論には穴があった。彼にはどのようにして新しい生き物が生まれるかを説明できないし、さまざまな時期にさまざまな動物種が地上で繁栄した理由を説明できなかったのだ。しかし彼が思いわずらうことはなかった。つまるところ、彼の興味は種の起源というより、種の消滅にあったのである。

絶滅の原因

はじめて絶滅について講演したとき、キュヴィエはその正確なメカニズムは自分にはわからないものの、絶滅を生じさせる力については知っていると述べた。「現生ゾウと化石ゾウの種について」と題する講義でキュヴィエは、マストドン、マンモス、メガテリウムはいずれも「なんらかの天変地異」によって絶滅したと述べた。彼は「これらの疑問から生じるさまざまな臆測について述べることは賢明でない」と論じ、あえてこの惨劇の詳細に言及することを潔しとしなかった。しかし、彼は一種類の惨事で事足りると信じているらしかった。

やがて彼のリストの絶滅動物が増えるにしたがい、キュヴィエは立場を変えた。複数の大変動がかかわっていると考えを変えたのだ。「地球上の生命は悲惨な出来事の数々にさらされてきた」と彼は述べた。「数えきれぬほどの生物がこれらの惨事の犠牲になったのである」[26]

生物変移説に対する彼の見方同様、大変動についての彼の信念は解剖学に対する確信と結びついていた。というより、その確信によって生み出されたと言ってよかった。動物は状況に最適に反応する機能的な装置だから、ふつうに考えれば死に絶える理由はなにもない。現代のもっとも悲惨な出来事——火山噴火や森林火災——ですら絶滅を説明することはできない。そのような変化があれば、生き物はただどこか別の場所へ移動して生き延びるだけだ[27]。したがって絶滅につながった変化はより絶大で、動物が対処できない大変動でなければならない。そのような極端な出来事を、彼自身やほかの博物学者のだれも見ていないという事実そのものが、自然の移ろいやすさを示すいま一つの証拠だった。過去においては、自然は現在に比べてより激烈で容赦のない営みをしたのだ。

「自然の営みを司る糸が切れてしまった」とキュヴィエは書いた。「自然はその性質を変え、こんにち自然に備わった力のいずれをもってしても過去のような仕事はなしえないだろう」。キュヴィエは、パリ近郊における岩石層を数年にわたってある友人と研究し、パリ盆地の初の層位学地図を作成した。彼はこの地図にも大変動のしるしを見てとった。岩石はさまざまな時点で、この地域が水中にあったことを示していた。ある環境から別の環境への変化、すなわち海から陸、あるいはときには海から淡水への変化は「緩慢と言うにはほど遠かった」とキュヴィエは判断した。そうした変化は突発的な「地上の大変動」によって生じたというのだ。しかも、もっとも新しい天変地異は比較的最近になって起きたはずだ。というのも、その痕跡はどこを向いても如実に現れていたからだ。この出来事は、有史時代の直前に起きたとキュヴィエは信じていた。旧約聖書をはじめとする古代神話や古代文書は、現在の世界に先だってなんらかの危機(たいていは大洪水)が起きたことをほのめかしている。

この世界がときとして激変に見舞われたというキュヴィエの考えは、彼の独創的な発見に負けないほど大きな影響力をもっていた。このテーマにかかわる重要な論考は、一八一二年にフランス語で出版されたが、ほとんど間を置かずに英語版が出されてアメリカにわたった。それは、ドイツ語、スウェーデン語、イタリア語、ロシア語、チェコ語にも翻訳された。けれども、この論考の主旨の大半は翻訳によって失われるか、少なくとも誤った解釈をされた。キュヴィエの論考はきわめて現世的だった。そのなかで、聖書は、ヒンドゥー教のヴェーダや中国の書経をはじめとする多くの古代の（かならずしも信用できない）文書の一つとして引用されたにすぎなかった。しかし、こうした教会一致主義［宗教に優劣をつけない立場］の行為は、オックスフォード大学のような機関で教授職にある英国国教会の聖職者には受け入れがたいものであり、論考が英語に翻訳されると、バックランドその他の人びとは、ノアの洪水が証明されたと解釈した。

キュヴィエの理論の科学的基盤は、現在までにその多くが論破されている。有史時代直前に「大変動」があったことを彼に確信させた物理的証拠（とイギリス人が大洪水の証拠と解釈したもの）は、実際には最終氷期の爪痕だった。パリ盆地の層位学的状態は突然の大洪水などではなく、海面の緩慢な変化とプレートテクトニクスによってもたらされたものだった。こうした点について、キュヴィエが誤っていたことを現在の私たちは知っている。

ところが、キュヴィエのもっとも大胆な主張のなかには驚くほど正確なものがある。地上の生命は「惨劇」に見舞われ、「無数の生き物」がその被害者となった。こうした出来事は現在作用している力、あるいは「営み」によって説明することはできない。自然は実際にときどき「その性質を変え」「自然の営みを司る糸が切れてしまった」かのようになるのだ。

アメリカマストドンの話に戻れば、キュヴィエは信じがたいほど正確だった。彼は、アメリカマストドンは、マンモスやメガテリウムが絶滅した五千〜六千年前の「大変動」によって死に絶えたと考えた。実際には、アメリカマストドンは約一万三千年前に絶滅している。これは大型動物の絶滅として知られるようになった絶滅の波の一環だった。この波は現生人類の拡散と時期が重なり、その結果として起きたという解釈がますます有力になってきている。その意味では、キュヴィエが有史直前に起きたとした危機の原因は人類だった、ということだ。

第3章　最初にペンギンと呼ばれた鳥

オオウミガラス
Pinguinus impennis

一八三二年、「天変地異論者《カタストロフィスト》」という言葉がウィリアム・ヒューウェルによって提案された。ヒューウェルはロンドン地質学会の初期会長を務め、英語に「陰極」「陽極」「イオン」「科学者」などの用語を残した人物である。天変地異論者という言葉は、やがて相手を侮蔑する意味合いをもつようになり、すっかりそうしたニュアンスが定着してしまったが、これはヒューウェルの真意ではなかった。この言葉を提案したとき、彼は自分自身も、また自分が知る大半の科学者も、天変地異論者だと考えていた。[1] 実際のところ、彼が知る科学者でこの言葉に該当しないのはただの一人で、それは若き新進の地質学者チャールズ・ライエルだった。ヒューウェルは、ライエルのためには別の呼称を用意していた。「斉一《せいいつ》論者」である。

ライエルは、ジェーン・オースティンのファンにはなじみ深いイギリス南部で生まれ育った。[2] 長じてオックスフォード大学に進み、弁護士になろうとした。ところが視力の関係で弁護士になるのが難しいと知ると、今度は自然科学に目を向けた。若き日のライエルは何度かフランスに旅してキュヴィエと親交を結び、彼の私邸で食事をともにすることもしばしばだった。彼は年上のキュヴィエが自分に「とても親切」だと感じていた。[3] キュヴィエはいくつかの有名な化石の石膏型をとってイギリスに持ち帰ることを許してくれたりもした。けれども、ライエルはキュヴィエの地球史観には少しも納得していなかった。

イギリスの片田舎に露出している岩石や、パリ盆地の岩石層、ナポリ近くの火山島を見たとき、ライエルは（近視とはいえ）大変動の証拠と言えるものはなにも見つけられなかった。それどころか実際には、世界がその昔、現在と異なる理由や頻度で変化したという考えは非科学的である（彼の言葉を借りれば「哲理に欠ける」）ように思われた。ライエルによれば、地形のどの特徴も限りなく長い時間のかかる、きわめて緩慢なプロセス――堆積、浸食、火山活動など現在でも容易に観察できるプロセス――の結果だった。代々の地質学研究者にとって、ライエルの考えは「現在は過去を解明するカギ」のひと言に尽きるだろう。

ライエルに言わせれば、絶滅も非常にゆっくりしたペースで起きるので、特定の場所と時間の視点から見て気づかなくとも不思議はない。動物種がべつべつの時期に大量に死滅したことを示すように見える化石の証拠は、記録が不確かなことを証明しているだけなのだ。生命史には方向性があって、まず爬虫類が、次に哺乳類が出現するというアイデアは間違っており、不適切なデータから導き出された誤った推論だった。ありとあらゆる生物はどの時代にも存在していたのであり、死に絶えたように見える生物も適切な条件が整えばふたたび出現する。したがって、「巨大なイグアノドンがふたたび森に姿を現し、イクチオサウルスが昔のように海を泳ぎ、プテロダクティルがまた木生シダを縫って飛ぶかもしれないのである」[4]。ライエルにしてみれば、「動植物の段階的発達を主張する有名な理論には、地質学的に見て根拠がない」[5]のは明らかだった。

ライエルは自身の考えを、三巻の大著『地質学原理』のなかで述べた。この著書は一般大衆を読者に想定したもので、大衆は熱狂的に支持した。第一刷の四千五百部はたちどころに売り切れ、第二刷の九千部は注文分ではけた（ライエルは婚約者に、自分の本はイギリスのどの地質学者が書いた本と比べても「少なくとも十倍は」売れたと鼻高々に自慢している）[6]。ライエルは著名人――いまで言うスティーヴン・ピンカー――になり、ボストンでの講演では四千人以上がチケットを手に入れようとした[7]。

話を明快に（そしておもしろく）するため、ライエルは論敵を戯画化し、彼らが実際より「哲理に欠ける」人物に聞こえるように語った。相手もまた黙ってはいなかった。ヘンリー・デ・ラ・ビーチというイギリスの地質学者は絵心があり、永遠のくり返しというライエルのアイデアを絵で茶化した。眼鏡をかけたイクチオサウルスをライエルに見立てて、このイクチオサウルスがヒトの頭蓋骨を指さしながら、学生のイクチオサウルスたちに講義する場面を風刺画に描いたのだ[8]。

「すぐにわかるように」と「イクチオサウルス教授」は述べている。「君たちの前にある頭蓋骨はある下等動物のものだ。歯はなんとも役立たずの代物で、顎は締まりがなく、この生き物がどうやって食べ物を手に入れたのか不思議なほどだ」。デ・ラ・ビーチはそのスケッチに「恐

Awful Changes.
Man found only in a fossil state. —— Reappearance of Ichthyosauri.
"A change came o'er the spirit of my dream". Byron
H. T. de la Beche, del.
A Lecture, — "You will at once perceive," continued Professor Ichthyosaurus," that the skull before us belonged to some of the lower order of animals the teeth are very insignificant the power of the jaws trifling, and altogether it seems wonderful how the creature could have procured food".

るべき変化」というタイトルをつけた。

ダーウィンによるサンゴ礁観察

『地質学原理』の読者のなかにチャールズ・ダーウィンがいた。ケンブリッジ大学を卒業したばかりで二十二歳の彼は、イギリス海軍のビーグル号にロバート・フィッツロイ艦長の話し相手として乗り込むことになった。この調査船は南米に航海して海岸線を調査し、航海に支障をきたす地図の誤りを正す予定だった（海軍は、そのころ統治下に入ったフォークランド諸島への最適な航路の発見に格別な興味を抱いていた）。航海はダーウィンが二十七歳になるまで続き、イギリスのプリマスから南米大陸東岸のモンテビデオ、マゼラン海峡を通過し、南米西岸を北上してガラパゴス諸島、南太平洋上のタヒチ、ニュージーランド、オーストラリア、タスマニア、インド洋上のモーリシャス諸島に寄港し、最後に喜望峰を回って南米に戻った。ダーウィンはこの旅で大型のカメ、海で暮らすトカゲ、ありとあらゆる形と大きさのくちばしをもったフィンチに出会い、自然淘汰という考えにいたったというのが通説になっている。しかし実際にはイギリスに戻ったのち、ほかの博物学者たちが彼の持ち帰った標本を整理しているあいだに、ダーウィンは自身の理論を打ち立てたのだ[9]。

ビーグル号の旅は、ダーウィンがライエルを発見した時期だったと考えるほうがいいかもしれない。出航する少し前、フィッツロイがダーウィンに『地質学原理』の第一巻を贈ってくれた。ダーウィンは航海のはじめはひどく船酔いしていたものの（その後も船酔いに苦しむことが多かった）、船が南下するあいだはライエルを「熱心に」読んだと報告している。ビーグル号は、出航後はじめてカーボヴェルデ諸島〔アフリカ西岸沖、カーボヴェルデ共和国〕のサント・ジャゴ島――現在のサンティアゴ島――に寄港し、新しい知識を確かめたくてたまらないダーウィンは、岩だらけの崖で標本を集めるのに何日も費やした。ライエルのおもな主張の一つは、陸地にはゆっくり隆起しつつある場所と、反対にゆっくり沈降しつつある場所があるというものだった（ライエルはさらに、この現象はつねにバランスを保っており、「大陸と海洋の関係をほぼ一定に維持するようにはたらく」と考えていた）[10]。サント・ジャゴ島は彼の主張を証明しているように思えた。この島は明らかに火山島だったが、いくつか不思議な特徴をもっており、たとえば、黒っぽい崖の下半分に白い石灰岩層があった。この特徴を説明できるのは隆起以外にないとダーウィンは結論づけた。「はじめて地質学調査をした場所で、私はライエルの主張がいたってすぐれていると確信するにいたった」と彼はのちに書いている。『地質学原理』の第一巻にいたく感銘を受けたダーウィンは、モンテビデオで第二巻を受けとる手配をした。第三巻はフォークランド諸島で彼を待ち受けていた。[11]

ビーグル号がマゼラン海峡を越え、南米の西海岸を航海するあいだ、ダーウィンは数か月かけてチリを調査した。ある日の午後、バルディビア近くを散策したあとに休んでいると、地面がゼリーのようにゆらゆらと波打ちはじめた。「大地が不安定だという奇妙な感覚は一秒あれば身に沁みてわかるが、それは長い時間考えたからといって理解できるものではない」と彼は日記に記している。地震の数日後にコンセプシオンに着くと、ダーウィンは町全体が廃墟と化している光景に出くわした。「家一軒たりとも残っていない」と彼は綴っている。その景色は、はじめて目にする「見るに堪えない惨状でありながら興味深い情景」でもあった。フィッツロイがコンセプシオン港周辺で測量したところ、地震によって浜辺が二・五メートル近く隆起していた。またしても、ライエルの『地質学原理』は目を見張るような光景によって裏づけられたのだ。十分に長い時間があれば、何度もくり返す地震によって山脈全体が何千メートルも隆起することがある、と彼は主張していた。

世界各地を調査するにしたがい、ダーウィンには世界がライエルの主張どおりに成り立っているように思われた。バルパライソ港の周辺で彼は、海生貝類の貝殻が海面より上に堆積しているのを発見した。彼はこれを、先日見たばかりのような大陸隆起が何度も起きた結果と考えた。「『地質学原理』のすぐれた点は、人の考え方そのものを変えることにあると、私はずっと思ってきた」と彼はのちに述べている（チリに滞在中、ダーウィンはかなり珍しい新種のカエルも発見しており、それはチリのダーウィンハナガエルとして知られるようになった。このカエルの雄はオタマジャクシを自分の鳴嚢《めいのう》［雄が鳴き声を出すために使う膜状の袋］で育てる。最近の研究では、このダーウィンハナガエルは発見されておらず、絶滅したと考えられている[12]）。

ビーグル号での航海が終わりに近づくころ、ダーウィンはサンゴ礁を見る機会を得た。このときサンゴ礁にかかわる驚嘆すべきアイデアを思いつき、これによって彼はロンドンの科学界にすんなり受け入れられた。サンゴ礁を理解するカギが、生物学と地質学との相互作用にあるということをダーウィンは見抜いたのだった。ゆっくりと沈降する島の周りや大陸の縁《へり》に沿ってサンゴ礁が形成されるとき、サンゴ礁はゆっくり上に向かって成長することで水面との関係を一定に保つことができる。地盤がゆっくりと沈んでいくにつれ、サンゴ礁は堡礁《ほしょう》［大陸や島の海岸線に平行にサンゴ礁が形成されたもの］を形成する。陸地が完全に水面下に沈めば、サンゴ礁は環礁になる。

ダーウィンの見解はライエルの先を行くもので、いくぶんライエルと矛盾してもいた。というのもライエルは、サンゴ礁が水中火山の外縁から成長すると考えていたからである。それでも、ダーウィンの考えは基本的にライエルの考えに似通っていたため、ダーウィンがイギリス帰国後に自分の考えを披露するとライエルは喜んだ[13]。科学史家のマーティン・ラドウィックが述べたように、ライエルは「ダーウィンが自分を超えたと考えたのだ」[14]。

ある伝記作家は、ライエルがダーウィンに与えた影響を、「ライエルがいなければ、ダーウィンは存在しなかった」[15]とまで表現した。ビーグル号での航海の記録とサンゴ礁にかかわる本とを出版したあと、ダーウィン自身もこう述べた。「私には、自分が書いた本の半分はライエルの頭から絞り出されたように思われてならない」

種の消滅の理論

自分の周りでは、いつでもどこでも変化が起きるのを見てきたライエルだったが、生命にかんするかぎり、彼はそうした変化を認めなかった。彼には動植物が時を経て新種を生み出すなど考えられず、『地質学原理』の第二巻の大半をそれに対する反論で埋め尽くし、その証拠にキュヴィエによるネコのミイラ分析を引用した。

生物変移説に対するライエルの強硬な反論は、キュヴィエのそれに負けず劣らず不可解だった。ライエルは、化石記録に新種が頻繁に出現することを知っていた。ところが、どのようにして新種が生まれるのかについて語ろうとはしなかった。それぞれの新種はおそらく「ひとつがい、または単一個体（一個体で繁殖できる場合）[16]」に始まり、繁殖し拡散していくと述べるにとどめた。神業か少なくともオカルト的な現象に依存したこの過程は、明らかに彼が地質学でくり広げた主張と相容れなかった。事実、ある批評家によると、そのような過程にはライエル自身が退けた「奇跡の類いそのもの[17]」がなくてはならないように思われた。

ダーウィンは、自然淘汰説によってふたたび「ライエルを超えた」。三角州、河川、河谷《かこく》、山脈などの無機的な世界が緩慢な変化のうちに存在しているように、有機的な世界もまた、絶え間なく変化していることを見てとったのだ。イクチオサウルスやプレシオサウルス、鳥類や魚類、そして――いちばん考えたくもないことだが――ヒトもまた、無数の世代を経て起きる変異の過程によって生まれたのである。ダーウィンによれば、この過程は人の目にはとまらぬほど緩やかではあっても、確実に進行している。生物学でも地質学でも、現在は過去を解明するカギなのだ。『種の起源』でもっとも頻繁に引用されるくだりで、ダーウィンはこう述べている。

自然淘汰は、世界中で起きるあらゆる変異をそれがいかにささやかなものであろうとも日夜を問わず吟味している。劣等な変異を排除しつつ、優良な変異をすべて保存していく。あらゆる機会をとらえて、いつでもどこでも静かに目立つことなくはたらいているのだ。[18]

自然淘汰においては、どんな創造の奇跡も起きる必要性はなかった。「あらゆる変異をそれがいかにささやかなものであろうとも」吟味し、十分に時間を与えれば古い種から新しい種は生まれるというのだ。[19] 今回ライエルは、愛弟子の仕事を双手を挙げて称賛したわけではなかった。ダーウィンの「変化をともなう由来」論をしぶしぶ受け入れたのみで、それがあまりにも気の進まない印象を与えたために、やがて二人の友情にひびが入ることとなった。

種の誕生にかかわるダーウィンの理論は、種の消滅の理論でもあった。絶滅と進化は生命という織物の縦糸と横糸であり、同じコインの裏表なのだ。「新たな形態の出現と古い形態の消滅は互いにつながっている」とダーウィンは書いた。双方を生じさせているものは「生存闘争」であり、それは適者を生き残らせ、不適者を排除する。

自然淘汰の理論は、新たな変種が生まれたり、それが最終的に新種として残ったりするのは、競合種よりすぐれているからであり、その結果として劣っている形態は必然的に絶滅するという信念にもとづいている。[20]

ダーウィンは家畜の牛の類比を用いた。より丈夫で繁殖力の旺盛な変種ができると、それはすみやかにほかの品種にとって代わる。たとえばヨークシャーでは「昔の黒牛が長角牛にとって代わられ」長角牛もやがて「なにか悪い病気にでもやられたかのように」短角牛によって「一掃された」ことは、歴史的によく知られるところだと彼は指摘した。

ダーウィンは、自身の理論は単純であると強調した。自然淘汰はいたって強力な力であるため、ほかの力は必要とされなかった。奇跡もいらなければ、世界を一変させる天変地異もいらない。「種の絶滅という考えそのものが怪しげな謎に包まれてきた」と彼は述べて、暗にキュヴィエをあざ笑った。

ダーウィンの前提から重要な予測が導き出された。絶滅が自然淘汰によって生じるのであり、それ以外に原因がないのなら、種の誕生と絶滅というこの二つの過程は、ほぼ同じ速度で進行しなければならない。仮にそうでないなら、絶滅のほうがより緩慢に起きなければならなかった。

「ある種が完全に絶滅するのは、一般にその誕生よりゆるやかな過程だ[21]」と彼は書いている。

ダーウィンによれば、新種の誕生を己の目で見た者はだれ一人いないし、またいるはずもなかった。事実上、種分化は観測不可能なはずだからだ。「私たちにはこれらの緩慢な変化が起きるのを見届けることはできない」と彼は書いた。だから、絶滅の観察がさらに難しいのは道理にかなっているはずだった。だが、違った。ダーウィンがダウンハウス［ロンドン郊外のケント州ダウン村にある自宅］に引きこもって自身の進化論の構想を練っていたとき、ヨーロッパでもっとも大事にされていた種の一つ、オオウミガラスの最後の一羽が死んだのだ。ダーウィンにとっては追い打ちをかけるように、この出来事はイギリスの鳥類学者たちによって詳細に記録された。ここにいたって彼の理論は、もしかしたら深い意味において現実と真っ向から対立したのかもしれない。

オオウミガラスの剝製

アイスランド自然史研究所は、レイキャヴィク郊外の人里離れた山腹に建つ新築の建物に入っている。建物は傾いた屋根と傾いたガラスの壁を持ち、一見すると船のように見える。ここは研究機関であって大衆に開放されているわけではない。つまり、研究所が所蔵する標本を見たい人は特別に予約を入れねばならない。予約を入れてここを訪れた日、私はトラの剝製、カンガルーの剝製、キャビネットいっぱいのゴクラクチョウの剝製も見た。

私がここにやって来たのは、そこに展示されているオオウミガラスを見るためだった。アイスランドは不名誉にもこの鳥が最後に人の目に触れた場所であり、私が見に来た標本は一八二一年夏にこの国のだれかに――正確な場所はわかっていない――殺された。フレデリック・クリスチャン・ラーベンというデンマークの伯爵がこの鳥の遺骸を買い求め、自分のコレクションに加えるべく急いでアイスランドにやって来た（あやうく溺れかけた）。ラーベンは標本を自分の城に持ち帰り、一九七一年にロンドンで競売にかけられるまで標本は個人の所蔵だった。アイスランド自然史研究所が購入のために寄付を募ると、アイスランドの人びとはオオウミガラスを買い戻そうと三日間で一万英ポンド相当を寄付した（話を聞かせてもらった女性は当時十歳だったそうで、寄付するためにブタの貯金箱を割ったという）。アイスランドの人びとは帰国用に二枚の飛行機チケットを用意した。一枚は研究所所長のため、もう一枚は箱に収められたオオウミガラスのためだった。[22]

現在、研究所の副所長を務めるグズムンドゥル・グズムンドソンが、私にオオウミガラスを見せてくれることになっていた。グズムンドソンは、複雑な殻をもつ海洋生物である有孔虫の専門家だ。オオウミガラスを見に行く途中、私たちは彼のオフィスに寄り道した。そこには小さなガラス管が並べられた箱がたくさん置いてあり、ガラス管には持ち上げるとくるくると揺れ動く有孔虫の殻の標本が入っていた。グズムンドソンは暇を見つけては翻訳に励んでいると話してくれた。数年前に『種の起源』の初のアイスランド語版を完成させたという。彼はダーウィンの文章はことのほか難しかったと語った。「文章が幾重にも入れ子状態になっているのです」と言う。アイスランド語版『種の起源』の売れ行きはいまひとつだったが、おそらくそれはアイスランド人の多くが英語を読めるからだろう。

私たちは研究所の所蔵品が収められている保存庫に向かった。トラの剝製はビニールに包まれ、いまにもカンガルーの剝製に飛びかかりそうだった。オオウミガラスはプレキシガラスの特別製ケースにぽつんと一羽収まっていた。人工の岩の上に立ち、そばに人工の卵が置かれている。

その名が示すとおり、オオウミガラスは大きな鳥で、成体は高さが七五センチメートル以上になる。だがこの鳥は飛ぶことができない。北半球にいる数種の飛べない鳥の一種で、その寸詰まりの翼は胴体に比して滑稽《こっけい》なほど小さい。ケースのなかのオオウミガラスは背中に茶色の羽毛をもっていたが、生前は黒だったものが長年のうちに色褪せたのだろう。「紫外線が羽毛を傷めてしまうんですよ」とグズムンドソンが悲しそうに言った。胸のあたりの羽毛は白で、左右の眼の下にそれぞれ白い部分があった。このオオウミガラスはとても変わった姿勢で剝製にされていた。大きく複雑な溝の入ったくちばしが少し上向きになっていて、このために深い悲しみに沈んでいるかに見えた。

グズムンドソンによれば、このオオウミガラスは二〇〇八年まではレイキャヴィクのこの研究所で展示されていたが、その年に研究所がアイスランド政府によって改築されることになった。当時、別の機関がオオウミガラスを収容する場所をつくることになっていたものの、アイスランドの経済危機などさまざまな事情によってそれが不可能となった。そういうわけで、ラーベン伯のオオウミガラスはこの保存庫の一角で作り物の岩の上にいる。岩には当時の説明が付されており、グズムンドソンは私のために訳してくれた。「この鳥は一八二一年に殺された。これはまだ生存する数羽のオオウミガラスのうちの一羽である」

ペンギンそっくりの鳥

全盛時、すなわち、人間が彼らの巣に近づく方法を知るまで、オオウミガラスはノルウェーからニューファンドランド、イタリアからフロリダ州まで広く分布しており、その数はおそらく数百万羽を下らなかっただろう。最初の移住者がスカンディナヴィアからアイスランドにやって来たころ、オオウミガラスはどこにでもいたので、よく夕食のテーブルに載ったとみえ、この鳥の骨が十世紀ごろに人間が出したゴミに混じって見つかっている。レイキャヴィク滞在中、私はアイスランドで最古の建造物の一つ（芝土を使った共同住宅）の廃墟跡に建設された博物館を訪れた。博物館の展示の説明によると、オオウミガラスは中世のアイスランド住民にとって「つかまえるのが楽な獲物」だった。ひとつがいのオオウミガラスの骨格に加え、展示ではヒトとオオウミガラスの最初の出会いを描いたビデオを流していた。そのなかでは、暗い人影がオオウミガラスの影をめざして岩場を忍び歩いていく。十分近づいたところで、その人影は棒切れを手にしてオオウミガラスの頭をなぐった。オオウミガラスが「ガー」とも「ブー」ともつかぬ鳴き声を出す。このビデオは陰惨であるとはいえ興味深く、私は何回も再生した。

知られているかぎりにおいて、オオウミガラスの暮らしぶりはペンギンと変わりなかった。実際、オオウミガラスは元祖の「ペンギン」だった。彼らは、北大西洋でこの鳥に出くわしたヨーロッパの船乗りたちに「ペンギン」と呼ばれた。「ペンギン」の語源は明確ではなく、「太っている」ことを意味するラテン語「pinguis《ピングイス》」に由来するかもしれないし、そうではないのかもしれない。のちに船乗りが南半球で同じような色合いの飛べない鳥に出くわしたとき、彼らはまた同じ名前を使った。このために大きな混乱が生じた。なにしろオオウミガラスとペンギンはまったく別の科に属する動物なのだ（ペンギンには独自の科が与えられており、オオウミガラスはツノメドリとウミガラスを含む科に属する。遺伝子解析によると、オオウミガラスにもっとも近い現生種はオオハシウミガラスだという[23]。

ペンギンに似て、オオウミガラスは泳ぐのがうまく（泳ぐところを見た人によると水中では「驚くほど速く」泳ぐ[24]）一日の大半を海中で過ごす。ところが繁殖期の五〜六月になると大挙してよちよちと陸に上がり、そうなると外敵に弱くなる。北米先住民がオオウミガラスを食用に狩ったのは明らかで、カナダで発見された太古の墓には何百というオオウミガラスのくちばしがあった。旧石器時代のヨーロッパ人も例外ではなく、オオウミガラスの骨はデンマーク、スウェーデン、スペイン、イタリア、ジブラルタルなどの考古学発掘地で発見されている[25]。最初の移住者がアイスランドにやって来ると、繁殖地の多くは人に荒らされ、棲息域は狭まっていっただろう。そこで、最後の虐殺が始まった。

十六世紀初頭には、ヨーロッパ人は豊富に獲れるタラを求めてニューファンドランドに周期的に通うようになった。その途中に、海面すれすれの高さで、約二〇万平方メートルほどの面積がある、ピンク色をした花崗岩の島があった。春には、島全体に立錐《りっすい》の余地もないほど鳥がひしめいていた。多くはシロカツオドリやウミガラスで、残りはオオウミガラスだった。ニューファンドランドの北東の海岸から約六五キロメートル沖合にあるこの島は、鳥島やペンギン島の名で知られるようになり、現在ではファンク島と呼ばれる。大西洋を横断する長旅の終わりに、食糧のたくわえが尽きかけようとするころ手に入る新鮮な肉は珍重され、この鳥が苦もなくつかまえられることはすぐに知れわたった。一五三四年の記録によると、フランスの探検家ジャック・カルティエは、鳥島にいる鳥の一部は「ガチョウくらい大きい」と書いた。

鳥たちはいつも水中にいる。小さな翼しかもっておらず、空を飛べない……だが水中ならその翼でほかの鳥が空を飛ぶように敏捷《びんしょう》に動き回る。しかも、この鳥はよく太っている。まるで石ころみたいにじっとして逃げないので、半時間もしないうちに二隻の船は鳥でいっぱいになった。つかまえてすぐ食べるものに加えて、どちらの船も五、六樽分の鳥を塩漬けにした。[26]

大量殺戮

数年後に島に上陸したイギリスの探検隊によれば、島は「オオウミガラスだらけだった」という。男たちは「たくさんのオオウミガラス」を船に追い込み、食べたらじつにおいしかった――味がよく栄養たっぷりだった――と書いている。リチャード・ウィットボーンという名の船長は一六二二年の航海日誌に、オオウミガラスが船に追い込まれる様子についてこう述べている。「一度に何百羽と捕まるが、その様子はまるで神様がこの哀れな生き物を人間の食糧とすべく無垢におつくりになられたかのようだった」[27]

それからの数十年で、オオウミガラスには「食糧」以外の用途もあることが判明した（ある年代記作者はこう記す。「ファンク島のオオウミガラスは人間が考えうるあらゆる方法で利用された」[28]）。オオウミガラスは釣りの餌、マットレス用の羽毛、燃料にされた。ファンク島には石造りの囲いが建てられ（その痕跡はいまもなお残っている）、オオウミガラスをそのなかに集めておき、必要なときに殺せるようにした。いや、殺さないこともあった。イギリス海軍の軍艦ボストン号でニューファンドランド島に航海したアーロン・トーマスというイギリス人船員によると、

羽毛が欲しければわざわざ殺すまでもなく、どんどんペンギンをつかまえては上等な羽毛だけむしる。そうしたら哀れなペンギンを放してやる。まだらに裸になったり皮が破けたりしたペンギンは放っておいてもいずれ死ぬ。

ファンク島には木が一本もなく、燃料になるものがない。このために別の習慣が始まったことをトーマスが記録に記している。

なべを持参し、ペンギンを一、二羽入れて火にかける。この火ももちろん哀れなペンギンを燃やしてまかなう。脂ぎったこの鳥はすぐに火が回る。[29]

ヨーロッパ人がはじめてファンク島に上陸したとき、十万つがいのオオウミガラスがそれぞれに一個の卵を抱いていたと考えられている[30]（オオウミガラスは年に一個しか卵を産まないようだ。卵はおよそ一五センチメートルの長さで、ジャクソン・ポロックの絵のような茶と黒の斑点があった）。

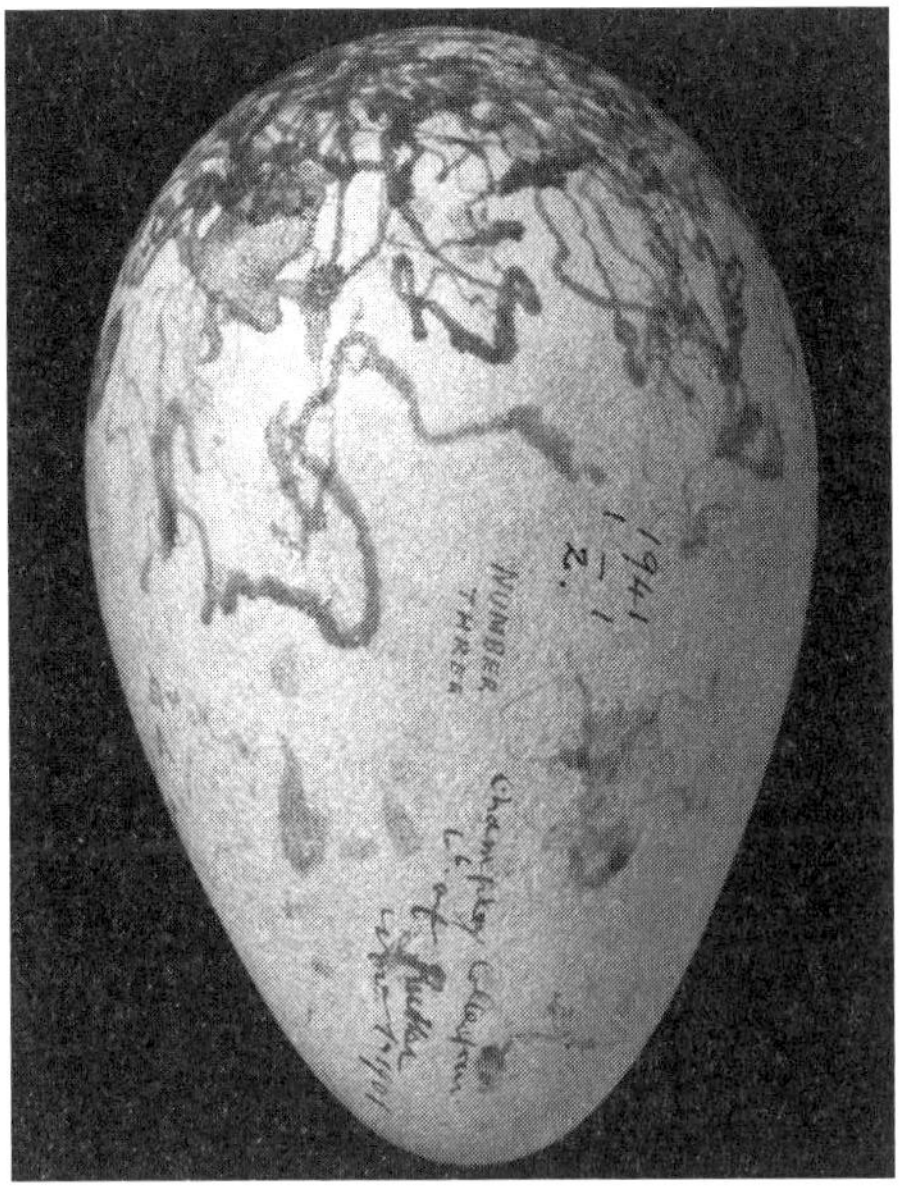

オオウミガラスは1年に1個しか卵を産まなかった。

この島のオオウミガラスのコロニーは、二世紀以上にわたる殺戮を生き延びたのだから間違いなく大きかっただろう。けれども十八世紀末までには、個体数は激減した。羽毛の取引は儲けが大きかったため、男たちは夏中ファンク島で鳥を燃やして羽毛をむしった。一七八五年、イギリスの貿易商にして探検家のジョージ・カートライトが彼らについてこう書いている。「男たちの破壊行為は目を覆わんばかりだ[31]」。だれかが止めないと、いずれオオウミガラスは「一羽もいなくなるだろう」。

男たちが実際にこの島のオオウミガラスを最後の一羽にいたるまで殺したか、あるいはほかの要因で消滅しかねない数になるまで殺戮をくり返したかはわかっていない（個体群密度の低下によって、生き残った個体の生存も難しくなった可能性があり、この現象は「アリー効果」として知られる）。いずれにしても、北米のオオウミガラスが絶滅したのは一般に一八〇〇年とされる。およそ三十年後、『アメリカの鳥』を執筆中のジョン・ジェームズ・オーデュボンは、生きたオオウミガラスの絵

オーデュボンによるオオウミガラスのイラスト。

を描くためにニューファンドランドに足を運んだ。ところが、オオウミガラスは一羽も見つからず、ロンドンの商人が所有する、アイスランドに棲息していたオオウミガラスの剥製でイラストを描くしか手がなかった。オオウミガラスの説明文でオーデュボンは、この鳥は「ニューファンドランド沖の島でときどき見かけられる偶来性の」種で、「その島の岩の上で繁殖すると伝えられる」[32]と書いている。これは矛盾した説明だろう。というのも「偶来性の繁殖鳥」など存在しないからだ。

最後の逃げ場エルディ島

ファンク島のオオウミガラスが塩漬けにされ、羽毛をむしりとられ、油を搾られたあげくに姿を消すと、ある程度の規模をもつオオウミガラスのコロニーは世界で残すところわずか一つとなった。それはアイスランドのレイキャネース半島の約四八キロメートル沖にある、ガーファウルと呼ばれる島（ウミガラス岩礁）だった。不幸なことに、ガーファウル島は火山噴火によって一八三〇年に海中に没した。これでオオウミガラスに残された唯一の逃げ場はエルデイという名の島のみになった。この時点で、オオウミガラスは希少種となり、そのせいで新たな脅威に直面していた。ラーベン伯のような人物が、自身のコレクションに加えようとオオウミガラスの皮や卵を血眼になって探していたのである。最後のひとつがいのオオウミガラスが一八四四年にエルデイ島で殺されたのは、そもそもこうした人びとの要求に応えるためだった。

アイスランドに出発する前に、私はオオウミガラスが最後に目撃された土地を見たいと考えた。エルデイ島は、レイキャヴィクのすぐ南にあるレイキャネース半島からわずか約一五キロメートル沖という近さだ。ところが、島にわたるのは私が想像していたよりずっと難しかった。アイスランドのだれに聞いても、島に行ったことのある人はいないという答えしか返ってこなかった。最後に、アイスランド出身の私の友人が、レイキャヴィクで大臣の座にある彼の父親に連絡し、その父親がさらに半島にあるサンドギェルジという小さな町でネイチャーセンターを運営する友人に掛け合ってくれた。ネイチャーセンターのレイニール・スヴェインソン所長が、漁師のハルドウル・アウルマンソンを世話してくれた。アウルマンソンは私を島に連れていってもいいが、それはあくまでも天候が許せばという条件付きだと言う。雨や風がひどければ、島に行くのは危険だし船酔いもひどくなるから、その場合には中止するということだった。

幸いにも、私たちが島に行くと決めた日はすばらしい天気だった。私はネイチャーセンターでスヴェインソンと待ち合わせた。センターはフランス人探検家ジャン゠バティスト・シャルコーを中心に展開している。一九三六年、シャルコーはプルクワ・パ号という名の持ち船がサンドギェルジ沖で沈没して死亡した。私たちが港まで歩いていくと、アウルマンソンが彼のステルラ号にチェストを載せているところだった。チェストには余分な救命ボートが入っているという。「規則でね」とスヴェインソンが肩をすくめた。アウルマンソンは釣り竿、ソーダ水の入ったクーラー、クッキーも持参していた。タラ漁以外の目的で船を出すのが楽しみな様子だった。

港を出ると、船はレイキャネース半島を回って南に針路をとった。空気は澄みわたり、約一〇〇キロメートル以上離れたスナイフェルスヨークトル山の雪をいただく頂上が見えた（この山は、ジュール・ヴェルヌの『地底旅行』で、主人公が地底への入り口を見つける場所としておなじみだ）。エルデイ島はスナイフェルスヨークトル山よりはるかに標高が低く、まだ視界に入ってこなかった。スヴェインソンが、エルデイという名は「火の島」という意味だと教えてくれた。彼は生まれてこのかたずっとこの辺りに住んでいるけれども、この島に行ったことはないそうだ。高価そうなカメラを持参しており、ひっきりなしに写真を撮っていた。スヴェインソンが写真に夢中なので、私はステルラ号の小さな船室でアウルマンソンと世間話をした。彼は左右の眼の色が異なっていて、片方が青でもう片方はハシバミ色だった。彼によるとタラ漁にはいつも一〇キロメートル弱の長い釣り糸を使い、一万二千個の釣り針を糸につけるという。釣り針に餌を仕掛けるのは父親の仕事で、ほぼ丸二日かかる。豊漁のときは七

トン以上のタラが揚がる。ステルラ号には電子レンジと細長いベッドも二人分あり、アウルマンソンは船で夜を過ごすことも多いという。

しばらくすると、エルディ島が水平線上に現れた。島は巨大な円柱の根っこの部分、または巨大な像が上に載せられるのを待つ大きな台座のようだった。島にあと一・五キロメートルほどまで近づくと、遠くから見たときには平らに見えた島の表面が約一〇度傾いているのがわかった。私たちは地面が低くなっている方角から接近した。そうすれば地面全体を見わたせるからだ。地面は白く、さざ波立っているように見えた。もっと近づくと、波のように見えたのは鳥だと気づき（あまりにその数が多くて島の表面を覆い尽くしているかに見えた）、さらに近づくと鳥はシロカツオドリ（長い首、クリーム色の頭、先が細くなったくちばしをもつ美しい鳥）だとわかった。スヴェインソンによれば、エルデイ島には、シロカツオドリの世界最大のコロニー――およそ三万つがい――が存在するという。彼が島の上にあるピラミッドのような建築物を指さした。アイスランド環境省は、この上にウェブカメラを設置した。カメラはシロカツオドリの映像を野鳥観察家にリアルタイムで流すはずだったが、ことは予定どおりに運ばなかった。

「鳥たちはこのカメラを毛嫌いしていまして」とスヴェインソンは語る。「だから、その上を飛んでは糞を落とすのです」。三万つがいのシロカツオドリがつくった糞化石は、島にバニラ味の砂糖がけをしたようだった。

シロカツオドリ保護と、おそらくはこの島独特の歴史のために、エルデイ島は特別な許可（入手は難しい）を得ないと上陸できない。私はこのことをはじめて知ったときには落胆した。けれども、島にもっと近づいて、断崖に打ち寄せる荒い波が目に入ったときには、上陸をあきらめてよかったと安堵した。

「海鳥保護法」の制定

生きたオオウミガラスを最後に見たのは、漕ぎ舟でエルデイ島にわたった十人ほどのアイスランド人だった。一八四四年六月のある夜、彼らは島に向けて舟を出し、夜通し櫓《ろ》を漕いで翌朝になって島に着いた。三人の男が難儀しながらも唯一上陸可能な場所――島から北東に延びる浅い岩棚――から上陸した（四人目の男もいっしょに行くはずだったが、危険すぎると同行を拒んだ）。島にいるオオウミガラスの総個体数ははじめからそう多くなかったとはいえ、この時点ではひとつがいと卵一個に減っていたようだ。人間の姿を見ると、オオウミガラスは逃げようとしたが、あまりにも動きが遅かった。数分もしないうちに、アイスランド人たちはオオウミガラスを捕らえて首を絞めてしまった。卵は騒動で割れてしまったらしく、そのまま残された。男たちのうち二人は舟に飛び移ったが、三人目は波間をロープで引っ張ってもらって乗船した。

最後のオオウミガラスを殺した男たちの名前（シグルズル・イセルフソン、キェティル・キェティルソン、ヨウン・ブランソン）も含めて、この鳥の最後の瞬間の詳細が知れたのは、十四年後の一八五八年夏に二人のイギリスの博物学者がアイスランドを訪れたからだ。二人のうち年配のジョン・ウリーは医師で熱心な卵コレクターであり、若いほうのアルフレッド・ニュートンはケンブリッジ大学の特別研究員で、もうすぐこの大学初の動物学教授になる予定になっていた。二人はレイキャネース半島に数週間とどまったが、そこは現在のアイスランド国際空港からそう遠くない。滞在期間中、オオウミガラスを見たことのある人、あるいは噂を耳にしたことのある人ならだれ彼かまわず話を聞いたところ、一八四四年に島にわたった人が幾人かいた。そのときに殺されたひとつがいのオオウミガラスは、およそ九ポンドで商人に売却されたことがわかったという。内臓は王立コペンハーゲン博物館に送られていたが、皮の行方はだれ一人知らなかった（その後の調査で、雌の皮は、現在ロサンゼルス自然史博物館に展示されているオオウミガラスの剝製に使われていると判明した）[33]。

ウリーとニュートンもエルデイ島にわたりたかったが、荒れた天候のために果たせなかった。「船と乗組員は確保したし、物資も準備万端整っていた。ところが、上陸できそうな機会は一度も訪れなかった」とニュートンはのちに書いている。「短い夏が去っていくのが残念でならなかった」[34]

ウリーは、二人がイギリスに戻って間もなく他界した。ニュートンにとって、この旅は人生観を変える出来事だった。彼はオオウミガラスは死に絶えた――事実上この鳥は過去のものとなった――と結論づけ、ある伝記作家が「絶滅動物あるいは絶滅しつつある動物」に対する「奇妙な熱狂[35]」と形容したものにとりつかれた。ニュートンはイギリスの長い海岸線で繁殖する鳥類もまた危険にさらされていることに気づいた。これらの鳥はスポーツの名の下に大量に撃ち落とされていた。

「撃ち落とされる鳥は親鳥である」と、彼は英国科学振興協会での講演で述べた。「われわれは鳥たちのもっとも神聖な本能を利用して待ち伏せし、親鳥の命を奪い去ることによって無力な幼鳥を餓死というこのうえない哀れな死に追いやる。これが残酷でないと言うなら、いったいなにが残酷と言えるだろう？」ニュートンは繁殖期の狩猟禁止を訴え、彼のロビー活動によって、こんにちの野生動物保護法につながる初の法律「海鳥保護法」が定められることになった。

絶滅は進化の副作用なのか

ニュートンがアイスランドからの帰国途上にあったちょうどそのとき、自然淘汰にかかわるダーウィンの最初の論文が発表された。『リンネ協会紀要』に載ったその論文は、アルフレッド・ラッセル・ウォレスという若い博物学者が同様の説を唱えようとしていることをダーウィンが知った直後、ライエルの計らいでリンネ協会で発表され、紀要に掲載されたのだった（ウォレスの論文も同じ集会で読み上げられ、紀要の同じ号に掲載された）。ニュートンはダーウィンの論文が出版されるとすぐに夜更けまでそれを読み、たちまちダーウィンに魅せられた。「それは神の声のようだった[36]」と彼はのちに回想した。「そして翌朝目覚めたとき、私はすべての謎は『自然淘汰』という単純な言葉によって解決されたと確信していた」。友人に書き送った手紙で彼は、自分は「純粋で混じり気のないダーウィニズム[37]」に染まったと述べている。数年後、ニュートンとダーウィンは書簡を交わすようになり、あるときニュートンはダーウィンが興味を抱きそうな病死したヨーロッパヤマウズラの足を贈った。やがて、二人は互いを訪問し合うようになった。

オオウミガラスが二人の会話の話題になったかどうかは定かでない。ニュートンやダーウィンが残した書簡にはオオウミガラスのことは触れられていないし[38]、ダーウィンはほかの著作でもオオウミガラスのことやオオウミガラスがその当時絶滅したことについて述べていない。しかし、ダーウィンは人間が起こした絶滅について知っていたはずだ。ガラパゴス諸島で、進行中の絶滅とまではいかずとも、それにきわめて近いものを彼自身その目で見届けていたのだから。

ダーウィンがガラパゴス諸島を訪れたのは一八三五年秋のことで、ビーグル号で船旅に出て四年近く経っていた。諸島の一つであるチャールズ島（現在のフロレアナ島）で、彼はニコラス・ローソンというイギリス人に出会った。ローソンはガラパゴス諸島の総督代理で、小さく貧相な刑務所の看守でもあった。彼は有益な情報をたくさんもっていた。彼がダーウィンに話したところによると、ガラパゴス諸島では島ごとにカメの甲羅が異なる形をしているという。[39]だからローソンは、「どのカメがどの島のものか自分にはわかる」と胸を張った。ローソンはさらに、これらの島のカメは遠からず絶滅するだろうとも語った。ガラパゴス諸島には捕鯨船が頻繁に訪れ、巨大なカメを持ち運びのできる食糧として連れていくのだという。数年前にチャールズ島を訪れた小型駆逐艦は、二百匹のカメを檻に収容して島を去った。ダーウィンは「カメの個体数がかなり減少している」と航海日誌に記している。ビーグル号がやって来るころには、チャールズ島のカメはあまりに少なくなり、ダーウィンは一匹も目にすることはなかったようだ。こんにちケロノイディス・エレファントプスの学名で知られるチャールズ島のカメは、二十年後には完全に姿を消しているだろうとローソンは予測した。実際には、十年と経たないうちに死に絶えたようだ[40]（ケロノイディス・エレファントプスが、独立した種か亜種かについてはいまだに決着がついていない）。

ダーウィンが人類による絶滅について知っていたことは『種の起源』からも明らかだ。この本に天変地異論者を揶揄する箇所はたくさんあるが、あるくだりで彼は、動物は絶滅する前にかならず希少になると述べている。「これが人類の行為によって局地的または全面的に動物が姿を消す現象の一環であることを私たちは知っている」。それは簡潔な記述であり、その簡潔さゆえに示唆に富む。彼の読者はそうした「現象」について承知しており、すでに慣れきっているとダーウィンは決め込んでいる。さらには、彼自身このことについて驚いたり心配したりしてはいないようだ。しかし、人類が引き起こす絶滅はもちろん多くの理由から憂慮すべきことで、ダーウィン自身の理論にもかかわっている。ダーウィンほど洞察に富み、自分に厳しかった人が、自身の理論が人類による絶滅を暗示していることに気づかなかったのが不思議でならない。

ダーウィンは『種の起源』でヒトとほかの動物をまったく区別していない。彼とその同時代人の多くが気づいていたように、両者を同等と見なす点がダーウィンの理論のもっとも過激な側面だ。あらゆるほかの種とまったく同じように、ヒトはより古い祖先から変化して現在の姿になったのだ。ヒトを他と分けるように思われる性質——言語や知恵、善悪の観念——も、長いくちばしや鋭い門歯のようなほかの適応形質と同じように進化してきたのだ。ダーウィンの理論の核心にあるのは、ある伝記作家が指摘したように、「ヒトが特別な存在であるという考えの否定」[41]である。

そして進化について言えることは、絶滅についても言えるはずだった。なぜならダーウィンによれば、後者は前者の副作用にすぎないからだった。種の誕生も消滅も、「現在でも進行中の緩慢な過程」、すなわち、生存闘争と自然淘汰によって起きるのであり、ほかのメカニズムがはたらいているという主張はどのようなものであれ、たんに人を惑わせるだけのものだ。では、オオウミガラスやチャールズ島のカメのような場合をどう理解すべきなのだろう？　いや、ドードーやステラーカイギュウ［ジュゴン科の種で十八世紀に絶滅］なら？　もちろん、これらの動物は、競争に有利にはたらく強みをゆっくり進化させた競争相手に敗れたわけではない。いずれもある種によって最後の一匹にいたるまで突然に根絶やしにされたのだ。オオウミガラスとチャールズ島のカメの場合、それはダーウィン自身の一生涯のあいだに起きた。ということは、人類によって引き起こされる絶滅という独立したカテゴリーが存在するか、自然とは大変動を起こすものであるかのどちらかだと考える以外にない。前者の場合には、人類はまぎれもなく自然を超越した「特別な存在」であったことになり、後者の場合には、残念ながらキュヴィエが正しかったことになる。

第4章　古代海洋の覇者

アンモナイト
Discoscaphites jerseyensis

ローマの北一六〇キロメートルほどの傾斜地に広がるグッビオという町は、全体が化石めいている。狭い通りの多くはいちばん小型のフィアットですら通り抜けられないほどで、灰色の石畳を敷いた広場はダンテの時代を彷彿とさせる（一三〇二年にダンテの追放を画策したのは、当時のフィレンツェ市長でグッビオの有力者だった）。私のようにこの町を冬に訪ねると、観光客は一人も見当たらず、ホテルは閉まっていて、街角は静まりかえり、グッビオは魔法でもかけられて目覚めの時を待っているかのようだ。

この町の北東の外れに峡谷がある。現在ではボッタッチョーネ峡谷として知られるこの谷の斜面には、石灰岩層が斜めに延びている。ここに人が定住するずっと前、人類の出現よりはるか昔には、グッビオは透明な青い海の底にあった。小さな海洋生物の死体がその海底に舞い降り、何年も、何世紀も、何千年紀にもわたって堆積していった。アペニン山脈が形成された隆起によって、石灰岩が押し上げられて四五度傾いた。だから現在この谷を歩くと、層ごとに時間を旅することになる。数百メートルの距離で、ほぼ一億年を旅することができるのだ。

現在ではボッタッチョーネ峡谷を目当てにやって来る観光客もいるとはいえ、訪れるのはやはり専門家や好事家が多い。一九七〇年代末、ウォルター・アルヴァレズという地質学者がアペニン山脈の造山運動を調査しにやって来て、はからずも生命史を書きかえたのはこの場所だった。白亜紀を終わらせ、地球上に最悪の日をもたらした巨大な隕石の痕跡を、彼はこの峡谷ではじめて発見したのだった。浮遊塵《ダスト》、つまり隕石などの破砕粒子と地上の生物の遺灰が地上に舞い降りるまでには、あらゆる生物種の四分の三ほどが消滅していた。

隕石衝突の証拠は、峡谷のなかほどの薄い粘土層にある。観光客は近くの脇道に車を停めることができ、そこには小さなキオスクもあって、この場所の沿革をイタリア語で説明している。粘土層はすぐに見つかる。それは無数の人によって指でほじくられており、ちょうどローマにある聖ペテロの銅像のつま先が巡礼者のくちづけによってすり減っているのに似ていた。ここを訪れた日は曇りで風が強かったため、そこにいたのは私一人だった。なぜみな粘土層に手を触れたがるのだろう？　単なる好奇心？　一種の地質学的調査？　それとも、もっとなにか共感のようなもの、それがどれほど遠い昔のものであるにしても、失われた世界に手を触れてみたいという願望なのだろうか。もちろん、私も手を触れずにはいられなかった。溝を突っついて小石ほどの大きさの粘土をかき出した。それは古いレンガのような色で、乾燥した泥土くらいの堅さをしている。粘土を古いあめ玉の包装紙に包んでポケットにしまった。隕石衝突を物語る、私だけの記念品だ。

あめ玉で示したところがグッビオの粘土層。

アルヴァレズ父子による隕石衝突説

ウォルター・アルヴァレズは傑出した科学者一家の出身だった。曽祖父と祖父はいずれも著名な医師で、父親のルイスはカリフォルニア大学バークレー校の物理学者だった。けれども、ウォルターをバークレーの山々へ長い散歩に連れ出し、地質学に興味をもたせたのは母親だった。彼はプリンストン大学大学院を修了し、石油会社に就職した（一九六九年にムアンマル・カダフィがリビアを掌握したとき、彼はこの国に暮らしていた）。数年後、ハドソン川を挟んでマンハッタンの対岸にあるラモント・ドハティ地球観測所に研究職を得た。当時、「プレートテクトニクス革命」が地質学を席巻していて、この研究所の研究者も一人残らずプレートテクトニクスに夢中だった。

　ウォルターは、イタリア半島の成り立ちをプレートテクトニクスによって解明したいと考えた。計画のカギを握るのは「スカリャ・ロッサ」として知られる一種の赤色石灰岩で、この石灰岩を見られる場所はたくさんあるが、なかでもボッタッチョーネ峡谷がつとに有名だった。計画はまず前に進み、行きづまり、方向転換した。「科学の世界では優秀であるより幸運であるほうがいいこともある」[1]と、彼はのちにこの間の経緯について述べている。やがて彼は、イザベッラ＝プレモリ・シルヴァという有孔虫を専門とするイタリア人地質学者と、グッビオで調査するようになった。

　有孔虫は微小な海洋生物で、炭酸カルシウム（方解石）の小さな殻をつくり、死後は殻が海底に舞い降りる。殻は種によって姿形が異なり、（顕微鏡下では）ハチの巣や、組みひも、泡、ブドウの房のように見える。有孔虫は広範囲に分布し、多くの化石を残したことから示準《しじゅん》化石として非常に有用だ。つまり、ある岩石層にどの種の有孔虫の化石が見つかるかによって、シルヴァのような専門家はその岩石の年代を特定することができるのだ。二人でボッタッチョーネ峡谷を調べていると、シルヴァが不思議な層序《シーケンス》をウォルターに指し示した。白亜紀後期の石灰岩に、比較的大きく多様な有孔虫が大量に含まれていたのである。なかには砂粒ほどの大きさのものもあった。そのすぐ上に厚さ一三ミリメートルほどの粘土層があり、その層には有孔虫がまったく含まれていない。さらにその上には、有孔虫を含む石灰岩が堆積していたが、種類は少なく、どれもごく微小で下層のものとは大きく異なっていた。

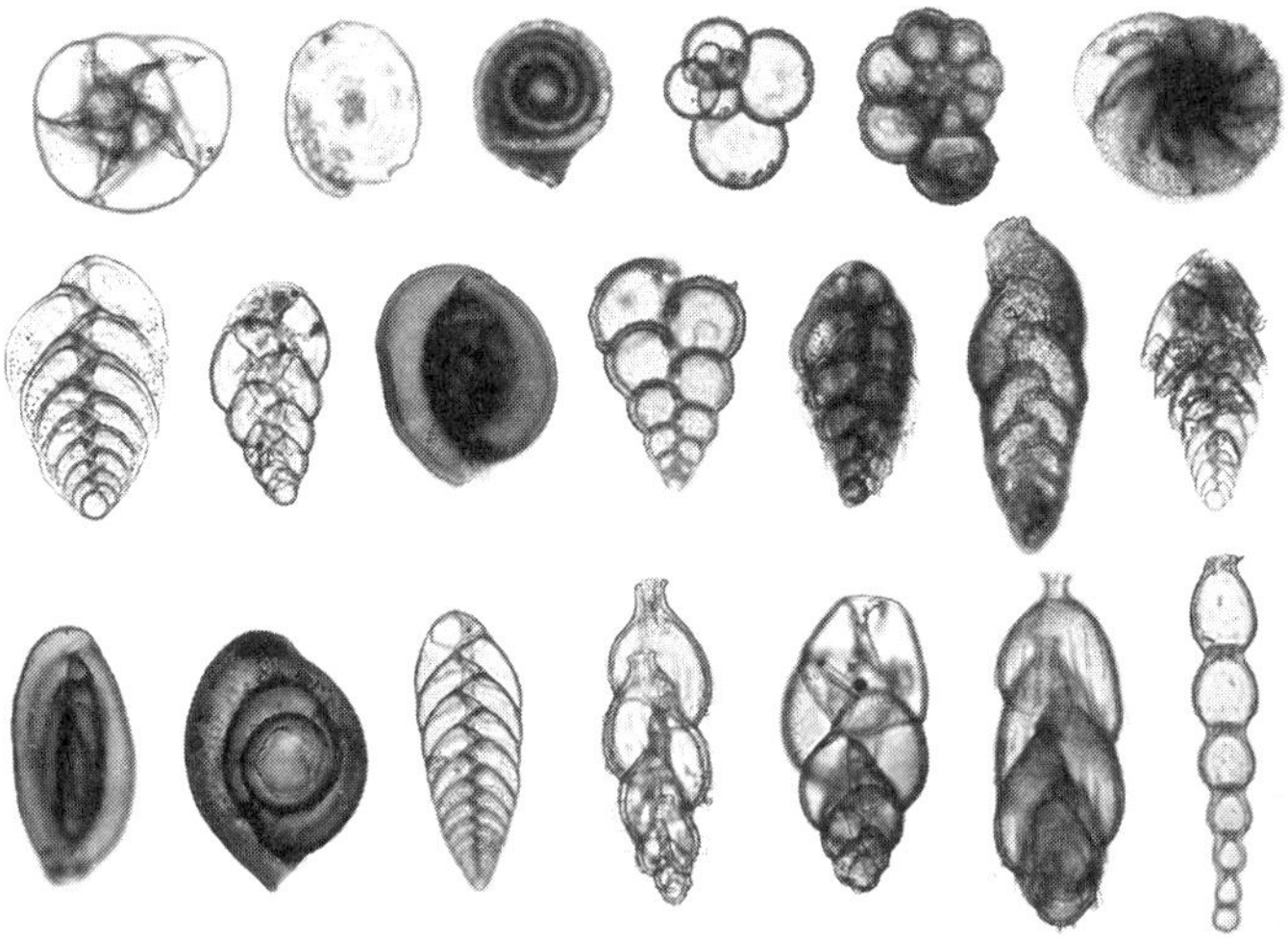

有孔虫の形は独特で、ときに風変わりだ。

本人の言葉を借りるなら、ウォルターは「厳格な斉一説[2]」の洗礼を受けた。ライエルやダーウィンの教えにしたがい、いかなる生物の消滅も緩慢な過程でなければならず、ある種がゆっくりと死に絶えると、次に別の種が、そして三番目の種が、というように順次絶滅すると教わった。ところが、グッビオの石灰岩の層序は違った。下層に含まれる多様な有孔虫は、突然ほぼ同時期に消滅したらしく、過程全体はどう見ても「いたって急激」に思えたとウォルターはのちに語っている。また、タイミングが問題だった。大きな有孔虫は、恐竜が最後の一頭まで絶滅したと言われるまさにそのタイミングで姿を消していた。これはウォルターには単なる偶然とは思えなかった。あの厚さ約一三ミリメートルの粘土層が、どれほどの時間に対応するかを見極められれば、おもしろいことになると考えた。

一九七七年、ウォルターは父親のルイスがまだ教職にあるバークレー校に職を得て、グッビオの試料を携え、カリフォルニア州に移り住んだ。ウォルターがプレートテクトニクスを学んでいるあいだに、ルイスはノーベル賞を受賞していた。またルイスは世界初の線形陽子加速器を開発し、新種の泡箱［粒子を観測するための装置］を発明し、数種の新規なレーダーシステムをデザインし、三重水素（トリチウム）の共同発見者になっていた。バークレー界隈では、彼は「風変わりなアイデアを思いつく男」として知られていた。あるとき彼は、エジプトで二番目に大きなピラミッドに財宝が眠る部屋があるか否かという論争に興味を抱き、砂漠にミューオン検出器［ミューオンは、素粒子の一種であるミュー粒子］を設置して行なう実験を思いついた（検出器によって得られた結果は、ピラミッドは内部も岩でできていて、空間はないことを示していた）。また別のときには、ケネディ大統領暗殺事件に魅せられ、メロンの一種であるカンタロープをガムテープで包んで、ライフルで撃つ実験を行なった（実験結果によれば、被弾後の大統領の頭の動きはウォーレン委員会の見解に合致するという）。ウォルターがグッビオの謎について話すと、ルイスは関心を示した。粘土の年代を、元素のイリジウムで特定するという奇抜なアイデアを思いついたのはルイスだった。

イリジウムは地上ではきわめてまれな元素であるとはいえ、隕石にはごくふつうに含まれている。地上には、微小な宇宙塵粒子というかたちで、隕石の成分が昼夜を問わず降り注いでいる。ルイスの考えでは、粘土層の形成に時間がかかればかかるほど、より多くの宇宙塵が舞い降りていて、その層にはより多くのイリジウムが含まれるはずだった。彼はバークレー校の同僚フランク・アサロに連絡した。アサロは、こうした分析にふさわしい機器を備える数少ない実験室をもっていた。アサロは十個ほどの試料の分析を行なうことに同意したが、分析でなんらかの成果が得られることは、ほぼないだろうと予測した。ウォルターは粘土層の上の石灰岩と、粘土層の下の石灰岩、そして粘土層の試料をアサロに託した。そして、待った。九か月後、電話がかかってきた。粘土層の試料には途方もなく大きな問題があった。粘土層のイリジウム含有量が異様に多かったのだ。[3]

これをどう解釈したものか、だれにもわからなかった。これはなにかの間違いか。あるいはなにか容易ならざることなのか。ウォルターはデンマークに出向き、スティーヴンス・クリントという石灰質の断崖の連なりから白亜紀終わりの堆積物を採取した。スティーヴンス・クリントでは、白亜紀末に対応するのは死んだ魚のような臭いのする真っ黒な粘土層だ。このデンマークからの腐臭漂う試料を分析すると、これらの試料にもありえないほど大量のイリジウムが含まれていた。ニュージーランドのサウスアイランドから採取した三番目の試料も、白亜紀末の層でイリジウムの「急増《スパイク》」を示した。

ある同僚によると、ルイスはこれらの分析結果に「血の匂いを嗅いだサメのように」[4]喰らいついたという。大発見を予感したのだ。アルヴァレズ父子はさまざまな説について議論した。けれども、いずれの説も目の前にあるデータと符合しないか、さらなる実験によって排除された。やがて、一年にもおよぶ試行錯誤の末、二人は隕石衝突説（小惑星衝突説）にたどり着いた。六千五百万年前のごくふつうの日、直径一〇キロメートル弱の隕石が地球に衝突した。衝突で爆発した隕石は、ＴＮＴ換算で一億メガトン、または実験されたなかでももっとも強力な水素爆弾百万個以上に相当するエネルギーを放出し、イリジウムを含む隕石の破砕物が地上に広がった。日中も夜のように暗くなり、気温が下がった。そして、絶滅が始まった。

アルヴァレズ父子は、グッビオとスティーヴンス・クリントから採取した試料の分析結果をまとめ上げ、自分たちの仮説とともに『サイエンス』誌に送った。「論文をできるだけ説得力あるものにしようと懸命だったのを記憶しています」とウォルターは私に語った。

侃々諤々《かんかんがくがく》の大論争へ

アルヴァレズ父子の論文「白亜紀‐第三紀絶滅の地球外の原因」は、一九八〇年六月に発表された。それはたいへんな反響を呼び、ほとんど古生物学の範囲を超えていた。臨床心理学から両生類学まで幅広い領域の学術誌がアルヴァレズ父子の発見を伝え、やがて白亜紀の終わりに隕石が地上に落下したというアイデアは『タイム』誌や『ニューズウィーク』誌のような一般誌にまで掲載された。ある批評家はこうコメントした。「人気はあるが動きののろい恐竜と華々しい地球外事象を結びつけるとは、敏腕編集者が雑誌の売上げを増やすために考えつきそうな筋書き[5]」に思える、と。隕石衝突説に感化され、カール・セーガン率いる宇宙物理学者グループは、全面核戦争がもたらす効果のモデル作成を決定し、「核の冬」の概念にたどり着いた。この概念もまた多くのメディアの注目を浴びた。

しかし古生物学者のあいだでは、アルヴァレズ父子と彼らの仮説は物笑いの種だった。「大量絶滅が起きたかに見える現象は、統計の誤りと分類学の稚拙な理解のなせるわざだ」と、ある古生物学者は『ニューヨークタイムズ』紙に語った。「著者たちの傲慢さは信じがたい」と別の古生物学者は述べた。「現実の動物がどのように進化し、生き、絶滅するか彼らにはなにもわかっていない。この地球化学者たちは己の無知をも省みず、なにか一風変わった機械でもつくれば、科学に革命を起こせるとでも思っているのだろう」「目には見えない火球が、目には見えない海に落ちていくと言われてもね」とまた別の古生物学者はきっぱりと言った。「白亜紀の絶滅は緩慢に起きたのであって、天変地異説は間違っている[6]」とさらに別の古生物学者は述べた。けれども「単純な説はまだまだ現れては一部の科学者を巻き込み、一般誌の巻頭を飾ることだろう」とも言った。興味深いことに、『ニューヨークタイムズ』紙編集部はこの問題に一枚嚙むことに決めたらしかった。「天文学者は、地上で起きる出来事の原因を星に求める仕事は占星術師に任せたほうがいい[7]」

こうした反応の激しさを理解するには、もう一度ライエルに話を戻すのがよさそうだ。大量絶滅は化石記録から明確に読みとれるため、地球史を記述する言葉さえも大量絶滅を拠り所としている。一八四一年、ライエルの同時代人で、ロンドン地質学協会の会長を引き継いだジョン・フィリップスは、生命の歴史を三つの年代に区分した。最初の年代を「古代の生命」を意味す

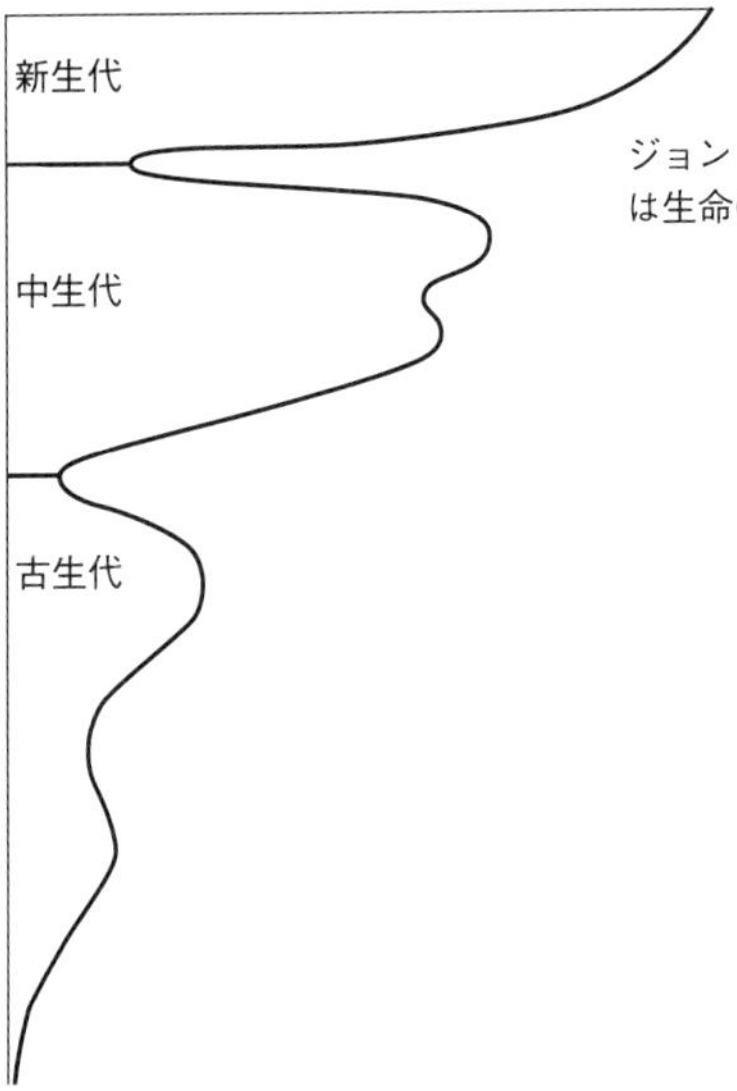

ジョン・フィリップスのこのスケッチは生命の多様性の増減を示す。

るギリシャ語にちなんで「古生代」、二番目の年代を「中間の生命」にちなんで「中生代」、三番目の年代を「新しい生命」にちなんで「新生代」と呼んだ。フィリップスは現在ではペルム紀末の絶滅と呼ばれる出来事を古生代と中生代の境界とし、現在では白亜紀末の絶滅と呼ばれる出来事を中生代と新生代の境界とした（地質学用語では、古生代、中生代、新生代は代《だい》という年代区分であり、各代はいくつかの紀《き》から成る。たとえば、中生代は三畳紀、ジュラ紀、白亜紀から成る）。この三代における化石はあまりに相互に異なっていたため、フィリップスはそれぞれべつべつに神によって創造されたと考えた。

　ライエルは、化石記録に見られるこれらの境目を熟知していた。『地質学原理』第三巻で彼は、白亜紀後期の岩石に見られ

る動植物と、そのすぐ上にある第三紀のはじめのころ（現在では古第三紀または旧成紀のはじめと

して知られている）のそれとのあいだに「切れ目」[8]があると述べている。たとえば、白亜紀後

期の堆積物には多彩な箭石（薬莢のような化石を残したイカのような生物）の遺骸が含まれていた。

けれども箭石の化石は、最近の堆積物からは一個も発見されていない。同じことはアンモナイ

ト、そして厚歯二枚貝についても言える（厚歯二枚貝は巨大な礁を形成する軟体動物で、サンゴの

ふりをしたカキと言われる）[9]。ライエルにとって、この「切れ目」が見た目どおり唐突で劇的な

地球規模の変化を意味していると想像するのは、まず不可能あるいは「哲理に欠ける」と思わ

れた。そこで循環論法もいいところだが、彼は動物相の切れ目はたんに化石記録の切れ目にす

ぎないと主張した。この切れ目と思われるものの前後で生命の形態を比較したライエルは、説

明のつかない時代は長いに違いなく、化石記録がふたたび残されるようになってからの期間と

ほぼ等しいと結論づけた。こんにちの年代測定法を用いるなら、彼が仮定した時代はおよそ

六千五百万年に相当する。

　ダーウィンもまた白亜紀末における不連続性について承知していた。『種の起源』で彼は、

アンモナイトの消滅は「いかにも唐突」だったようだと述べている。にもかかわらず、ライエ

ルとまったく同じように、それが意味するものを汲みとろうとはしなかった。「私が思うに」

と彼は次のように述べる。

　自然界の地質学的記録は世界の記録としては不完全であり、異なる方言で書かれてもいる。

この歴史について、私たちは最後の一巻しか手にしておらず、しかもそれはほんの二、三の国から得られたにすぎない。この巻には短い章がそこかしこに残され、それぞれのページには数行が残されるのみである。[10]

記録が不完全であるということは、ダーウィンにとって、突然の変化に見えるものはただそう見えるだけの話であることを意味した。「科または目全体が突如として絶滅したかに見えるにしても」、それは記録のない「長い期間」があるだけだということを忘れてはいけない、これらの期間の証拠が失われなかったとすれば、それは「より緩慢な絶滅」を示したはずだと彼は記している。こうしてダーウィンは、地質学的証拠を自分の都合のいいように解釈するというライエルと同じ誤りを犯した。「われわれの無知は計り知れず、臆測に頼るものだから生物の絶滅と聞くと驚いてしまう。そしてその原因が知れぬがゆえに、世界を滅亡させる天変地異をでっち上げるのである！[11]」と彼は声高に主張した。

ダーウィンの信奉者は「より緩慢な絶滅」の問題を受け継いだ。斉一説は、いかなるものでも突然起きる現象や、生物を一掃する現象を排除していた。しかし、化石記録の詳細がわかってくるにしたがい、数千万年にもおよぶ時代がなんらかの理由で記録からすっぽり抜け落ちたと考えるのは難しくなってきた。こうしてもはや矛盾が看過できなくなると、一連の苦しまぎれの説明が生まれた。白亜紀の終わりになんらかの「危機」が訪れたのは事実であったにしても、それはおそらく非常にゆっくりした危機だっただろう。きっと、この時代の終わりに起きた消滅は実際に「大量絶滅」なのだろうが、大量絶滅を「天変地異」と混同してはならない、などとされたのだ。アルヴァレズ父子が論文を『サイエンス』誌に発表した年、当時世界でもっとも影響力のあったと思われる古生物学者のジョージ・ゲイロード・シンプソンは、白亜紀末の「再編」は「基本的には連続した長い過程[12]」の一環と見なすべきだ、と述べた。「厳格な斉一説」の観点から見るなら、隕石衝突説は単なる間違いよりたちが悪かった。アルヴァレズ父子は、起こりもしなかった出来事――起こるはずもない出来事――を説明できると主張していたのだ。それはありもしない病気のために特許医薬品を売るようなものだった。父子が論文を発表してから数年後、古脊椎動物学会の会議で非公式な調査が行なわれた。調査に参加した人の多くがなんらかの天体衝突があったと考えていると答えた。ところが、それが恐竜の絶滅とかかわりがあると考えていたのは二十人に一人だった。会議に参加したある古生物学者は、アルヴァレズ父子の仮説を「たわごと[13]」と決めつけた。

決定的証拠見つかる

この間も、隕石衝突説の証拠は相次いで集まっていた。

最初の証拠は「衝撃石英」と呼ばれる岩石の微小粒子だった。高倍率で観察すると、衝撃石英には引っかき傷のようなものが見える。それは高圧によって、石英の結晶構造が変形したことで生じたものだった。衝撃石英が最初に観察されたのは核実験現場であり、次いで隕石衝突後にできるクレーターのすぐそばで見つかった。一九八四年、衝撃石英の粒子がモンタナ州東部の白亜紀-第三紀境界（K-T境界）の粘土層から発見された[14]（K-T境界のKは白亜紀〈Cretaceous〉の略記であり、これはCがすでに石炭紀〈Carboniferous〉に使用されているための便法である。こんにち、この境界は正式には白亜紀-古第三紀境界またはK-Pg境界と呼ばれる）。

　次の手がかりはテキサス州南部で白亜紀末の奇妙な砂岩層から得られた。それは巨大な津波によって形成されたかのように見えた。ウォルター・アルヴァレズは、仮に衝突による巨大な津波があったとするなら、それは沿岸を浸食して堆積記録に明瞭な刻印を残したはずだと考えていた。彼は海中から得られた堆積物コア［コアは地殻や氷床を垂直方向に掘削して得た円柱試料］を何千個も調べ、メキシコ湾のコアからめざす刻印を見つけた。約一六〇キロメートル径のクレーターが、ユカタン半島の地下にようやく発見されたのだ。というより、それは正確には再発見だった。メキシコの国営石油会社が一九五〇年代に行なった重力調査によって、厚みが一キロメートル近くある最近の堆積物の下にクレーターが姿を現したのだ。同社の地質学者たちはこれを海洋火山があった痕跡と考え、火山は石油を産出しないので、すぐにこのことを忘れた。アルヴァレズ父子が、同社がこの地域から掘り出したコアを見にいくと、コアは火災で破損したと告げられた。ところが実際には、ただ保存場所がわからなくなっていただけだった。コアは一九九一年になってようやく発見され、ちょうどK-T境界に当たる場所にガラス層（いったん溶融し、その後急速に冷えた岩石）を含むことがわかった。このことはアルヴァレズ父子の陣営にとって決定打となり、まだ立場を決めていない科学者多数を衝突派に取り込むこととなった。「クレーターは絶滅説

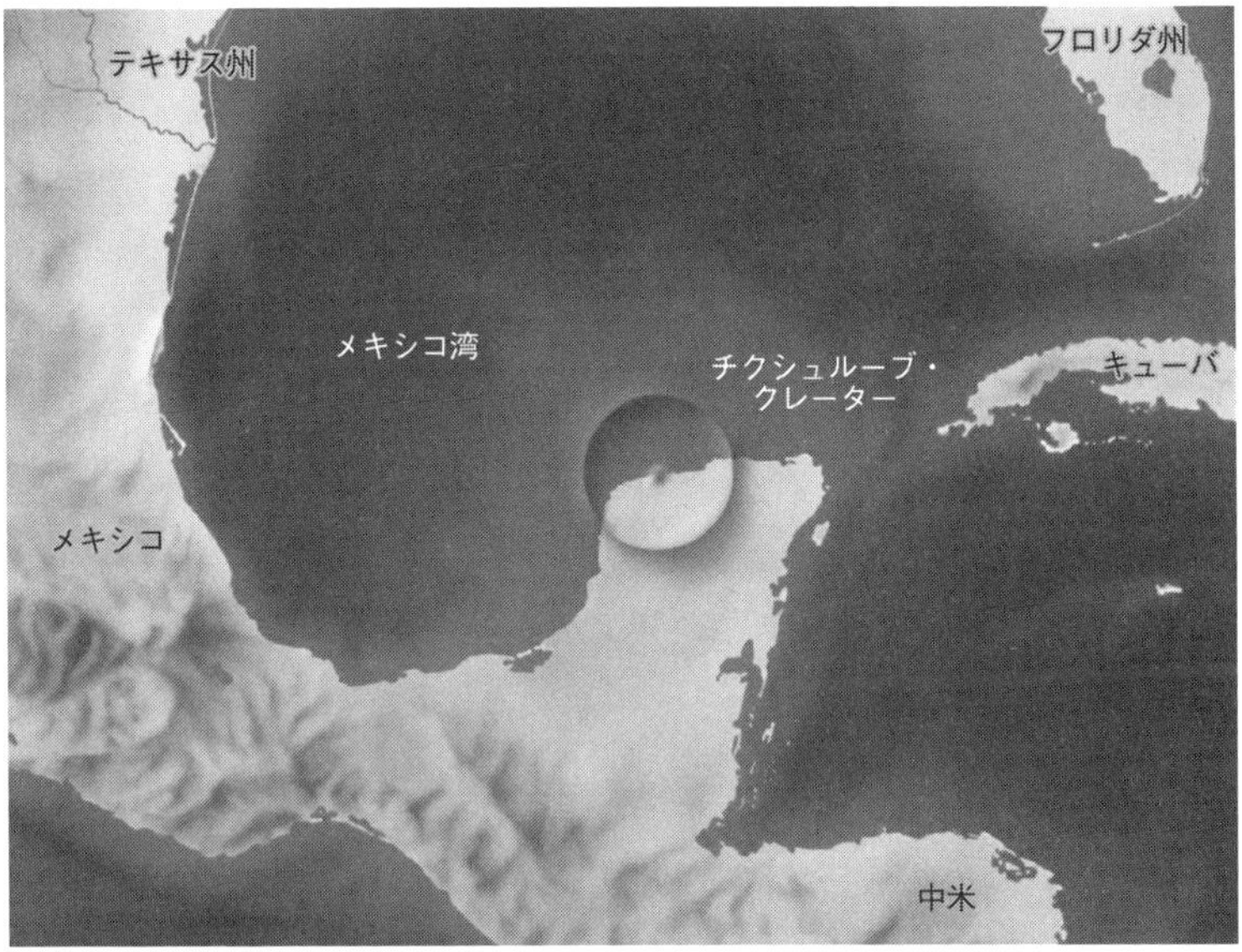

ユカタン半島の外れにあるチクシュルーブ・クレーターは、約800メートルにおよぶ堆積層の下に埋まっている。

を支持」と『ニューヨークタイムズ』紙は書いた。このときまでに、ルイス・アルヴァレズは食道がんの合併症によって死亡していた。ウォルターは累層を「絶滅のクレーター」と名づけた。しかしクレーターは、近くの町の名にちなんだ「チクシュルーブ・クレーター」としてより広く知られることとなった。

「あの十一年間は当時は長く感じたものですが、振り返ってみるととても短く思われます」とウォルターは私に語った。「まあ、ちょっと考えてもみてください。地質学者あるいは古生物学者と名のつく人ならほとんどだれでも、自分が教えを受けた教授や、その教授が教えを受けた教授も、ずっとさかのぼってライエルにいたるまで斉一説の信奉者だったわけです。ですから、これはそんな人びとに対する挑戦でした。私たちはかならず彼らに証拠を提示するように心がけました。そして彼らは徐々にではありますが、考えを改めました」

秘密のフィールド

仮説を発表したとき、アルヴァレズ父子は、イリジウム層が露出している場所をわずか三か所しか知らなかった。ウォルターが訪ねたヨーロッパの二か所と、二人が試料を受けとったニュージーランドの三番目の場所だ。その後の数十年でさらに数十か所が発見され、そのなかにはフランス、ビアリッツのヌーディストビーチ近辺、チュニジア砂漠、そしてニュージャージー郊外がある。アンモナイトを専門とする古生物学者のニール・ランドマンは、この最後のフィールドによく調査に出かける。ある暖かい秋の日、私は彼の調査に同行させてもらうことにした。私たちはマンハッタンにあるアメリカ自然史博物館の前で落ち合った。ランドマンは、この博物館のセントラルパークをのぞむ小塔にオフィスをかまえている。私たちは二人の大学院生とともにリンカーントンネルめざして南へ向かった。

ニュージャージー州北部を車で走ると、ショッピングモールと自動車ディーラーがドミノのようにいくつか並んでいるのが数キロメートルごとにくり返される。やがてプリンストン近辺に到達し、野球場に隣接した駐車場に車を停めた（化石収集家が押し寄せると困るので、ランドマンはこのフィールドの正確な場所は公表しないよう望んだ）。駐車場で、私たちはニューヨーク市立大学ブルックリン校で教鞭を執るマット・ガーブという地質学者と合流した。ガーブ、ランドマン、大学院生たちは荷物を肩にかけた。私たちは、平日の昼間で人影のない野球場を迂回し、下生えをかき分けて進んだ。やがて浅い川に出た。岸は赤茶けた軟泥［プランクトンなどの遺骸から構成される泥の層］に覆われている。イバラが川面に覆いかぶさっていた。イバラには捨てられたポリ袋、新聞紙、古い飲料缶のプルトップなどのゴミがひっかかっている。「私にとって学ぶことが多いのはグッビオより、ここなのです」とランドマンが言った。

　白亜紀後期には、この公園、河原、そしてこの近辺にあるものすべては何キロメートルにもわたって水中にあったと彼が説明してくれた。当時、世界はとても暖かく、北極圏に緑の森があり、海面は高かった。ニュージャージー州の大半は、現在の北米東海岸にあたる大陸棚の一部をなしていた。大西洋は現在より狭かったため、北米東海岸は現在のヨーロッパ大陸にかなり近かった。ランドマンが水面から一〇センチメートルくらい上の岸辺を指さした。そこにイリジウム層があるという。見た目ではどこがどう違うかわからないが、ランドマンは数年前に層序を分析してもらったので、それがどこにあるか知っていた。彼はがっしりした体格で、大きな顔に白くなりはじめた髭をたくわえている。この調査のために、カーキ色の半ズボンに古びたスニーカーをはいていた。彼は浅瀬に入り、すでに川床をつるはしで突っついている残りの人びとに合流した。やがて、だれかがサメの歯の化石を見つけた。別の人がアンモナイトの小片を掘りだした。それはイチゴほどの大きさで、細かな突起、つまり畝に覆われていた。ランドマンはそれをディスコスカフィテス・イリスと同定した。

アンモナイトの復元図

アンモナイトは世界中の浅い海に三億年以上にわたって分布したため、殻の化石が世界各地で見つかる。ポンペイを地中に埋めた火山噴火によって死去した大プリニウスは、すでにアンモナイトの存在を知っていたものの、これを貴石と考えていた（彼は著書『博物誌』でこれらの貴石がお告げの夢をもたらすと述べている）。アンモナイトは中世イギリスでは「蛇石」として知られ、ドイツでは病気のウシの治療に用いられた。インドでは、過去には、あるいは現在でも多少は、ヴィシュヌ神の象徴として崇められている。

遠い仲間のオウムガイに似て、アンモナイトは部屋がたくさんある螺旋《らせん》形の殻を形成した。軟体部はいちばん外側のいちばん大きな部屋（住房）で暮らし、残りの部屋（気房）には空気が満たされていた。ペントハウスだけに人が住んでいるマンションのようなものだ。部屋どうしを隔てる壁（隔壁）はとても精緻なつくりで、雪の結晶のように複雑なひだの形に折れている（個々の種は、ひだのパターンで同定できる）。アンモナイトは軽くて丈夫な殻をつくるよう進化し、おかげで大気圧の数倍から数十倍という水圧に耐えることができた。たいていのアンモナイトは人の手のひらに入るほどの大きさだが、子ども用のプールほどの大きさになるものもいた。

七本の歯をもっていることから、アンモナイトにもっとも近い近縁種はタコだと考えられている。しかし軟体部はめったに残っていないため、アンモナイトの外見や暮らしぶりについては想像するしかない。確実なことは言えないが、おそらく水を吐き出して移動しただろう。つまり、後ろ向きにしか動けなかったと思われる。

「まだ古生物学専攻の学生のころ、プテロダクティルが空を飛べると知ったときのことでした」とランドマンが口を開いた。「では、どれだけ高く飛べたのだろうと私はすぐに考えました。でも、その数字を知るのは容易ではありませんでした」

「アンモナイトを研究して四十年になりますが、彼らの習性の細かいことはまだわかっていません。二〇、三〇、ことによると四〇メートルくらいの水深を好んだのだろうという気はしています。アンモナイトは泳ぎましたが、あまりうまくはありませんでした。きっと静かな暮らしをしていたでしょう」。復元図を見ると、アンモナイトはカタツムリの殻に入れられたイカのように見える。けれどもランドマンには、そうした復元図はピンとこないという。一般には長い触手を何本かもっているように描か

19世紀の版画に見られるアンモナイトの化石。

れているが、触手は一本もなかったというのが彼の考えだ。地質学雑誌『ジオバイオス』に最近投稿した論文には、ただの塊のようなアンモナイトの図を添えた。[15] そのアンモナイトにはずんぐりした腕のような付属物が円形に並んでついていて、それらが膜によってつながっている。雄では、腕の一本が膜から延びて頭足類のペニス（交接腕）と同じ役目をしている。

ランドマンは一九七〇年代にイェール大学の大学院に進んだ。アルヴァレズ以前の時代だったため、アンモナイトは白亜紀をとおして減りつづけたのだから、その後の絶滅は研究の余地もないと教わった。「アンモナイト？　たしか絶滅したんだったよね？　これが当時の常識でした」と彼は思い起こす。その後の発見によって（多くはランドマンによってなされた）、アンモナイトは考えられていたより長く生き延びたことがわかった。

「ここにはたくさんの種がいたらしく、この数年で私たちは数えきれないほどの標本を採集しました」と、彼は周りのつるはしの音に負けまいと大声で言った。実際、ランドマンは最近この河原でまったく新しい二種のアンモナイトの化石を見つけた。一方は、同僚の名にちなんでディスコスカフィテス・ミナルディ、もう一方は場所の名にちなんでディスコスカフィテス・イェルセイエンシスと名づけた。ディスコスカフィテス・イェルセイエンシスは、おそらく殻から突き出た小さな脊椎をもっていた。ランドマンは、これによって体を実際より大きく怖そうに見せたのではないかと推測している。

衝突の影響はどのようなものだったのか

アルヴァレズ父子は最初の論文で、K–T境界の大量絶滅の原因は衝突そのものでも、直後の余波でもなかったと主張した。隕石（より広義には火球）が与えた真に破滅的な影響は、塵にあった。その後の数十年で、この説明は何度も改変された（衝突の年代もより古く六千六百万年前に改められた）。科学者はいまだに詳細の多くについて議論中だが、一説によれば衝突は次のような経過をたどる。

火球は南東の方角から地球に対して小さな角度で侵入してきた。つまり、真上からというより失速した飛行機のように横側から接近してきた。ユカタン半島には、時速七万二〇〇〇キロメートルを超える速度で落下し、その軌道ゆえに北米がとりわけ強い衝撃にさらされる結果となった。地上からの飛散物と隕石の破砕物が大陸をなめていき、どんどん広がりながら移動経路にあるものをことごとく焼き尽くした。「もし、あなたがカナダのアルバータ州に棲むトリケラトプスだったとすると、二分で跡形もなく蒸発したでしょう」[16]とある地質学者が説明してくれた。

巨大なクレーターを形成したとき、隕石はその質量の五十倍以上にあたる岩石の破砕粒子を空中にまき散らした。大気中を落下しながら、粒子は白熱して空をくまなく真上から照らし、地表にあるものすべてを焼き焦がすほどの熱を発生した。ユカタン半島特有の土壌組成のために、大気中に放出された塵には硫黄分が豊富に含まれていた。硫酸塩の粒子は太陽光を遮る効率がことに高い。インドネシアのクラカトアのようなたった一つの火山の噴火によって、地上の気温が何年にもわたって下がるのはこのためだ。最初の熱波が過ぎ去ったあと、世界は長い「衝突の冬」を経験した。森林は壊滅的な打撃を受けた。古代の花粉や胞子を研究する花粉学者は、多様な植物群落が、急速に拡散するシダ類によって完全にとって代わられたことを解明した（この現象は「シダ・スパイク」として知られる）。海洋生態系は崩壊したも同然で、少なくとも五十万年はこの状態にとどまり、ことによると数百万年にわたってこの状態にとどまっていたかもしれない（衝突後の荒涼とした海は「ストレンジラブ・オーシャン」と名づけられた）。

K-T境界で絶滅したさまざまな種、属、科、ときにはその上の目全体について、完璧を期した説明をするのは不可能だ。陸上では、ネコより大きい動物はみな死に絶えた。衝突のもっとも有名な被害者である恐竜、より正確を期すなら、非鳥類型恐竜は全滅した。たぶん白亜紀末まで生き残っていただろうと思われる動物群には、ハドロサウルス、アンキロサウルス、ティラノサウルス、トリケラトプスなどミュージアム・ショップの常連になっている恐竜がいた（ウォルター・アルヴァレズの著書『絶滅のクレーター――T・レックス最後の日』の表紙には、衝突の恐怖に怯えて怒りをあらわにしたティラノサウルスが描かれている）。プテロサウルスも死滅した。鳥類も大打撃を被った。[17] 鳥類ではすべての科の四分の三、あるいは、それ以上が絶滅した。歯など古代の特徴をとどめたエナンティオルニス類も、水生でほぼ飛べないヘスペロルニス類にしても同様だった。トカゲやヘビの仲間も死に絶え、あらゆる種のうち五分の四ほどが消滅した。[18] 哺乳類の損失も大きかった。[19] 白亜紀末に生きていた哺乳類の科のうち三分の二がこの境界で絶滅した。

海では、キュヴィエが最初はその存在を否定し、次に「怪物」と形容したプレシオサウルスが死に絶えた。モササウルス、箭石、そしてもちろんアンモナイトも同じ道をたどった。現在イガイやカキの形でおなじみの二枚貝も甚大な被害に遭い、貝類のように見えるがまったく異なる身体構造をもつ腕足《わんそく》動物、そしてサンゴのように見えるがやはりまったく関係のないコケムシも例外ではなかった。海洋微生物のなかには絶滅にあと一歩というところまで迫った種もあった。浮遊性有孔虫のおよそ九五パーセントにおよぶ種が死滅し、そのなかには化石がグッビオの白亜紀最後の石灰岩層に見られるアバトムファルス・マヤロエンシスがいる（浮遊性有孔虫は海面近くに、底生有孔虫は海底に棲む）。

K-T境界について知れば知るほど、ライエルによる化石記録の解釈が大筋において誤っているのがますますわかるようになる。記録の問題は、緩慢な絶滅が突然に見えるということではない。それは突然の絶滅が間延びして見える点にあるのだ。

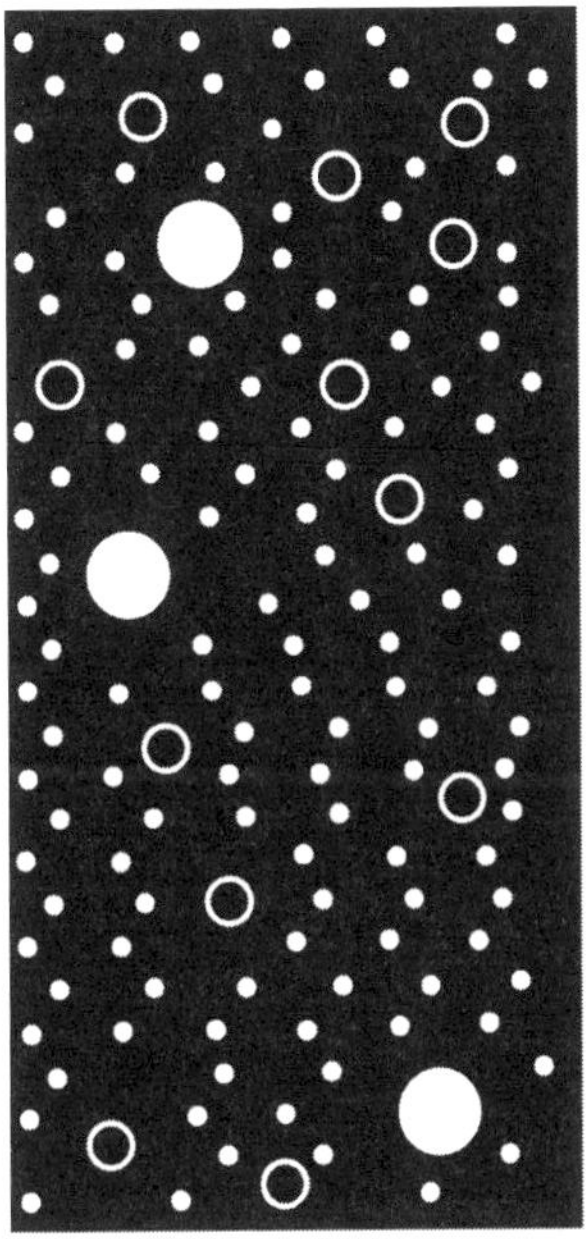

上の図を見てほしい。どの種にも「保存条件（その種の個体が化石になる確率）」というものがあり、この

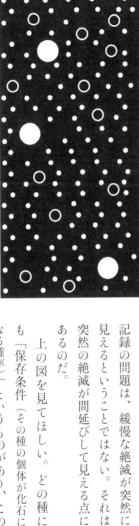

条件はその動物がどれほどありふれているか、どこに棲むか、なにでできているかなどによって異なる（たとえば、殻の厚い海洋生物は、空洞のある骨をもつ鳥類より化石として残る確率が高い）。

図中、大きな白丸はまれに化石として残る種、中間の大きさの丸はより頻繁に化石として残る種、小さな白丸は現在も繁栄している種を示す。これらの種が全部いちどきに死滅したとしても、大きな白丸で示した種は、化石が後世にほとんど残らないというだけの理由から、他種より早く姿を消したように見える。この効果は、最初にそれに気づいた二人の科学者にちなんで「シニョール・リップス効果」と呼ばれ、突然の絶滅が「ぼやけて」長く間延びして見えることを意味する。

K-T境界の絶滅後、生命が以前の多様性を回復するには数百万年かかった。その間、生き延びた生物種の多くは体が小さくなった。この現象はグッビオのイリジウム層のすぐ上で発見される小さな有孔虫に見られ、「リリパット効果」と呼ばれる。

アンモナイトとオウムガイの運命を分けたもの

ランドマン、ガーブ、そして大学院生たちは午前中ずっと川床を突っついて過ごした。ここはこの国でももっとも人口密度の高い州の中心部であるにもかかわらず、だれかがそばを通りすぎ、私たちがいったいなにをしているのかと訝《いぶか》ることは一度もなかった。だんだん暖かくなって湿度も上がってくると、くるぶしまで水に浸かっているのが気持ちよくなった（とは言っても、私には赤茶けた軟泥が気にかかった）。だれかが空の段ボール箱を持参していたので、つるはしをもっていなかった私は、みなが見つけた化石を集めて箱に片づける手伝いをした。ディスコスカフィテス・イリスと、螺旋形ではなく槍のように細長い殻をもつエウバクリテス・カリナトゥスそれぞれの小片がいくつか見つかった（二十世紀初頭にさかんだった一説では、エウバクリテス・カリナトゥスのような、殻が巻いていないアンモナイトがいるということは、この種が事実上の選択肢を使い果たして、一種のレディー・ガガ風の衰微期に入ったことを意味するとされた）。ある時点で、ガーブが興奮気味に私のところにやって来た。手に拳《こぶし》ほどのかけらをもち、縁にある小さな指の爪のようなものを私に指し示す。彼はこれはアンモナイトの顎《あご》だと説明してくれた。アンモナイトの顎はほかの身体部位より見つかりやすいとはいえ、きわめてまれだった。

「やって来たかいがあった」と彼は叫んだ。

衝突のどの要因、たとえば熱、暗闇、寒さ、水系の化学変化のどれがアンモナイトを絶滅に追いやったのかははっきりしない。また近縁の頭足類の一部が、なぜ生き延びたのかもわかっていない。アンモナイトと違って、たとえばオウムガイの仲間は大量絶滅時に死滅せず、白亜紀末に生きていた種のほぼ全部が第三紀まで生き延びた。

一説によると、この二つを分けたのは卵の大きさだったと言われている。アンモナイトは直径が一ミリメートル前後のとても小さい卵を産んだ。孵化した幼生、つまり、幼殻は運動手段をもたず、ただ水面近くに浮遊して波の動きに身を任せた。一方、オウムガイはあらゆる無脊椎動物のなかでも最大級（およそ二五ミリメートルの直径）というとても大きな卵を産んだ。オウムガイは孵化するまでにほぼ一年かかるが、孵化した時点で小さなオウムガイはすでに成体そっくりで、すぐに食べ物をさがして深海を泳ぐ。衝突直後には、海面近くはあまりに毒性が強く、アンモナイトの幼生は生きられなかったが、深海では状況はさほど深刻ではなく、そのためにオウムガイの幼生は生き残ったのだろう。

説明がどうであれ、二種の動物が対照的な運命をたどったことがキーポイントになる。現在生きている生き物（ヒトも）は、いずれも例外なく衝突を生き延びた生き物の子孫なのだ。けれども、だからと言って、現在の生き物やヒトが、絶滅種より適応性にすぐれているということにはならない。極端なストレスの下では、適者という概念、少なくともダーウィンが主張する適者の概念そのものがその意味合いを失う。歴史上一度も出会ったことのないような条件に、生き物はよくも悪くもどう適応できるというのだろう？　そのような状況では、ロンドン自然史博物館の古生物学者ポール・テイラーが言うところの「サバイバルゲームのルール[20]」が突然変わる。もう何百万年にもわたって有利だった形質が、突如として致命的になるのだ（ただし、数百万年も経ったあとでは、その形質がどのようなものだったかは知りようもない）。そしてアンモナイトとオウムガイに起きたことは、箭石とイカ、プレシオサウルスとカメ、恐竜と哺乳類に起きてもおかしくなかった。この本を有鱗動物ではなく有毛の二足動物が書いているのは、哺乳類がすぐれているからではなく、ただ恐竜が不運だっただけなのだ。

「アンモナイトの戦略が間違っていたというわけではありません」。川床で見つかった最後の化石をしまって、ニューヨークに帰る準備をしていたとき、ランドマンが言った。「彼らの幼生はプランクトンのようなもので、長いあいだそれで問題なく過ごしてきたわけです。適当に移動しながら種を拡散するのに、これよりいい方法があるでしょうか。ところが、けっきょく、それが彼らの身の破滅を招いたのです」

第5章　新世界へようこそ

フデイシ
Dicranograptus ziczac

一九四九年、ハーヴァード大学の心理学者二人が、知覚実験のボランティアに二十人あまりの学部生を募った。実験は簡単だった。学生たちは次々とトランプカードを呈示され、その種類を答える。カードの大半はまったくふつうだったが、なかには赤いスペードや黒いハートなど細工をしたカードが混ぜられていた。カードがすばやく替わると、学生はなにかがおかしいこと（不整合）にはたいてい気づかない。たとえば、赤いスペードの6をハートの6、黒いハートの4をスペードの4と答える。カードがゆっくり替わると、目に入ったものをどうにか理解しようと苦しむ。赤のスペードを「紫」や「茶」「赤茶けた黒」と答えたり、完全に混乱を来したりする。[1]

絵柄が「逆向きだったかもしれません」と言った学生がいた。「色と絵柄の組み合わせがわからない。なんだったんだろう？」と別の学生。「もう色もわからないし、スペードだったかハートだったかもはっきりしない。スペードって、どんな形でしたっけ⁉　なんてことだ《マイ・ゴッド》！」

二人の心理学者は、実験結果を「不整合の知覚――あるパラダイム」と題する論文にまとめた。この論文に興味を示した人のなかにトーマス・クーンがいた。二十世紀にもっとも影響力のあった科学史家のクーンにとって、実験はたしかにパラダイムにかかわっており、人が自分では理解できない情報をどう処理するかを解明するものだった。学生たちはまず、その情報を自分が知るハート、スペード、クラブ、ダイヤの枠組みに組み入れようとし、不整合にはできるだけ長く目をつぶる。だから赤いスペードは「茶」や「赤茶けた色」に見える。不整合があまりに大きくなると、心理学者たちが「『なんてことだ《マイ・ゴッド》！』反応」と呼んだ危機が訪れる。

独創的な著書『科学革命の構造』でクーンは、この反応は私たちの思考の基盤をなしており、それは一人ひとりの知覚どころか学問全般に通じると論じた。ある学問領域において一般に受け入れられた前提に一致しないデータは、当面、その信憑《しんぴょう》性を否定されるか、もっともらしい説明がつけられる。矛盾がひどくなればなるほど、説明はますます複雑怪奇になる。「科学においては、トランプカードの実験が示すように、容易に新しいものは生み出されない」[2]とクーンは述べた。しかし、赤のスペードを見たままに赤のスペードと答える人はいずれ現れる。難局が新たな視点につながり、古い枠組みは新規なものに道をゆずる。こうして偉大な科学的発見、クーンのあまりに有名な言葉を借りるなら「パラダイムシフト」が起きる。

絶滅の科学史は一連のパラダイムシフトとして語ることができる。十八世紀の終わりまでは、絶滅というカテゴリーそのものが存在していなかった。しかし、奇妙な骨、すなわちマンモス、メガテリウム、モササウルスなどが次々と発掘されるにしたがい、博物学者たちは不整合に目をつぶったまま、これらの骨を既存の枠組みに組み込むのがしだいに難しくなってきた。それでも彼らは不整合が目に入らないふりをした。巨大な骨は洪水で北に流されたゾウ、西に迷い込んだカバ、あるいは不敵な笑みを浮かべたクジラだと主張した。パリにやって来たとき、キュヴィエはマストドンの臼歯は既存の枠組みには収まりきらないと悟り、この「なんてことだ!」の瞬間に、生命をまったく新しい視点から見る方法を提案することになった。キュヴィエは生命には歴史があることに気づいたのだ。この歴史には喪失がつきもので、人間の想像を超えたあまりに悲惨な出来事によってたびたび途切れた。「世界はパラダイムシフトによって変化するわけではないとはいえ、パラダイムシフト後には科学者は以前とは異なる世界で研究する」とクーンは述べた。

著書『四足獣の化石骨にかんする研究』でキュヴィエは、数十種にのぼる「失われし種」を挙げ、まだまだ発見を待つ絶滅種があると確信していた。その後の数十年で、あまりに多くの絶滅種が同定され、キュヴィエの枠組みすら綻びはじめた。どんどん膨れていく化石記録とつじつまを合わせるには、天変地異が起きた回数を増やす以外に方法がなかった。「いったい天変地異が何度起きればいいというのか[3]」とライエルは敵陣営をあざ笑った。ライエル、そしてのちのダーウィンが考えだした解決法は、天変地異説をはじめから退けるというものだった。ライエルとダーウィンによれば、絶滅は孤立した出来事だった。死に絶えたそれぞれの種は単独で姿を消したのであり、「生存闘争」の犠牲者であって、「より不完全な形態」という欠点をもっていた。

斉一説による絶滅の説明は一世紀以上支持された。ところが、イリジウム層の発見により、科学者はふたたび危機に直面した（ある歴史家によれば、アルヴァレズ父子の研究は「科学界にとって、隕石の衝突が地球に与えたのと同じくらいの衝撃だった」[4]という）。隕石衝突説は一瞬、つまり白亜紀末の悲惨で、恐ろしい、最悪の日の出来事について論じていた。ところが、その一瞬はライエルとダーウィンの考え方を葬り去るには十分だった。天変地異はほんとうに起きたのである。

新天変地異説とも呼ばれ、現在ではほぼ標準的な地質学上の説とされる考えによれば、地球上の条件はきわめて緩慢に変化するが、そうでないこともある。この意味において、現在のパラダイムは、キュヴィエ寄りでもダーウィン寄りでもなく、双方の主要な要素を組み合わせたものになる。つまり、何事も起こらない長く退屈な期間が、ときおり変事によって分断される。まれであるとはいえ、これらの変事はその頻度とは裏腹に重要きわまりない。なんと言っても、それは絶滅のパターン、つまり、生命のパターンを決めてしまうのだから。

「ビッグファイブ」の最初の絶滅

道は急流を横切って山腹を上り、流れをもう一度横切って羊の死体のそばを通り過ぎた。羊はただ死んでいるというより、破けた風船のようにしぼんでいる。山は鮮やかな緑色だが、木が生えているわけではない。死んだ羊の何代にもわたるおじおばが、自分たちの鼻づらより背の高いものは喰い尽くしてしまった。雨が降っている。同行の地質学者の一人によれば、これ

ドブの滝つぼ。

はただの「霧雨」で、ここスコットランドの南部高地では「スマー（smirr）」と呼ばれるそうだ。

私たちがめざすのは「ドブの滝つぼ」と言われる場所で、古い伝承によれば、ここの絶壁から悪魔がドブという名の敬虔《けいけん》な羊飼いに突き落とされたという。私たちが絶壁に着いたころには、「霧雨」はもっと激しくなっていた。狭い谷に流れ落ちる滝の上には視界が広く開けている。数メートル先の道に不ぞろいな高さの岩石が突き出ていて、その岩石にはフットボールの審判が着るジャージのような明暗の縦縞《たてじま》があった。レスター大学の層位学者ヤン・ザラシーヴィッチがリュックサックを濡れた地面に置き、赤いレインジャケットを着直した。彼が明るい縞の一本をさして言う。「ここで悪いことが起きたのです」

いま私たちの目の前にある岩石は、四億四千五百万年前のオルドビス紀末にさかのぼる。このとき地球上の大陸はまだ分裂していなかった。陸地の大きな部分（現在のアフリカ、南米、オーストラリア、南極大陸）は一つの巨大なゴンドワナ大陸を形成しており、この大陸は緯度にして九〇度以上に広がっていた。イギリスは現在では失われたアヴァロニア大陸にあり、ドブの滝つぼは南半球のイアペトゥスという海の底にあった。

オルドビス紀は、地質学の初学者でも知っているように、新しい生物種の「爆発」があったカンブリア紀の直後に始まった。* オルドビス紀も、生命が新たな方向をとりはじめた（いわゆるオルドビス大放散と呼ばれる）年代だったが、それでもこの傾向はまだおおむね海洋生物に限られていた。オルドビス紀に、海洋生物の科数は三倍になり、海には現代人にもいくらかなじみのある生き物（現存するヒトデやウニ、巻貝、オウムガイの原種）、そして現代人にはまるでなじみのない多数の生き物（たぶんウナギに似ていたと思われるコノドント、カブトガニに似た三葉虫、わかっているかぎりにおいて悪夢のような姿のウミサソリ）がいた。はじめての礁が出現し、こんにちの食用二枚貝の祖先が貝の形になった。オルドビス紀なかばに最初の植物が陸地に群生しは

*この五億年の地質年代を覚えるいい方法は、Camels Often Sit Down Carefully, Perhaps Their Joints Creak［ラクダはしばしば注意深くすわる、たぶん関節がきしむのだろう］。（それぞれの語がカンブリア紀［Cambrian］、オルドビス紀［Ordovician］、シルル紀［Silurian］、デボン紀［Devonian］、石炭紀［Carboniferous］、ペルム紀［Permian］、三畳紀［Triassic］、ジュラ紀［Jurassic］、白亜紀（Cretaceous）に対応する）と唱えることだ。残念ながら、この記憶法は最近の年代（旧成紀［古第三紀］、新成紀［新第三紀］、第四紀）を含んでいない。

じめた。それはごく初期の蘚類や苔類であり、新しい環境にどう対応していいかわからないと
でも言いたげに地面に這いつくばっていた。

四億四千四百万年前のオルドビス紀末に海退（海面の低下）が起き、海洋生物種の約八五パ
ーセントが死に絶えた[5]。この出来事は、化石証拠の信憑性が薄いことを示すためにでっち上げ
られた疑似天変地異の一つだ、と長く信じられていた。現在では、それはビッグファイブの最
初の絶滅と見なされ、短いとはいえ破壊的な二度の波になって起きたと考えられている。犠牲
になった生物は白亜紀末のものほど人目を引かないが、このときの絶滅も生命の歴史における
転換点——ゲームのルールが突如として変わった瞬間——であり、その結果は永続的だった。
オルドビス紀の絶滅を生き延びた動植物が「現在の世界をつくりあげた」とイギリスの古生
物学者リチャード・フォーティは述べた。「生き延びた種のリストがほんのわずかでも異なっ
ていたら、こんにちの世界は違ったものになっただろう[6]」

有用な示準化石「フデイシ」

私をドブの滝つぼに案内してくれたザラシーヴィッチは、ぼさぼさの髪と水色の眼をもつ、
とても紳士的で穏やかな男性だ。彼はフデイシの専門家だが、フデイシはかつて多彩な種類が
広く分布した海洋生物で、オルドビス紀中は生き延びたものの、オルドビス紀末の絶滅ではほぼ
一掃された。肉眼で見ると、フデイシの化石は引っかき傷や小さな線画のように見える（「フ

オルドビス紀初期のフデイシの化石。

デイシ」という名称はリンネによる造語で、「文字が刻まれた石」を意味するギリシャ語に由来する。リンネは、フデイシは化石のように見えるが鉱物性の付着物だと考えた）。虫眼鏡をとおして見ると、この化石は見る人の想像を膨らませる美しい形をしている。ある種は羽毛、別の種は竪琴、さらに別の種はシダの葉を思い起こさせる。フデイシは群体動物で、個虫と呼ばれる個体がさやと呼ばれる小さな円柱形の外殻を形成し、この外殻が隣どうしくっついてテラスハウスのようになっていた。つまり一つのフデイシの化石は、より小さなプランクトンを食べながら浮遊もしくは泳いでいた群体全体をさす。アンモナイトの場合と同じく、個虫の姿を知る人はだれ一人いない。個虫のやわらかい部分が残っていないためだが、現在ではフサカツギの近縁種と考えられている。フサカツギは小型で見つけるのが難しい、ハエトリグサに似た海洋生物だ。

層位学の観点から見ると、フデイシには、種分化し、拡散し、死滅するという一連の流れを比較的短期間に終える傾向があった。ザラシーヴィッチはフデイシを『戦争と平和』の優しい主人公ナターシャになぞらえる。彼らは「繊細で、神経質で、周りの環境にいたって敏感でした」と彼は語る。このために、フデイシは有用な示準化石となる。年代によって異なる種が出現するため、岩石層の同定を可能にするのだ。

ドブの滝つぼでフデイシを見つけるのは素人にも簡単だった。突き出た岩石の黒っぽい部分は頁岩《けつがん》だ。小片を得るにはハンマーで軽く叩くだけでいい。もう一度叩けば小片が水平に割れる。本の頁《ページ》のようにきれいに薄く割れるのだ。石の表面になにもない場合もあるが、かすかな痕跡が古い世界からのメッセージとして一つ、あるいは多数姿を現すこともよくあった。私がたまたま見つけたあるフデイシは、不思議なほどきれいに保存されていた。それはバービー人形用のとても小さい一組のつけまつげのようだった。きっと誇張したのだと思うが、ザラシーヴィッチが、これは「博物館行きのレベルです」と言ってくれた。私はそれをポケットにしまった。

いったんザラシーヴィッチからコツを教わると、私にも絶滅の痕跡がすぐに見つかるようになった。頁岩にはフデイシがたくさん含まれていて、種類も豊富だった。やがてたくさんの化石を見つけたので、ジャケットのポケットはずっしり重くなった。化石の多くはV字形で、中央の分岐点から二本の腕が延びる。ファスナーや鳥の胸にある叉骨《さこつ》のようなものもある。小さな木のように、腕からさらに小さな腕が延びるものもあった。

対照的に、白っぽい岩石には化石はほとんど見当たらない。フデイシはまったくと言っていいほど見つからないのだ。ある状態から別の状態への変化、黒い岩石から灰色の岩石へ、たくさんのフデイシから皆無に近いフデイシへの変化は突然起きたように見え、ザラシーヴィッチによればそれは実際に突然だったのだという。

「黒から灰色への変化が、言ってみれば、棲める海底から棲めない海底への転換点を示しています」と教えてくれた。「そして、この変化が人の一生くらいのうちに起きたかもしれないのです」。この変化はまぎれもなく「キュヴィエ風」だと彼は語った。

英国地質調査所におけるザラシーヴィッチの同僚、ダン・コンドンとイアン・ミラーの二人も、私たちといっしょにドブの滝つぼに来ていた。二人は同位体化学の専門家で、突出した岩石にある明暗の縞の試料を採取したいと考えていた。彼らはジルコンの微結晶がそこに含まれていることを期待していた。研究室に戻ったら、結晶を融かして質量分析器にかけるつもりだ。そうすれば、各層がいつ形成されたかを五十万年の誤差で突き止められる。ミラーはスコットランド出身で、「霧雨《スマー》」はちっとも苦にならないと胸を張った。けれども、ついにその彼もすでに土砂降りだと認めざるをえなかった。泥土が岩の表面を幾筋も伝い落ち、汚染されていない試料を採取することはもはや不可能だった。翌日、また戻ってくることになった。三人の地質学者は荷物をまとめ、全員でぬかるみのなかを車のある場所まで道を下った。ザラシーヴィッチが近くのモファットという町に朝食付きの宿（B&B）を予約してくれていた。その宿は、世界一狭いことと羊のブロンズ像で有名だとなにかで読んだことがあった。

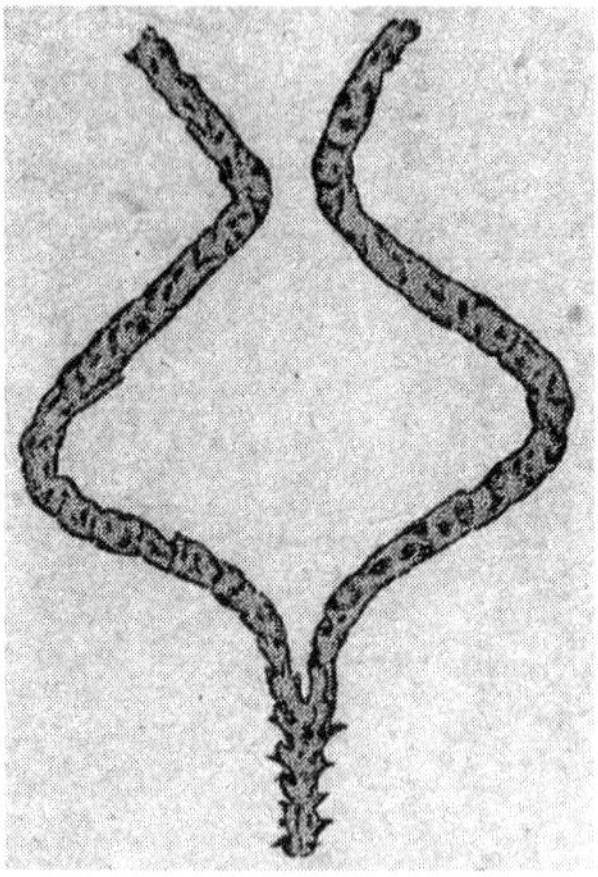

フデイシの一種ディクラノグラプトゥス・ジクザクを実物の数倍の大きさに拡大して示したもの。

全員が乾いた服に着替えて、宿の居間に集まってお茶になった。ザラシーヴィッチは自身が最近発表したフデイシにかんする出版物を持参していた。椅子に深々と身を沈めたコンドンとミラーがあきれて天井を仰いだ。そんな二人を尻目に、ザラシーヴィッチは彼の最新の小論「イギリス層位学におけるフデイシ類」の重要性を私に語った。小論は行間をあけずにびっしりと六六ページあり、六百五十種以上の詳細なイラスト付きだった。この小論では、雨ですべりやすい山腹での印象は伝わらなくとも、絶滅の影響はより系統立ってわかる。オルドビス紀末までは、V字形のフデイシが優勢だった。そのなかに牙のように二本の腕がいったん外側に開いて、また互いに近づくディクラノグラプトゥス・ジクザク、そして二本の大きな腕に加えて親指のように横に突き出た小さな腕をもつアデログラプトゥス・ディウェルゲンスのような種がいた。絶滅後に生き残ったフデイシはほんの一握りだったものの、やがて多彩な種がふたたび出現してシルル紀には海洋に広く分布した。しかしシルル紀のフデイシは、一対の枝というより一本の棒のような長い形をしていた。V字形のフデイシは一度失われたが最後、ふたたび出現することはなかった。このごく微細な証拠が示すのは、恐竜、モササウルス、アンモナイト、すなわち、繁栄を謳歌したのちに絶滅に追いやられた種の運命だ。

大量絶滅に統一理論はあるのか

四億四千四百万年前、コノドント、腕足動物、棘《きょく》皮《ひ》動物、三葉虫はもちろんのこと、フデイシをほぼ絶滅に追いやった出来事はなんだったのだろう?

アルヴァレズの仮説が発表された直後の数年間は、少なくとも仮説を「たわごと」と決めつけなかった人びとのあいだでは、大量絶滅にかかわる統一理論が存在した。一個の隕石が化石記録に一つの「分断」をもたらすのなら、隕石の衝突がすべての絶滅を引き起こしたと考えてもいいように思われた。このアイデアは一九八四年に勢いに乗った。この年、シカゴ大学の二人の古生物学者が、海洋生物の化石記録の包括的な分析を発表した。この研究は、五度にわたる大量絶滅に加え、より小規模の絶滅が何度も起きたことを解明していた。すべての絶滅を考慮すると、あるパターンが見えてきた。大量絶滅は、およそ二千六百万年ごとに起きるらしい。言いかえれば、絶滅は土中から這いでてくるセミのごとく周期的に起きるのだ。この二人はデイヴィッド・ラウプとジャック・セプコスキーといい、これらの絶滅の原因について確信こそなかったものの、「私たちの太陽系が銀河系の渦状腕《かじょうわん》を通過する」ことにかかわる、なんらかの「天文学的または天体物理学的な周期」が原因としていちばんに挙げられると考えていた[7]。ここで、ある天体物理学者グループ、すなわちバークレー校のアルヴァレズ父子の同僚たちは、この推測をさらに一歩前に進めた。この周期性は、太陽の小さな伴星が二千六百万年ごとにオールトの雲［長周期彗星のもとになる氷天体が集まっていると考えられている太陽系外周の領域］を通過し、彗星シャワーが地球に降り注いで破壊をもたらすと考えれば説明できるというのだ。ホラー映画顔負けの「ネメシス」という名称まで与えられたこの星を、だれ一人として見た者はいないにもかかわらず、バークレー校のグループにとってそれは致命的な問題ではなかった。なんと言っても、宇宙には未発見の小さな星が無数にあったのだ。

メディアで「ネメシス騒動」として知られるようになったこの主張は、元の隕石衝突説に負けず劣らず物議をかもした（ある記者は、この説にはセックスと王族以外のおいしい話題がすべてそろっていると言った）[8]。『タイム』誌は特集記事を掲載し、これを追うように『ニューヨークタイムズ』紙も否定的な論説を載せた[9]（この論説は「謎めいた死の星」という考えを鼻先であしらった）。論説の執筆者には根拠がある様子だった。バークレー校のグループはその後一年あまりかけて天空にネメシスの姿を求めたものの、「死の星」は影も形もなかった。それどころか、さらなる分析によって周期性の証拠が破綻しはじめた。「もし意見の一致を見たとすれば、それはわれわれが統計上のまぐれ当たりに惑わされていたということでした」とデイヴィッド・ラウプは私に話してくれた。

一方、地球外天体の衝突を示すイリジウムその他の兆候の探究も、一時の勢いを失ってきた。多くの仲間といっしょに、ルイス・アルヴァレズはこの証拠探しに身を投じていた。中国の科学者との共同科学研究が事実上前例のない時代にあって、彼は中国南部からペルム紀と三畳紀の境界に対応する岩石試料を入手した。ペルム紀末、あるいはペルム紀－三畳紀（P-T）境界の大量絶滅はビッグファイブのなかで最大であり、多細胞生物をすべて死滅に追い込む一歩手前という恐ろしい出来事だった。グッビオのときと同じように岩石層のあいだに挟まった粘土層を中国南部から手に入れたとき、ルイスは有頂天になった。「かならず大量のイリジウムが見つかると確信していた」[10]と彼はのちに書いている。ところが、中国の粘土は化学的に見ればありきたりのもので、イリジウム含有量は測定不能なほど低かった。その後、通常より高いイリジウム含有量が、ドブの滝つぼをはじめとする数か所のオルドビス紀末の岩石から検出されてはいる。とはいえ、衝撃石英などの隕石衝突を示すほかの証拠は、それとおぼしき年代の岩石からは発見されず、高いイリジウム含有量はおそらく、あまりおもしろくもない話だが、たまたま堆積がその傾向を示しただけとされた。

現在では、オルドビス紀末の絶滅は氷河作用によって起きたと考えられている。この年代の大半にわたって、いわゆる温室効果が活発だった。大気中の二酸化炭素濃度が高く、海面と気温が上昇した。ところが、絶滅の最初期ごろ（フデイシが大被害に遭っていたころ）、二酸化炭素濃度が減少に転じた。気温が下がり、ゴンドワナ大陸が凍結した。オルドビス紀に起きた氷河作用の証拠は、サウジアラビア、ヨルダン、ブラジルなど、かつて超大陸の辺縁にあった場所から見つかっている。海面が後退し、多くの棲息地が失われたことが海洋生物の被害につながったと思われる。海水の化学組成も変化し、なかでも低温の海水にはより多くの酸素が含まれていた。フデイシ類を死滅に追いやったのが気温変化だったのか、あるいは連鎖的に起きた多数の現象の一つだったのかはだれにもわからない。ザラシーヴィッチはこんなふうに説明する。「図書室に死体があって、何人もの執事が怪しげにうろついている」。それに、そもそも最初に変化を起こしたのがなんだったのかもわかっていない。一説によると、陸上に繁茂した初期の蘚《せん》類が、大気中の二酸化炭素を奪い去ったために氷河作用が生じたという[11]。もしこれが正しいなら、動物が最初に遭遇した絶滅は植物によって引き起こされたことになる。

ペルム紀末の絶滅も気候変動のせいかもしれない。しかし、この場合には、変化は逆方向に進んだ。ちょうど絶滅が起きた二億五千二百万年前ごろ、大量の炭素が大気中に排出された。その量はあまりに多いため、地質学者はこれほどの炭素がどのように生成されたのか想像すらできない。気温が急上昇し、海水温も一〇℃上がった[12]。海水の化学組成が乱れ、海は制御不能な水族館のようになった。海水が酸性化し、溶存酸素量が極端に低下したため、多くの生物は事実上窒息したと考えられる。礁が崩壊した。ペルム紀末の絶滅は、人の一生ほどの時間内に起きたわけではないとはいえ、地質学的に言えば突然の現象だったと言える。中国とアメリカの科学者による最新の共同研究によれば、この現象は全体でも二十万年とかかっておらず、十万年以下の可能性もある[13]。絶滅が終わるころには、地上の生物種すべての約九〇パーセントが姿を消していた。これほど大規模な損失は極端な地球温暖化と海洋酸性化を想定しても説明しきれず、別のメカニズムの検証が進められている。一説によると、海が温かくなり、おおかたの生物にとって毒となる硫化水素を生成する細菌（硫酸塩還元菌）が増殖したとされる。[14]このシナリオでは、水中に蓄積した硫化水素が海洋生物を死に追いやり、さらに大気中にも放出されて残りの生物の大半を殺してしまう。硫酸塩還元菌が海の色を、硫化水素が空の色を変える。サイエンスライターのカール・ジンマーは、ペルム紀末の世界を「真におぞましい世界」[15]と形容し、どんよりした紫色の海が毒気に満ちた泡を放出し、その毒が「淡い緑色の空」に昇っていったと述べた。

二十五年前、すべての大量絶滅が同じ原因にたどれるように思えたとすれば、現在はそれと正反対のことが正しく思える。トルストイが『アンナ・カレーニナ』で不幸な家庭について述べたように、どの絶滅もそれぞれに異なった意味で不幸な出来事であり、しかもそれは生命にかかわる不幸だったのだ。実際のところ、これらの出来事がここまで危険であるのはその気まぐれゆえかもしれない。なにしろ生物は、進化上まったく対処できない条件に突如として遭遇するのだから。

「白亜紀末の隕石衝突を示す証拠がかなり強力になると、私たち研究者はフィールドに出ていけば、ほかの絶滅についても隕石衝突の証拠が見つかると愚かにも思ってしまいました」とウォルター・アルヴァレズは私に語った。「ところが、ことは私たちが考えていたよりはるかに複雑でした。現在、大量絶滅は人間が起こすこともあるとわかりはじめています。つまり、大量絶滅に統一理論がないことは明白なのです」

ジャイアント・ラット

世界一狭いモファットのB&Bで過ごしたその夜、お茶とフデイシの話が一段落すると、私たちは宿の一階にあるパブにくり出した。ビールを一、二杯飲んだころ、ザラシーヴィッチ好みのもう一つの話題になった。ジャイアント・ラットである。ネズミはヒトといっしょに地の果てまで拡散しており、いずれ地球を席巻する日が来る、というのがザラシーヴィッチの専門家としての意見だ。

「一部はネズミの大きさと外見のままでしょう」と彼は私に語る。「けれども、体が小さくなったり大きくなったりするネズミがかならず現れます。とりわけ直前に突発的な絶滅があり、生態学的空間《エコスペース》に空きができると、ネズミがいちばんその恩恵を受けます。そして、体の大きさの変化はかなり短期間で起きることがわかっています」。アッパー・ウエストサイドの駅で、ピザ生地を線路沿いに引きずっていくネズミを見かけたことを思い出した。人影のないトンネルで、そのネズミはドーベルマンほどの大きさに膨れ上がるかもしれない。

関連が薄いように思えるかもしれないが、ザラシーヴィッチがジャイアント・ラットに興味を抱いたのは、フデイシに対する興味からの自然な流れだった。彼は人類前の世界に魅せられるし、それ以上に人類後の世界にも心惹かれる。一方を見れば他方の多くがわかるのだ。オルドビス紀を研究するとき、彼は化石、炭素同位体、堆積層などの残されている断片的な手がかりにもとづいて遠い過去を再構築しようとする。未来について考えるときには、現在の世界が化石、炭素同位体、堆積層などの断片的な手がかりになってしまったとき、どうなるかを想像する。一億年ほど先の未来では、層位学者ならさほど優秀でなくとも、私たちが誇りにすら感じている現代に、なにか容易ならざる事態が起きたことを探り出せる、とザラシーヴィッチは確信している。たしかに、いまから一億年後でも、人類が自分たちのもっとも偉大な所産と考えるもの、たとえば彫刻や図書館、記念碑や博物館、都市や工場などは、煙草を巻く紙ほど薄い堆積層に封じ込められて残っているだろう。[16]「それは、もはややり直しのきかない記録なのだ」とザラシーヴィッチは書いている。

私たちがすでに記録を残しているのは、片時もじっとしていられない性癖のせいだ。[17]意図するしないにかかわらず、ヒトは地上の生物相に手を加えてきた。アジアの動植物を南北アメリカに、南北アメリカの動植物をヨーロッパに、そしてヨーロッパの動植物をオーストラリアに運んだ。ネズミはかならずこれらの移動の先頭に立ち、世界各地にその骨をさらしている。なかにはあまりに辺鄙《へんぴ》でヒトが定住しなかったような離島にまで到達した。東南アジア原産のナンヨウネズミは、ポリネシアの船乗りとともにハワイ、フィジー、タヒチ、トンガ、サモア、イースター島、ニュージーランドなど多くの土地にわたっている。捕食者がほとんどいなかったこともあり、密航したナンヨウネズミは増殖の限りを尽くし、ニュージーランドの古生物学者リチャード・ホールダウェイが「食べられるものならなんでもネズミのたんぱく質」に変える「灰色の波[18]」と呼ぶほどになった（イースター島の花粉と動物の死骸にかんする最近の研究によると、この島の緑を破壊したのはヒトではなく、ヒトといっしょにやって来て勝手気ままに増殖したネズミだったと結論づけられている。自生していたヤシの木は、ネズミの食欲に追いつけるほど速く実を結ぶことができなかったのだ)[19]。ヨーロッパ人が南北両アメリカ大陸にやって来てさらに西へ進み、ポリネシア人が定住していた島々に到達したとき、彼らはもっと適応力にすぐれたドブネズミを連れてきた。中国原産のドブネズミは、多くの場所でそれまでいたナンヨウネズミにとって代わり、これらのネズミが手をつけなかった鳥類や爬虫類を喰い荒らした。こうしてネズミは自らエコスペースをつくり出し、自分たちの子孫が繁栄できる場所を確保した。ザラシーヴィッチによると、現代のネズミの子孫は諸方に拡散し、ナンヨウネズミとドブネズミがつくってくれたニッチ(生態的地位)に収まるだろうという。未来のネズミは新しい大きさや外見を獲得し、「トガリネズミより小さなネズミ」や、ゾウほど大きなネズミも出現するだろう、と想像を膨らませる。彼は次のように書いている。「好奇心のおもむくまま、さまざまな可能性を考えて、こんなのをつけ加えてもいいかもしれない。体が大きく無毛で、洞穴に棲み、石をけずって原始的な道具をつくり、ほかの哺乳類を殺し、喰い、その毛皮を着るネズミ、そういうのが、一、二種出現すると考えてみるのも一興ではないだろうか[20]」

ネズミの未来は別にして、彼らもその責任の一端を担う絶滅は後世に明確な痕跡を残すだろう。ドブの滝つぼの泥岩やグッピオの粘土層に記録されたものほど劇的ではないにしても、それでも岩石に転換点の刻印を残すに違いない。気候変動(それ自体が絶滅のきっかけとなる)も地質学的痕跡を残すに違いないし、放射性降下物、河川の切り回し、単一種の栽培《モノカルチャー》、海の酸性化もその形跡をとどめるはずだ。

　これらすべての理由から、ザラシーヴィッチは私たちがいまだかつてない新しい地質年代の世《せい》に入ったと考えている。「地質学的に見れば、これは注目すべきことです」と彼は述べた。

われわれは人新世にいる

　この数年、人類がもたらしつつある新たな年代の名前がいくつか提案された。著名な保全生物学者のマイケル・スーレは、現代人は新生代《セノゾイック》ではなく大変動代《カタストロフォゾイック》にいると提唱した。南アフリカにあるステレンボス大学の昆虫学者マイケル・サムウェイズは均質世《ホモジェノセン》［生物相が均質化（ホモジェナイズ）することにちなむ］、カナダの海洋生物学者ダニエル・ポーリーは「泥砂」を意味するギリシャ語「muxa」に由来する泥砂世《ミクソセン》［海がクラゲ、藻類、微生物などしか生きられない泥砂と化すことにちなむ］、アメリカのジャーナリスト、アンドリュー・レヴキンは人新世《アントロポセン》を提案した（これらの用語の多くは、少なくとも間接的に、始新世、中新世、鮮新世などの造語をもたらしたライエルの命名を踏まえている）。

「人新世」という語は、オゾン層破壊物質の発見によりノーベル賞の共同受賞者となったオランダの化学者パウル・クルッツェンの造語だ。オゾン層破壊物質発見の重要性はいくら強調しても足りないほどだ。仮にこの発見がなされなかったとしたら、そしてこれらの物質が広く使用されつづけたとしたら、毎年春の訪れとともに南極大陸の上空に形成されるオゾンホールは広がりつづけて、地球全体を覆ってしまっただろう（クルッツェンとノーベル賞を共同受賞した一人は、ある夜実験室から自宅に戻ると妻にこう告げたという。「仕事はうまくいっているが、世界は終わりそうだ」)。

クルッツェンは、「人新世」という語は会議中にふと浮かんだのだと私に教えてくれた。「まったく新しい」年代である完新世《ホロセン》は、最終氷期が終わった一万千七百年前に始まり、少なくとも公式には現在も続いているが、その会議で議長がこの完新世に何度も言及した。「それは、もう、やめよう！」とクルッツェンは叫んだのを記憶している。「『われわれはすでに完新世にはいない。人新世にいる』。部屋はしばらく静まり返ったままでした」。次のコーヒーブレイクでは、人新世がおもな話題になった。ある人がクルッツェンに歩み寄ってきて、この言葉の特許をとっておいたほうがいいと助言した。

クルッツェンは、『ネイチャー』誌に寄せた小論「人類の地質学」で自分の考えを明らかにした。「多くの意味においてヒトに支配された現在の地質年代区分には、『人新世』という名称が適切であるように思う」。人類が地質学的規模で引き起こした多くの変化として、クルッツェンは次のような数項目を指摘した。

・人間は地表の三分の一から半分に手を加えた。
・世界中の主要な河川の大半はダムが建設されたり、切り回されたりした。
・肥料工場が、すべての陸上生態系によって自然に固定される量を上回る量の窒素を生産している。

・海洋の沿岸水域における一次生産［独立栄養生物による有機物生産］の三分の一以上が漁業に消費される。
・人間が世界中の容易に入手可能な淡水の半分以上を使う。

クルッツェンによれば、より重要なのは人類が大気の組成を変えてしまった点にあるという。化石燃料の燃焼と森林破壊により、大気中の二酸化炭素濃度はこの二世紀で四〇パーセント上昇し、より強力な温室効果ガスであるメタンの濃度は二倍以上になった。「こうした人類による温室効果ガス排出が原因となり[21]」とクルッツェンは書く。世界の気候は「これからの数千年紀にわたって自然な状態から大きく外れる」傾向にあるだろう。

クルッツェンが「人類の地質学」を二〇〇二年に発表すると、ほどなく「人新世」という語はほかの科学雑誌にも顔を出すようになった。

二〇〇三年に英王立協会の紀要『フィロソフィカル・トランザクションズB』誌に掲載されたある論文のタイトルは、「河川系の全球分析——地球システム制御から人新世症候群まで」だった。

二〇〇四年に『土壌・堆積物ジャーナル』誌に掲載された論文は、「人新世における土壌と堆積物」と題されていた。

人新世という言葉に出くわしたとき、ザラシーヴィッチは興味をそそられた。彼はこの用語を用いている人の大半が層位学の専門家ではないことに気づき、自分の仲間の層位学者がこのことをどう思っているか知りたくなった。当時彼は、かつてライエルやウィリアム・ヒューウエル、ジョン・フィリップスが会長を務めた、ロンドン地質学会の層位学分科会で委員長をしていた。ある昼食会で、ザラシーヴィッチは委員たちに人新世をどう思うかと尋ねた。二十二人のうち二十一人までが、この概念は検討に値すると答えた。

分科会はこのアイデアを地質学の正式な検討事項に取り上げることにした。人新世は、新たな世として命名されるための基準を満たすだろうか（地質学者にとって、世《せい》は紀《き》の一区分であり、紀《き》は代《だい》の一区分だ。たとえば、完新世は第四紀のなかの一区分であり、第四紀は新生代のなかの一区分である）。一年におよぶ研究で分科会が出した答えは、無条件の「イエス」だった。ちょうどオルドビス紀に起きた氷河作用が現在でも解読できる「層位学的痕跡」を残したように、クルッツェンが指摘したような変化は、数百万年後でも解読可能な「地球規模の層位学的痕跡」を残すだろう、と彼らは結論づけた。さまざまな知見をまとめた論文で、分科会のメンバーは人新世が固有の「生層位学的シグナル」によって特徴づけられるだろうと述べた。「生層位学的シグナル」とは、現在進行中の絶滅と、生命を再分布させる人類の性向との産物だった。このシグナルは「生き残った（人間によって移動されることの多い）生物種が未来に進化する際[22]」に永遠に地層に刻まれるだろう、と彼らは書いた。この生物種とは、ザラシーヴィッチが言うように、ネズミなのかもしれない。

私がスコットランドに来るまでには、ザラシーヴィッチは人新世のプロジェクトをさらに進めていた。国際層位学委員会（ＩＣＳ）は地球の歴史にかかわる公式記録を保存するグループで、更新世が正確にはいつ始まったかなどという問題に答えを出すのを仕事としている（激しい議論の末、最近、委員会は更新世の始まりを百八十万年前から二百六十万年前に変更した)。ザラシーヴィッチは人新世を正式に認定するか否かを検討するよう委員会を説得し、当然の流れとして彼がプロジェクトを指揮することになった。人新世ワーキンググループの長として、ザラシーヴィッチは、二〇一六年に全体会議で人新世の可否について決を採りたいとしている。もし彼が委員たちの説得に成功し、人新世が新しい世に採用されれば、世界中の地質学の教科書はたちまち時代遅れになるだろう。

第6章　われらをめぐる海

ミソラカサガイ
Patella caerulea

アラゴン城は、ティレニア海に小塔のように浮かぶ小島にある。この小島はナポリの西約三〇キロメートルにあり、ここに来るには、もう少し大きなイスキア島から細長い石造りの橋をわたる。橋の終わりにある料金所で、島名の由来になった大きな城まで自分の脚で上るか、エレベーターで昇るためのチケットを一〇ユーロで買う。城には中世の拷問用具が展示され、おしゃれなホテルと野外カフェもある。夏の宵にカンパリを飲みながら過去の恐怖に思いを馳せるのに、このカフェほど最適な場所はないだろう。

多くの小島と同じく、アラゴン城がある小島は、いたって強大な力、この場合には毎年トリポリを二・五センチメートルほどローマに近づけている、アフリカ大陸の北への移動によって形成された。ここでは板金が高炉に入れられるように、アフリカプレートが複雑な褶曲《しゅうきょく》に沿ってユーラシア大陸に突っ込んでいる。このために、ときおり激しい火山噴火が起きる（一三〇二年に起きた噴火では、イスキア島の全島民がアラゴン城に避難した）。日常的にも、海底の熱水噴出孔（ベント）から気体が放出されている。この気体はほぼ一〇〇パーセント純粋な二酸化炭素だ。

二酸化炭素は多くの興味深い性質をもっていて、そのうちの一つが水に溶けて酸を生成することだ。私がイスキア島にやって来たのは、その泡立つ酸性化した湾内で泳ぐにはまさに季節はずれの一月末だった。海洋生物学者のジェイソン・ホール＝スペンサーと、マリア・クリスティーナ・ブーヤの二人が、大雨の予報がはずれれば熱水噴出孔のある場所に案内すると約束してくれていた。その日は寒々とした曇天で、私たちは調査船に改造された釣り船で足踏みして寒さをこらえた。アラゴン城のある小島を回って、そのごつごつとした断崖から一八メートルほどのところで錨《いかり》を下ろした。船からは見えなかったものの、熱水噴出孔があることはわかった。フジツボの白っぽい筋が、そこの上だけを避けて島をぐるりと囲んでいる。

「フジツボはなかなか強い生き物です」とホール＝スペンサーが話す。彼はイギリス人で、ぼさぼさのブロンドの髪をしていた。ウェットスーツに似ているがけっして体が濡れないドライスーツを着ているおかげで、宇宙に飛び出す前の宇宙飛行士のように見えた。ブーヤはイタリア人で、赤茶色の髪を肩まで垂らしている。水着姿になったかと思うと、するりとウェットスーツを着た。私も、今回の調査のために借りたスーツをまねして着ようとした。ところが、ファスナーを上げようとすると、少しばかり小さかった。全員がマスクと足ヒレをつけて海に入った。

海水は氷のように冷たい。ホール＝スペンサーはナイフを持参していた。岩からウニをはがして私に見せてくれる。ウニの棘《とげ》は真っ黒だ。私たちは熱水噴出孔めざして島の南岸に沿って泳いだ。ホール＝スペンサーとブーヤは何度も止まっては、サンゴ、巻貝、海藻、イガイなどの標本を集めて網の袋に入れ、海中でその袋を引っ張った。熱水噴出孔の近くまで来ると、泡が海底から水銀のビーズのように昇るのが見えた。私たちの下には海洋植物が繁茂している。葉が不思議なほど鮮やかな緑色をしているのは、あとで教えてもらったところによると、ふつうなら葉全体を覆って色をくすませる微小な生物がいないからだという。熱水噴出孔に近づくにつれて生物は減っていった。ウニがいなくなり、イガイやフジツボも姿を消した。ブーヤが岸壁にしがみついている哀れなカサガイを見つけた。体が透けて見えるほど貝殻が薄い。海水よりほんの少し淡い色をしたクラゲの群れがかたわらを通りすぎた。

「気をつけて」とホール＝スペンサーが注意をうながした。「あいつらは刺しますよ」

海の酸性化

産業革命のはじめから、人類は化石燃料（石炭、石油、天然ガス）を燃やし、三六五〇億トンの炭素を大気中に排出してきた。それに加えて、森林破壊によって一八〇〇億トンの炭素を排出した。私たちは年間九〇億トンほどの炭素を排出し、この量が年を追うごとに六パーセントずつ増えている。その結果、大気中の二酸化炭素濃度は、現在では四〇〇ｐｐｍを少し超えており、この数値は過去八十万年のどの時点よりも高い。おそらく、過去数百万年のどの時点よりも高いだろう。この傾向が続くなら、二酸化炭素濃度は二〇五〇年までに五〇〇ｐｐｍを突破する。産業革命以前のおよそ二倍だ。これほどの濃度上昇は約一・九〜三・九℃の気温上昇につながり、ひいてはさまざまな地球規模の変化をもたらす。たとえば、現在残されている氷河の大半が解けてなくなり、標高の低い島嶼《とうしょ》や沿岸都市が海中に没し、両極の氷冠が解ける。しかし、話はまだこれで終わらない。

　海は地表の七〇パーセントを占めるが、大気と海のあいだではどこでも物質交換が起きている。大気中の気体は海に吸収され、逆に海水に溶け込んでいる気体は大気中に放出されるのだ。両者が平衡を保っていれば、ほぼ同量の気体が一方で吸収され他方で放出される。ところが、私たちのように大気の組成を変えてしまうと、物質交換が偏ってしまう。海からの放出量を超えた二酸化炭素が海に吸収されるのだ。こうして人類は熱水噴出孔のように絶え間なく、かといって下からではなく上から、二酸化炭素を地球規模で海に注入している。今年一年だけでも海は二五〇億トンの炭素を吸収し、来年も同量の炭素を吸収すると予測されている。アメリカ人一人ひとりが毎日三キログラム余りの炭素を海に注いでいるのだ。

　この過剰な二酸化炭素のせいで、海水面近くの水素イオン濃度（ｐＨ）はすでに平均値で約８・２から約８・１に低下している。地震の規模を表すリヒタースケール（マグニチュード）と同じく、ｐＨスケールは対数で表されており、これほどわずかな数値変化でも実際にはきわめて大きな変化となって表れる。０・１の減少は、現在の海が一八〇〇年の時点より三〇パーセント酸性に傾いていることを意味するのだ。人類がこのまま化石燃料を燃やしつづけるとする

アラゴン城。

と、海は二酸化炭素を吸収しつづけ、どんどん酸性化する。「気候変動に関する政府間パネル(IPCC)」が提示した「成り行き」シナリオによれば、海水面のpHは今世紀なかばまでに8・0、今世紀末までに7・8に低下する。この状態では、海は産業革命の始まりのときより一五〇パーセントも酸性に傾いている。*

熱水噴出孔から二酸化炭素が噴き出しているため、アラゴン城のある小島周辺の海水は海洋一般の今後の変化をほぼ完璧にシミュレートしている。だから私は一月だというのに、寒さでだんだん体の感覚を失いかけながらも島の周りを泳いでいられるのだ。ここでは、今日このとき、未来の海を泳ぐことができる。いや、パニックを起こしそうになりながら思う——未来の海で溺れることすら可能だ、と。

熱水噴出孔の及ぼす悪影響

イスキア島の港に戻ったころには、風が激しくなっていた。デッキには使用後の空気ボンベ、ずぶ濡れのウェットスーツ、標本が詰まったチェストが散乱している。船からみんな下ろしたら、狭い通りを抜けて地元の海洋生物学ステーションまで運ばねばならない。ステーションは海を見下ろす険しい崖の上にあった。十九世紀ドイツの博物学者アントン・ドーンによって創立されたものだ。正面玄関入り口の壁面に、チャールズ・ダーウィンが一八七四年にドーンに送った書簡のコピーが掲げられていた。書簡でダーウィンは、共通の友人からドーンがはたらきづめだと漏れ聞いて、心配していると訴えている。

ブーヤとホール＝スペンサーがアラゴン城のある小島付近で採集し、地下の研究室に設置されたタンクに入れた動物たちは、最初、素人目には生気がなく、ことによると死んでいるかに見えた。ところが、しばらくすると触手を伸ばして食べ物を探そうとしだした。足が一本欠けているヒトデ、細長いサンゴの塊、そして数十本の糸のような「管足《かんそく》」でタンクのなかを歩くウニが数匹いた（管足は水圧式で、水の圧力で伸びたり縮んだりする）。一五センチメートルほどの

＊pHの数値は0から14までである。7が中性で、それより高ければアルカリ性、低ければ酸性になる。海水は通常の状態では弱アルカリ性なので、一般に海の酸性化を意味するpH低下のプロセスは、たんに「海のアルカリ度低下」と言うこともできる。

ナマコは、哀れにもブラッドソーセージ、いや、さらに気の毒なことになにかの糞に見える。ひんやりした研究室では、熱水噴出孔の悪影響は明らかだった。セイヨウダタミは地中海にふつうに見られる巻貝で、貝殻は白と黒の斑点がヘビ皮のような模様を描く。ところが、タンクのなかのセイヨウダタミにはその模様がない。畝のある貝殻の外側の層が消失し、内側のなめらかな白い層が露出しているのだ。ミソラカサガイは、中国の釣鐘形の麦わら帽子のような形をしている。ここにいるミソラカサガイの数個には深い傷があって、その傷からなかの薄茶色の体が見える。まるで酸にでも浸けられたかのように見えるが、実際そうなのだ。

「とても重要なことなので、ヒトの体は血液のpHが一定になるように、たいへんな努力をしています」。ホール＝スペンサーは流れている水の音に負けないよう声を張り上げた。「けれども、こうした下等動物は、そのような体内のはたらきを持ち合わせていません。体外で起きていることにただ耐えるしかなく、いずれそれにも限界が来るのです」

あとでいっしょにピザを食べながら、ホール＝スペンサーは自分がはじめて熱水噴出孔を見たときのことを話してくれた。それは二〇〇二年の夏、ウラニア号というイタリアの調査船ではたらいていたときのことだった。ある暑い日、船がイスキア島付近を航行していたとき、船員たちが錨を下ろして泳ごうということになった。イタリア人科学者のなかに熱水噴出孔について知っている人たちがいて、軽い気持ちでホール＝スペンサーを見物に連れていってくれた。ホール＝スペンサーは、人生初の体験（泡のなかで泳ぐのはシャンペンの海で泳ぐ感覚に似ていた）を楽しんだが、それと同時に考えさせられもした。

当時、海洋生物学者は海の酸性化がもたらす害悪を認識しはじめたところだった。懸念を生じさせるような計算結果が得られ、研究室では飼育動物を対象にした初期の実験が始まってぃた。ホール＝スペンサーは、熱水噴出孔でなら新しい画期的な研究ができるかもしれないと思いついた。この場所ならタンクに入れられた数種の動物だけでなく、数十種の動物を対象に自然環境（厳密に言えば、自然とはいえ不自然な環境）で実験できる。

アラゴン城のある小島の周りには、熱水噴出孔がｐＨの勾配を形成している。島の東岸では、海水はほとんど酸性化の影響を受けていない。この区域は現在の地中海と考えることができる。熱水噴出孔のある場所に近づくにしたがい、海水の酸性度が増してｐＨが下がる。このｐＨ勾配に沿った生命地図は、世界中の海の未来図を表しているとホール＝スペンサーは考えた。それは海中のタイムマシンなのだ。

ホール＝スペンサーがイスキア島をふたたび訪れるのに二年かかった。まだこのプロジェクトの資金を獲得していなかったので、彼の話を真剣に聞いてくれる人を見つけるのが難しかった。ホテルの部屋には泊まれないため、彼は断崖の岩棚で野営した。標本採集には、捨てられているペットボトルを使った。「まるでロビンソン・クルーソーのような生活でしたよ」と語る。

やがて彼は、ブーヤのような人びとにプロジェクトの重要性を納得させることに成功した。なすべき最初の仕事は、島周辺のｐＨ値を詳細に調べることだった。次に彼らは異なるｐＨ区域それぞれに棲息する生物の個体数調査をした。この調査では、海岸に沿って一定の大きさの金属フレームを海中に沈め、そのなかで岩にしがみついているイガイ、フジツボ、カサガイを記録する。さらに数時間にわたって海中に潜り、かたわらを通りすぎる魚を数えることをくり返す。

熱水噴出孔から遠く離れた海中では、ホール＝スペンサーとチームの人たちは地中海でごくふつうに見られる生物種を見つけた。たとえば、一見すると断熱材のようにも見える地中海普通海綿、食べるとまれに幻覚を起こすこともある魚で、一般に食用とされるサレマ、リラの花のような色合いの黒海ウニがいる。また同じ区域に、枝分かれしたピンク色のイソハリ、そして円盤が連なったような形のツナサボテングサという二種の海藻も生育している（調査は肉眼で見える大きさの生物に限定された）。この熱水噴出孔のない区域では、合計六十九種の動物と五十一種の植物が見つかった。

ホール＝スペンサーとチームが調査区域を熱水噴出孔近くに移すと、結果は大幅に違っていた。[1]東大西洋原産のフジツボは、小さな火山のように見える灰色のフジツボだ。西アフリカからウェールズにかけてふつうに見られ、豊富に分布する。pHが7・8の区域はそれほど遠くない未来に対応し、そこではこのフジツボが姿を消していた。地中海原産の青黒いムラサキイガイは適応力が強く、世界中の多くの場所で外来種となっている。ところがこの区域では、この貝も姿が見えなかった。そのほかにも、コラリナ・エロンガタとコラリナ・オフィキナリスという二種の硬い紅藻（サンゴモ）、カンザシゴカイの一種ポマトケロス・トリクエテル、三種のサンゴ、数種の巻貝、二枚貝のノアノハコブネガイがいなくなっていた。総合すると、熱水噴出孔のない区域で発見した生物種の三分の一は、pHが7・8の区域では見当たらなかった。

「生態系が崩壊しはじめる最大の転換点はｐＨ７・８ですが、地球上の海は残念なことに二一〇〇年までにこの数値に達すると私たちは予測しています」とホール＝スペンサーはイギリス人らしく控え目に話す。「ですから、これはかなり深刻な話なのです」

失われゆく多様性

ホール＝スペンサーの熱水噴出孔系にかんする初の論文が二〇〇八年に発表されると、海の酸性化と、それがおよぼす影響に対する関心が爆発的に高まった。「海洋酸性化の生物学的影響（ＢＩＯＡＣＩＤ）」や「海洋酸性化にかかわるヨーロッパプロジェクト（ＥＰＯＣＡ）」といった名称の国際的研究プロジェクトに資金が投じられ、数百あるいは数千の実験が始められた。これらの実験は、船上、研究室、あるいはメソコスムとして知られる閉鎖生態系（実際の海の一部で条件を操作可能にした系）などで行なわれた。

これらの実験は、二酸化炭素濃度の上昇が与える悪影響を幾度となく追認した。酸性化した海では、多くの種が問題なく過ごすように見え、繁栄する種すらあるものの、そうでない種のほうが断然多い。クマノミやマガキなど、酸性化に弱いことがわかった生き物の一部は水族館や食卓でもおなじみだが、あまり人気のない（おいしくない）生き物でも海洋生態系にとってはより重要な種がいる。たとえば、円石藻類《えんせきそう》のエミリアニア・ハクスレイは単細胞の植物プランクトンで、細胞表面が方解石の円盤のような殻に覆われている。拡大すると、なにか狂気じ

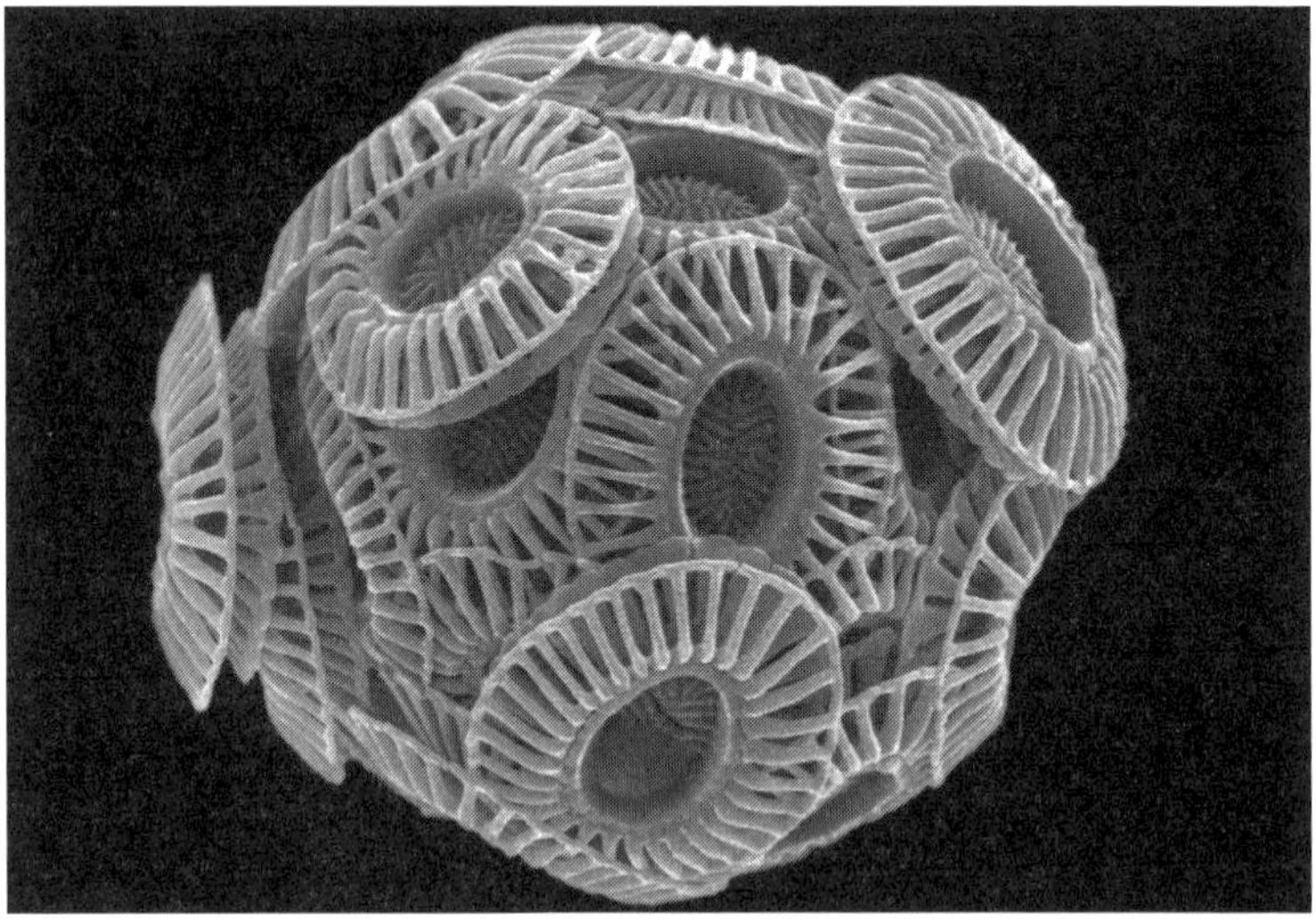

円石藻の一種エミリアニア・ハクスレイ。

みた工芸品、たとえば、ボタンがいっぱいついたサッカーボールのように見える。この生き物は一年のうちの決まった時期に海の一部を白く染めるほど増える。また、多くの海洋食物連鎖の一次生産者でもある。ミジンウキマイマイは翼足《よくそく》類の一種でカメガイの別称があり、翼をもつ巻貝のように見える。この生き物は北極海に棲息し、ニシン、サケ、クジラなど、多くのより大きな動物の大切な食べ物となる。どちらの種も酸性化にはきわめて敏感らしく、あるメソコスム実験では、二酸化炭素濃度を上げると円石藻は全滅してしまった。[2]

ウルフ・リーベゼルは、ドイツのキールにあるGEOMARヘルムホルツ海洋研究センターの生物海洋学者で、ノルウェー、フィンランド、スヴァールバル諸島の沿岸で行なわれた、重要な海洋酸性化実験をいくつか指揮してきた。リーベゼルが得た結果によると、酸性化した海水にいちばん強いのは、とても小さな、直径二ミクロン未満のプランクトン類で、これらのプランクトンはきわめて小さく、自分たちだけの微小な食物網を形成する。個体数が増えると、これらのピコプランクトンが栄養分を独り占めするため、より大きな生物がその影響を受ける。

「将来どうなるのかと尋ねられれば、私なら現在あるもっとも強力な証拠から、生物多様性の損失が進むと答えるでしょう」とリーベゼルは私に話してくれた。「酸性の海に強い種が増えることもあるでしょうが、全体として多様性は失われていきます。これこそ過去のおもな大量絶滅で起きたことです」

海の酸性化は、ときとして地球温暖化の「邪悪な双子」と呼ばれる。このフレーズに込められた皮肉は意図的であり、それなりに的を射てはいるけれども、それでもまだ穏当すぎるほどだ。記録に残されたすべての大量絶滅を説明する単一のメカニズムは存在しないとはいえ、海洋化学状態の変化はかなり確実な予測因子になりそうだ。海の酸性化は、ビッグファイブの絶滅のうち少なくとも二つ（ペルム紀末と三畳紀末の絶滅）でなんらかの役目をはたし、三つ目の絶滅（白亜紀末の絶滅）では主要な原因だった可能性がおおいにある。一億八千三百万年前のジュラ紀初期に起きたトアルシアン絶滅では、海が酸性化したことを示す強力な証拠があり、数種の海洋生物が大被害に遭った五千五百万年前の暁新世《ぎょうしんせい》末にも同様の証拠がある。[3]

「ああ、海洋酸性化ですね」と、ザラシーヴィッチはドブの滝つぼで私に言った。「それは、いままさに起きようとしている、とてもやっかいな現象です」

石灰化生物への悪影響

海洋酸性化はなぜそれほど危険なのだろう？　この問いが難しいのは、答えが山ほどあるからだ。個々の生き物が体内の化学変化をどれほど巧みに調整できるかにもよるが、酸性化は生物の代謝、酵素活動、たんぱく質機能などの基本的過程を攪乱《かくらん》する。また、微生物生態系の構成を変えることで、鉄分や窒素などの主要な栄養素が入手できるか否かを変えてしまう。同じ理由で水中に入ってくる光の量を変え、それとはまた少し違った理由で音がどのように伝播するか変える（概して、酸性化した海では雑音が多くなると考えられている）。また毒をもつ藻の成長を助長するらしい。光合成にも影響があり（多くの植物種は高い二酸化炭素濃度の恩恵を受ける）、海水中の金属イオンによって生成される化合物を有毒に変える。

たくさん考えられる影響のうち、もっとも重要なものは石灰化生物として知られる生物群にかかわる（石灰化生物という言葉は殻や骨格を形成する生き物全般をさし、植物の場合には、炭酸カルシウムを主成分とする鉱物、すなわち方解石から成る一種の結晶塊を内部に形成する）。海にはきわめて多彩な石灰化生物がいる。ヒトデやウニなどの棘皮動物、食用の二枚貝やカキなどの貝類もこの部類に入る。甲殻類のフジツボもそうだ。サンゴの多くは石灰化生物で、石灰化によってサンゴ礁という巨大な構造を形成する。海草（海藻）の多くも石灰化生物であり、これらの海草は触ると硬くて脆い。ピンク色のペンキの染みのように見えるコロニーを形成する微小な藻類、サンゴモも石灰化生物だ。腕足動物、円石藻、有孔虫もそうだし、翼足類の大半もそうだ。まだまだ挙げればきりがない。石灰化のメカニズムは、生命の歴史で少なくとも二十四回にわたって進化したと推測されており、この数字がさらに大きい可能性は高い[4]。

ヒトの立場に立って見ると、石灰化はある種の建設工事に似ていて、錬金術に見えなくもない。殻、外骨格、円石を形成するにあたり、石灰化生物はカルシウムイオン（Ca^{2+}）と炭酸イオン（CO_3^{2-}）を結合させて炭酸カルシウム（$CaCO_3$）を得る。しかし、通常の海水中の濃度では、カルシウムイオンと炭酸イオンは結合しない。石灰化を起こすには、生物は海水の化学的性質を自分のそれに合わせなくてはならないのだ。

また海が酸性化すると、炭酸イオンの数が減少し、石灰化がさらに難しくなる。ふたたび建設工事のたとえを用いるなら、あなたが家を建てようとしているあいだに、だれかがレンガを盗んでいるようなものなのだ。海水がどんどん酸性化するにしたがい、化学反応に必要なエネルギーが増える。ある時点で海水は溶食性をもつようになり、固体の炭酸カルシウムが溶けはじめる。アラゴン城の小島に近づきすぎたカサガイの殻が薄くなっていたのはこのためだ。

研究室における実験では、石灰化生物はとりわけpHの低下に弱いことが判明しており、アラゴン城のある小島周辺で姿を消した種もこのことを追認している。pHが7・8の区域では、ほとんど姿が見られなくなった種の四分の三までが石灰化生物だった[5]。そのなかの種には、ほとんどこでも見られるフジツボ、頑健なムラサキイガイ、カンザシゴカイが含まれる。ほかにも、二枚貝のホンミノガイ、チョコレート色をした巻貝のセイヨウチグサガイ、ワームシェルとして知られる貝類のセルプロルビス・アレナリウスなどがいる。石灰化する海草は全滅する。

この小島で研究する地質学者によれば、ここの熱水噴出孔は少なくとも数百年以上にわたって二酸化炭素を放出してきた。数世紀という時間の枠内で、低いｐＨに適応できるイガイ、フジツボ、カンザシゴカイがいるとすれば、もうとっくにそうしているはずだった。「この条件で生きるために工夫する時間は、何代にもわたってあったのです。けれども、そこで生きている種はいません」とホール＝スペンサーは語った。

彼は、二酸化炭素の泡が太いリボンのようになって昇ってくる熱水噴出孔のすぐそばでは、石灰化生物がまったくいないことを確認した。実際、海中の空き駐車場のようなその区域に残されているのは、頑健な在来種の藻類が数種、外来種の藻類が数種、エビが一種、海綿動物が一種、それにナマコが二種だ。

「泡が出ている区域では、石灰化生物は一、個体もいません。一つもです」と彼は私に語る。「汚染された港では、大きく変化する条件下でも生きられる雑草のようにたくましい生き物しかいないのをご存じですよね？　二酸化炭素濃度の高い状態がまさにそんな感じなのです」

二酸化炭素排出の異常な速さ

これまでに人類によって大気中に排出された二酸化炭素のおよそ三分の一は、海洋に吸収された。これは一五〇〇億トンという驚異的な量に達する。[6] 人新世のたいていの側面がそうであるように、じつは排出量だけでなく排出速度も重要な要素となる。アルコールとの類比がわかりやすいかもしれない（少し違っているかもしれないが）。たとえば、ビール半ダースを一か月で飲むか一時間で飲むかで血中の化学条件が大きく異なるように、二酸化炭素を百万年で排出するか百年で排出するかで海洋化学は大きく変わってくる。ヒトの肝臓と同じように、海洋にとっても速度は重要なのだ。

もし、私たちが二酸化炭素を大気中にもっとゆっくり排出したとすると、石の風化などのような地球物理学的な過程が酸性化を打ち消すようにはたらく。しかし現実には、酸性化はそのような緩慢な力が追いつけるほどゆっくり進んではいない。非常に異なっていると同時にきわめて似通った問題について、レイチェル・カーソンがかつてこう述べている。「時間がもっとも重要な要素だが、現代に足りていないのはその時間なのである」[7]

さきごろ、コロンビア大学のラモント・ドハティー地球観測所のベルベル・ヘーニッシュ率いる科学者グループが、過去における二酸化炭素濃度の変化を示す証拠を検討し、次のような結論にいたった。過去の記録には、著しい海洋の酸性化が何度か見受けられるものの、現在起きている酸性化に「完全に匹敵するような酸性化はこれまで一度も起きておらず」、その理由は「現在起きている二酸化炭素の排出速度が未曽有の速さだ」からだという。つまり、大気中に数十億トンもの炭素を非常に速く排出する方法は、さほど多くないということになる。ペルム紀末の絶滅のもっともありえそうな原因は、現在のシベリアにおける大規模な火山活動だった。しかし、シベリア・トラップと呼ばれる累層を形成した、これほど大がかりな出来事ですら、一年あたりの炭素排出量は私たちの自動車や工場、発電所に比べると少なかったと考えられている。[8]

堆積物に埋蔵された石炭や石油を燃焼させることによって、人類は数千万年（たいていの土地では数億年）にわたって地中に蓄積された炭素を大気中に戻してきた。その過程で、私たちは地質学的歴史を逆走させるのみならず、ワープ速度で過去を引き戻している。「現代という時代を地質学的にきわめて異例で、おそらくは地球史上前例のないものにしているのは、二酸化炭素の排出速度である」[9]と、ペンシルヴェニア州立大学の地質学者リー・カンプとブリストル大学のアンディー・リッジウェルは、『海洋学』誌の酸性化特集号で述べた。今後もこの傾向が続くならば、「人新世は地球史上最大の激変ではないにしても、もっとも注目すべき事象としてその痕跡を残すだろう」。

第7章　海洋の酸性化

ハイマツミドリイシ
Acropora millepora

アラゴン城から見て地球の反対側にあるワン・ツリー島は、グレートバリアリーフの最南端にあり、オーストラリアから約八〇キロメートルに位置する。島に到着したとき、私はたくさんの木が生えていることにまず驚いた。よくマンガにあるように、白い砂浜にヤシの木が一本生えている島を頭に思い描いていたからだ。島には砂もまったくなかった。この島は全体がサンゴの残骸でできていて、その大きさは小さなビー玉ほどのものから直径三〇センチメートルほどのものまで、さまざまだ。かつて生きていたころのサンゴと同じく、残骸はさまざまな形をしていた。切り株や指のようなもの、あるいは枝付き燭台《しょくだい》のように枝分かれしたものもあれば、鹿の枝角、ディナー皿、脳みその小片のようなものまである。ワン・ツリー島は、四千年ほど前に非常に強力な嵐によってできたと考えられている（この島を研究したある地質学者は私にこう言った。「この島の誕生に居合わせたかったと思う人はいないでしょうね」）。島はいまでも形を変えている。二〇〇九年三月にここを通過したサイクロン「ヘイミッシュ」は、島の東岸に

上空から見たワン・ツリー島とそれを取り囲むサンゴ礁。

沿って延びる隆起を形成した。

ワン・ツリー島は、シドニー大学が運営する小さな研究ステーションを除いて無人だ。島には、約二〇キロメートル離れたもう少し大きな別の島からわたる（大きなほうの島はヘロン島として知られるが、この名称もまた誤りで、というのもヘロン島にヘロン［サギ］はいないからだ）。栈橋に着いたとき、というより船を舫《もや》ったとき（島には栈橋がない）、一匹のアカウミガメが海から岸辺に上がろうとしていた。体長が一二〇センチメートルくらいありそうで、見るからに古そうなフジツボが付着した甲羅には、大きな傷跡がある。ほとんど無人のこの島では、カメ来訪の一報はすぐに伝わり、ワン・ツリー島の全島民（私を含めて十二人）が見物にきた。ウミガメはふつうなら夜間に砂浜に産卵するが、まだ真っ昼間だし、ここはごつごつしたサンゴの瓦礫《がれき》の上だ。カメは後ヒレで穴を掘ろうと試みた。一生懸命がんばった末に浅いくぼみができた。一方の後ヒレからは血が流れている。カメはもっと岸の内側に移ってもう一度試したが、結果は同じだった。私は、研究ステーションの管理者ラッセル・グレアムから安全にかんする講義を受ける予定になっていた。その場を離れるとき、カメはすでに同じことを一時間半くり返していた。講義では、引き潮のときに泳いではいけない、「フィジーまで流されます」と聞かされた（島に滞在中、同じ注意を何度も耳にしたが、潮の流れがフィジーに向かっているのかどうかについては意見の食い違いがあった）。これを含めていろいろな助言——青い輪紋のあるタコに噛まれるとたいてい死ぬとか、オニダルマオコゼに刺されても死なないが、死んだほうがましだと思うくらい痛いとか——を頭に叩き込むと、私はカメの様子を見に戻った。どうやら、カメは産卵をあきらめて海に帰っていったようだった。

ワン・ツリー島の研究ステーションは簡素なつくりだった。二棟のにわか造りの研究室、一対の居住棟、コンポスト付きの屋外トイレから成る。居住棟はほぼ床がなく、瓦礫の上にあるようなものだった。だから、屋内にいても屋外にいるのと変わらない。世界中からやって来た科学者チームが、数週間ないし数か月の滞在を宿帳に記す。あるとき、だれかがどのチームも滞在記録を居住棟の壁に残すべきだと考えたらしい。あるマジック書きは、「解明近し——二〇〇四年」とある。ほかにも、こんな言葉があった。

カニチーム——ハサミについて……二〇〇五年

サンゴの生殖……二〇〇八年
発光生物チーム……二〇〇九年

私が島を訪ねたときに滞在中だったアメリカとイスラエルの合同チームは、過去に二度この島に来ていた。最初の滞在時の警句「サンゴに酸が垂らされている」には、注射器から血液のようなものが地球に垂らされているイラストが添えられている。このグループの二番目のメッセージは、彼らの研究フィールドのサンゴ区域DK-13に触れていた。DK-13はステーションから遠く、相互の連絡は月にいるのと変わらないほど不便だった。

壁の警句はこうだ。「DK-13……叫んでもだれにも聞こえない」

最初に絶滅する生態系

グレートバリアリーフを見つけたはじめてのヨーロッパ人は、ジェームズ・クック船長だった。一七七〇年春、クックを乗せたエンデヴァー号がオーストラリアの東岸に沿って航行中、偶然にも、現在クックタウンと呼ばれる町から南東に約五〇キロメートルの暗礁に乗り上げた。大砲もなにもかもすべて海に捨て、船体に穴の開いたエンデヴァー号はなんとか岸にたどり着いた。船乗りたちはそこに二か月滞在して船体を修理した。クックは自身が「底知れぬ海からまっすぐ上に伸びるサンゴ岩」[1]と形容したものに困惑していた。彼は暗礁がかつて生き物だったこと、「動物によって海中につくられた」ことについては知っていた。それにしても、と彼はのちに問いかける。いったい、どのようにして「これほど高くなったのか[2]」。

サンゴ礁がどのように形成されるのかについては、六十年後にライエルが『地質学原理』を書いたときにもまだ解明されていなかった。自身ではサンゴ礁を見たことはなかったが、ライエルはサンゴ礁に魅せられており、第二巻の一部をサンゴ礁の起源の論考に割いている。ライエルはサンゴ礁は海中の死火山の火口縁から伸びると論じたが、これはヨハン・フリードリッヒ・フォン・エッシュショルツというロシアの博物学者の受け売りのようなものだった[3]（かつてビキニ環礁は、ややおもしろみに欠ける「エッシュショルツ環礁」という名で呼ばれていた）。

ダーウィンには、サンゴ礁の起源について自説を披露するにあたり、何度かそれを実際に目にしたという強みがあった。一八三五年十一月、ビーグル号はタヒチの沖合で錨を下ろした。ダーウィンは島でいちばんの高台に上り、そこから隣のモーレア島を眺めることができた。銅版画が台紙に囲まれているように、モーレア島がサンゴ礁に取り囲まれているのがわかった。「この島々を訪れたのは幸いだった」とダーウィンは航海日誌に記した。なぜならサンゴ礁は、「世界中の驚異的なもののなかで一、二を争う」からというのだ。モーレア島とそれを取り囲むサンゴ礁を目にしながら、彼は時間を前に進めてみた。仮に島が海中に没したなら、モーレア島のサンゴ礁は環礁となる。ダーウィンがロンドンに戻ってこの「沈降説」をライエルに話すと、ライエルは感心したものの世間の反論を予見した。「私のように頭が薄くなるまでは、自分の説を信じてもらえるとは思わないほうが賢明だよ」と彼は警告した。

サンゴの個虫。

事実、ダーウィンが一八四二年に出版した著書『サンゴ礁の構造と分布（*The Structure and Distribution of Coral Reefs*）』で唱えた環礁形成説にかんする議論は、一九五〇年代にアメリカ海軍がマーシャル諸島にやって来てサンゴ礁の一部を破壊するまで続いた。水爆実験に先立ち、海軍はエニウェトク環礁で一連の地殻コアを採取した。ダーウィンの伝記作家の一人が述べたように、これらのコアにより、ダーウィンの環礁形成説が少なくとも大筋においては「驚くほど正確である」ことが証明された。[4]

サンゴ礁が「世界中の驚異的なもののなかで一、二を争う」というダーウィンの考えはいまだに真実のままである。実際、サンゴ礁についてわかればわかるほど驚きは増すばかりだ。サンゴ礁は矛盾に満ちている。それは小さなゼリー状の生き物がつくり上げた壁にすぎないのに、非情にも船を沈没させてしまう。それは動物であり、植物であり、鉱物でもある。生きているようで、死んでもいる。

ウニやヒトデ、食用の二枚貝、カキ、フジツボに似て、サンゴは石灰化という錬金術に長けている。サンゴがほかの石灰化生物と異なるのは、一匹で殻や円石をつくる代わりに、何代にもわたる群落によって、壮大な建設プロジェクトを実行する点にある。あまり畏敬の念が感じられない個虫《ポリプ》という名で呼ばれる個体は、そのコロニーの集合外骨格の一部を形成する。サンゴ礁では、百種にもおよぶ数十億の個虫が、みんなこの同じ基本的な仕事に携わっている。そして十分な時間（そして適切な条件）を与えられれば、「生きた構造物」というやはり矛盾に満ちたものができあがる。グレートバリアリーフは不連続であるとはいえ、約二四〇〇キロメートル以上にわたって延び、場所によっては一五〇メートルもの厚さがある。サンゴ礁の大きさに比べれば、ギザのピラミッドなど子どもだましのブロック遊びのようなものだ。

サンゴが世界を変えるさま、その何代にもわたる遠大な建設プロジェクトは、ヒトの営為にたとえることができるかもしれないが、両者には重要な違いがある。ほかの生物を死に追いやる代わりに、サンゴは生物を養うのだ。数千種あるいは数百万種もの生物がサンゴ礁に頼って進化している。隠れる場所や食べ物を直接与えてもらったり、隠れる場所や食べ物を求めて集まってくる別の生き物を捕らえることで間接的に恩恵を受けたりしているのだ。この共進化は、もういくつもの地質年代の世にわたって進行してきた。しかし、現代の研究者は、サンゴ礁は人新世を生き延びられないだろうと考えている。「サンゴ礁が最初に絶滅するおもな生態系になると思われる」[5]と三人のイギリスの科学者がさきごろ述べた。サンゴ礁は今世紀末までなら生き残ると考える科学者もいるが、それより早く絶滅すると考える科学者もいる。ワン・ツリー島の研究ステーションで元所長を務めたオーヴ・ヘグ＝グルベルは、現在の傾向が続くならば、およそ二〇五〇年までには、グレートバリアリーフを訪れても「急速に崩壊しつつある瓦礫の山」しか見られなくなるだろう、と『サイエンス』誌に寄せた論文で予測した。[6]

サンゴ区域ＤＫ-13

私がワン・ツリー島にやって来たのは、どちらかと言えば偶然だった。元の計画では、もっと大きな研究ステーションや、しゃれたリゾートもあるヘロン島に滞在する予定だったのだ。ヘロン島では、例年起きるサンゴの産卵、スカイプの会話で漏れ聞いた海洋酸性化の未来を探る実験を見届けるつもりだった。クイーンズランド大学の研究者が手の込んだプレキシガラス製のメソコスム（閉鎖生態系）を作製する予定になっていた。このメソコスムでは、サンゴ礁の一角の二酸化炭素濃度を操作できるが、なおかつサンゴ礁に頼って生きるさまざまな生き物はそこを自由に出入りできる。彼らはメソコスム内の水素イオン濃度（ｐＨ）を変え、サンゴになにが起きるかを調べることで、サンゴ礁全体にかかわる予測を立てるつもりだった。私はサンゴの産卵（これについては後述）を見るのに間に合うようにヘロン島に出かけたものの、実験はスケジュールからひどく遅れていて、メソコスムはまだ組み立てられてもいなかった。未来のサンゴどころか、目に入ったのは実験室でうつむいて鉄製部品を溶接している幾人かの大学院生だけだった。

これからどうしようかと考えていたとき、ワン・ツリー島で行なわれているサンゴと海洋酸性化にかかわる別の実験について聞きおよんだ。グレートバリアリーフの規模から考えれば、ワン・ツリー島はすぐそことという近さだった。島への定期便はなかったものの、三日後に船を出してもらえた。

ワン・ツリー島のチームを統率するのは、ケン・カルデイラという大気科学者だ。スタンフォード大学所属のカルデイラは、「海洋酸性化」という造語をつくった人物である。彼は一九九〇年代末に米国エネルギー省のとあるプロジェクトのために雇われ、この問題に興味をもつようになった。エネルギー省は、煙突から出る二酸化炭素を捕捉して深海に注入したらどうなるかを知りたがった。当時、海への炭素排出の影響にかんするモデル研究はほとんど前例がなかった。カルデイラは深海注入の結果としてpHがどう変化するかを計算し、二酸化炭素を大気中に排出して海水の表面から吸収させている現状と比較した。二〇〇三年、彼は得られた結果を『ネイチャー』誌に寄稿した。通常の大気中排出の結果があまりに驚嘆すべきものだったことから、同誌の編集者は深海注入の部分は省くことを助言した。カルデイラは論文の前半（大気中排出の部分）を「過去三億年を上回る海洋酸性化が数世紀中に起きる可能性について」というタイトルで発表した。[7]

「このままなにも変わらないとすれば、今世紀なかばまでには状況はかなり厳しいものになります」。私がワン・ツリー島に到着した数時間後に彼はこう話してくれた。私たちは古びたピクニック用のテーブルに着き、泣きたくなるほど青いサンゴ海を眺めていた。この島にたくさん棲み着いているアジサシがけたたましい鳴き声を上げる。カルデイラがためらいがちに言った。「つまり、状況はすでに厳しいということです」

五十代なかばのカルデイラは、茶色の巻き毛と、少年のような笑みと、言葉尻が上り調子になる話しぐせをもつ。おかげで、なにかを問いかけているわけでなくとも、そう聞こえることがままある。研究生活に入る前、彼はウォール街でソフト開発を手がけていた。あるとき、顧客のニューヨーク証券取引所のために、インサイダー取引を発見するコンピュータープログラムを開発した。プログラムは所期の目的を果たしたが、しばらくすると、カルデイラは彼らが真剣にインサイダー取引をする輩をつかまえたいわけではないことに気づき、職を変えようと決意した。

大気の特定の側面に焦点を当てるおおかたの大気科学者とは違って、カルデイラはつねに四、五種のまったく異なるプロジェクトを同時進行させている。彼は世間に挑戦するかのような計算や、人の度肝を抜くような計算を好む。たとえば、あるときなどは世界の森林すべてを伐採し、草原にした場合の冷却効果を計算したことがある（森林より色が淡い草原は太陽光の吸収が少ない）。また彼の別の計算によれば、現在の温度上昇率が続いた場合、動植物は一日あたり約九メートル極地に向かって移動せねばならず、化石燃料の燃焼によって生じた二酸化炭素の分子は、大気中に存在する期間（寿命）のうちに、それをつくる際に放出された熱の十万倍の熱を大気中に封じ込めるという。

カルデイラとチームのワン・ツリー島での日常は、潮の満ち干を中心に回っていた。その日の最初の引き潮の一時間前と一時間後に、だれかがDK－13で海水試料を採取しなければならない。DK－13という名称は、この現場を設定したオーストラリアの研究者ドナルド・キンゼーが自分のイニシャルにちなんでつけたものだった。十二時間ほど経ったら同じことをもう一度行ない、引き潮のたびにこれをくり返す。実験はハイテクというよりスローテクだった。この実験の目的は、キンゼーが一九七〇年代に測定した海水の数々の性質を再測定し、二組のデータを比較することで、この間にサンゴの炭素固定（石灰化）速度がどれほど変わったかを探ることにある。昼間なら、DK－13に行くのは一人でも問題ない。だが夜間は「叫んでもだれにも聞こえない」ので、二人で行くのが決まりになっていた。

ワン・ツリー島での最初の夜、引き潮は午後八時五十三分だった。カルデイラが引き潮後の海水試料を採取することになっていて、私は同行を申し出た。九時ごろ、私たちは六個のサンプルボトル、二個の懐中電灯、携帯GPS装置を手にして出発した。

研究ステーションからDK－13までは約一・六キロメートルあった。だれかがGPS装置に入力してあったルートは、島の最南端を回り、「藻の道」とあだ名のつけられた、すべりやすい瓦礫の上を通る。そこからルートはサンゴ礁に向かって曲がる。このため、引き潮時の海水準まで上に伸び、長時間大気にさらされると生きられない。こうして一連のテーブルのように平たい部分が続き、サンゴは光を好むが、そこから水平に広がる。

放課後に子どもが机から机に跳んで遊ぶように、歩くことのできる卓礁を形成する。ワン・ツリー島の卓礁はもろくて茶色をしており、研究ステーションの人びとはこれを「パイ生地」と呼んだ。このサンゴ礁は足の下で不気味に割れた。もし卓礁を踏み抜いたら、サンゴ礁によくないし、私の足にとっても悲惨なことになるとカルデイラが注意をうながした。私は研究ステーションの壁にあった別のメッセージを思い出した。「パイ生地は信用ならない」

気持ちのいい夜で、懐中電灯の灯り以外は真の暗闇だった。闇のなかでも、サンゴ礁の並々ならぬ生命力は手にとるようにわかった。私たちはアカウミガメが何匹か飽き飽きしたような様子で引き潮を待つそばを通りすぎた。鮮やかな青いヒトデ、浅瀬に取り残されたイタチザメ、そしてサンゴ礁に溶け込もうと懸命に赤くなっているタコ。一、二メートル行くごとに派手な口紅で秋波を送っているようなシャコガイをまたがなくてはならなかった（シャコガイは外套膜《がいとう》にカラフルな共生藻《そう》をもつ）。サンゴ礁のあいだの砂の部分にはウニの親戚のナマコがごろごろいる。ナマコは「海のキュウリ」と呼ばれるが、植物ではなく動物だ。グレートバリアリーフのナマコはキュウリというより、長枕ほど大きい。好奇心にかられ、私は一匹手にとってみた。六〇センチメートルほどの長さで、真っ黒だった。ぬらぬらした粘液に覆われたビロードのようだ。

何度か道を間違えたし、カルデイラが防水カメラでタコの写真を撮ろうとするので遅れたが、ようやくDK-13にたどり着いた。この場所には黄色い浮きと、ロープでサンゴ礁に結ばれたセンサー類しかない。島があると思われる方角を振り返ってみても、島や陸地らしきものはなにも目に入らなかった。サンプルボトルを洗い、海水をそれに詰めると帰途についた。闇がいっそう濃さを増したかに思えた。星がひときわ明るく、空から降ってくるようだ。ほんの一瞬、クック船長のような探検家が地の果てにやって来たときの気持ちがわかる気がした。

サンゴが溶けはじめる

サンゴ礁は、地球の赤道付近を延びる巨大な帯状の区域内にあり、帯は南北に緯度三〇度ずつ広がっている。グレートバリアリーフに続いて、世界で二番目に大きいサンゴ礁はベリーズの沖合にある。太平洋熱帯域、インド洋、紅海にも広大なサンゴ礁があり、カリブ海にも小さなサンゴ礁がたくさんある。不思議なことに、二酸化炭素によってサンゴが死滅するという最初の証拠が得られたのは、アリゾナ州にある「バイオスフィア2」という自給自足をめざす閉鎖空間だった。

約一万二〇〇〇平方メートルの面積をもち、ジッグラト〔古代バビロニアの階段ピラミッド形寺院〕のような形をしたガラス張りの建造物であるバイオスフィア2は、富豪のエドワード・バスがおもな出資者だった民間団体によって一九八〇年代末に建設された。それは、地球（バイオスフィア1）上の生命体を、どのようにすれば火星などでふたたび創造できるかを探るためのプロジェクトだった。建造物内には「熱帯多雨林」「砂漠」「農耕区域」、人工「海洋」があった。最初の住人グループには男性が四人、女性が四人いて、彼らは二年間にわたってこのなかで暮らした。食糧をすべて自分たちで育て、しばらくはリサイクルされた空気を吸った。けれども、一般にはこの試みは失敗だったと考えられている。住人たちはたえず腹を空かせ、より切実だったのは人工大気を制御しきれなくなったことだった。それぞれの「生態系」では、酸素を吸収して二酸化炭素を放出する腐敗と、その反対のプロセスである光合成が、平衡を保つはずだった。ところが、おもに「農耕区域」に入れられた肥沃な土壌のせいで、腐敗が優勢になってしまった。建造物内の酸素濃度は急降下し、住人たちは高山病と同じ症状を呈した。一方で、二酸化炭素濃度は急上昇した。やがて、二酸化炭素濃度は三〇〇〇ppmに達した。この数字は外界での濃度の八倍にあたる。

バイオスフィア2は一九九五年に公式に破綻し、コロンビア大学が建造物の管理を引き継いだ。この時点で、オリンピックの水泳競技用のプールほどの大きさのタンクだった「海」は悲惨な様相を呈していた。大半の魚は死に、サンゴは息も絶え絶えだった。クリス・ラングドンという海洋生物学者が、このタンクの有益な活用法を考え出す任務を与えられた。彼が最初に行なったのが海水の化学状態を調整することだった。大気の二酸化炭素濃度が高いということは、とりもなおさず「海」のpHが低いことを意味した。ラングドンはこれを正常に戻そうとしたものの、おかしなことが起こりつづけた。彼はその理由を突き止めたいという思いにとりつかれた。やがてニューヨークの自宅を売り払ってアリゾナ州に移り住み、「海洋」実験にフルタイムで取り組むことにした。

酸性化の度合いは一般に水素イオン濃度(pH)で表されるが、これを別の視点から見る方法がある。こちらの見方も同じくらい重要で、多くの生き物にとってはより重要かもしれない。それは「炭酸カルシウムの飽和度」または「アラゴナイトの飽和度」というやや煩わしい概念で知られる海水の性質だ（炭酸カルシウムには結晶構造によって二つの形態——方解石《カルサイト》とあられ石《アラゴナイト》——があり、サンゴがつくるアラゴナイトのほうが水に溶けやすい）。飽和度は複雑な化学式で表されるが、重要なのはそれが海水中のカルシウムイオン濃度と炭酸イオン濃度の指標となる点にある。二酸化炭素（CO_2）が水に溶けると、炭酸（H_2CO_3）が生成され、これによって炭酸イオンが減って飽和度が下がる。

ラングドンがバイオスフィア2にやって来たとき、飽和度が1を超えてさえいればサンゴにとってさほど大きな問題ではない、というのが海洋生物学者の共通認識だった（飽和度が1を下回ると、海水が「不飽和」となって炭酸カルシウムが溶ける）。自分自身の目で確かめたことにもとづき、ラングドンはサンゴにとって飽和度は重要、いや、重要きわまると確信していた。この仮説を証明するため、ラングドンは時間を喰うが単純な方法をとった。「海」の条件を変え、小さなタイルに付着したサンゴの小さなコロニーを、定期的に海水から引き揚げて重さを量ったのだ。コロニーの重さが増えるようなら、それはサンゴが成長していることを意味している。つまり、石灰化によって重くなっているのだ。この実験は完了に三年以上を要し、一千以上のデータが得られた。結果は、サンゴの成長速度と海水の飽和度のあいだにほぼ線形（正比例）の関係があることを示していた。サンゴはアラゴナイトの飽和度が5でもっとも速く成長し、4では成長が鈍り、3ではさらに成長が遅くなった。飽和度が2になると、「もうお手上げだよ」と肩をすくめる建設業者のようにサンゴは成長をやめた。バイオスフィア2という人工的な世界では、この発見の意味はただ興味深いだけかもしれない。けれども現実の世界、すなわちバイオスフィア1では大きな懸念材料になる。

産業革命以前には、世界中の主要なサンゴ礁は、いずれもアラゴナイトの飽和度が4〜5の海域で見られた。こんにち、地球上で飽和度が4を超える海域はないと言っても過言ではなく、現在のような二酸化炭素の排出傾向が続くとすれば、二〇六〇年までには3・5を超える海域はなくなる。二一〇〇年までには、飽和度が3以上の海域は消滅する。飽和度が低下すると、石灰化に要するエネルギーが増え、石灰化速度が落ちる。やがて飽和度が低くなりすぎ、サンゴはまったく石灰化を止めてしまうが、それよりずっと前にサンゴにはやっかいなことが待ち受けている。というのも、現実の世界では、サンゴはつねに魚やウニ、穿孔《せんこう》性多毛類に喰われている。ワン・ツリー島を形成したような嵐や波に襲われてもいる。つまり、現状を維持するだけのためにも、サンゴは成長しつづけなければならないのだ。

「それは虫のついた木のようなものです」と、ラングドンがあるとき私に言った。「同じ状態を保つにはかなり速く成長しなくてはならないのです」

ラングドンは実験結果を二〇〇〇年に発表した。当時、海洋生物学者の多くはこの結果に懐疑的だったが、それは失敗したバイオスフィア計画に彼がかかわっていたことも大きいと思われる。ラングドンはその後二年を費やして実験を再度行ない、今回は条件をより厳しく制御した。結果は同じだった。一方で、ほかの研究者たちも独自に研究に着手した。彼らの研究もラングドンの発見を追認した。造礁サンゴは海水の飽和度に敏感なのだ。このことはいまや数十を数える研究室の実験と、実際のサンゴ礁によって確認されている。数年前、ラングドンはほかの研究者と共同でパプアニューギニア沖にある海底火山の噴出孔付近のサンゴ礁で実験を行なった。アラゴン城でホール＝スペンサーが行なった研究にならい、彼らは酸性化の自然の源泉に火山の熱水噴出孔を選んだのだ。[8] 実験では、海水の飽和度が下がると、サンゴの多様性が失われた。サンゴモはさらに劇的な被害に遭ったが、これは悪いことが起きる前兆だった。なぜならサンゴモは、サンゴ礁にとって全体をくっつける糊のような役目を果たしているからだ。一方で、アマモは元気なままだった。

「数十年前なら、私自身、サンゴに寿命があると想像するのは、ばかげていると考えただろう[9]」と、オーストラリア海洋科学研究所の元主任科学者、J・E・N・ヴェロンは書いている。「しかし科学者としていちばん脂の乗った時期の大半を、海洋世界の種々の謎の解明に捧げてきた結果、私は自分の孫の時代にはサンゴはいないだろうと強く確信するにいたった」。オーストラリアの研究者チームによる最近の研究によると、グレートバリアリーフのサンゴ被度［サンゴが下にあるものを覆う率］は過去三十年だけで五〇パーセントも低下した。[10]

　ワン・ツリー島にやって来るずっと前、カルデイラはチームの一部の科学者と共同で、コンピューターモデルとフィールドで収集したデータを用いて、サンゴの未来を推測する論文を発表した。論文はこう結ばれている。現在の二酸化炭素排出の傾向が続くのであれば、今後五十年ほどで、「すべてのサンゴは成長を止めて溶けはじめるだろう[11]」。

海中の〝熱帯多雨林〟

サンゴ礁にかよって海水試料を採取する合間に、ワン・ツリー島の科学者はよくシュノーケリングに出かけた。彼らのお気に入りのスポットは島の八〇〇メートルほど沖合で、DK－13とは島を挟んだ反対側にあり、そこに行くにはステーション管理者のグレアムに船を出してもらわなければならない。グレアムは船を出すのを億劫がり、いろいろ文句を並べるのがお決まりになっていた。

島に滞在中の科学者のなかには、フィリピン、インドネシア、カリブ海、南太平洋など世界各地の海で潜った経験のある人たちがいて、彼らはワン・ツリー島でのシュノーケリングは最高だと太鼓判を押した。それは私にも想像がついた。はじめて船から海に飛び込んで眼下の生き物を目にしたとき、それは現実というより海洋探検家ジャック・クストーの海の世界のようだった。小さな魚の群れを大きな魚の群れが追いかけ、それを今度はサメが追いかける。巨大なエイが近くを通りすぎ、バスタブほどもあるカメがあとをついていく。目に入ったものを忘れまいとしても、それは夢を覚えようとするようなものだった。シュノーケリングのあとには、私はいつも『グレートバリアリーフと珊瑚海の魚たち（*The Fishes of the Great Barrier Reef and the Coral Sea*）』という大判の図鑑を広げて何時間も過ごす。私はたくさんの魚に出会った。イタチザメ、レモンザメ、オグロメジロザメ、テングハギ、ミナミハコフグ、クロハコフグ、オレンジフェイスエンゼルフィッシュ、バリアリーフアネモネフィッシュ、バリアリーフクロミス、イトヒキブダイ、キツネブダイ、エリアカコショウダイ、ミズン、キハダ、シイラ、デシーバーファンブレニー、イエロースポテッドソウテール、バードスパインフット、コガシラベラ、ホンソメワケベラ。

サンゴ礁は、しばしば熱帯多雨林になぞらえられる。生物の多様性を見れば、このたとえは適切と言える。どの分類群を選んでも、その種数はおびただしい。あるとき、オーストラリアのある研究者がバレーボール大のサンゴを崩してみると、百三種にもおよぶ多毛類が千四百匹以上いた。より最近では、あるアメリカの研究者グループがサンゴを割って甲殻類がどれほどいるか調べた。するとヘロン島近くで採取した一メートル四方のサンゴのなかに百種を超える生物が発見され、グレートバリアリーフの北端で採取した同じ大きさのサンゴでは百二十種以上の生物がいた。[12] 少なく見積もって五十万種、おそらくは九百万種もの生物が、少なくとも一生のうちの一部をサンゴ礁で暮らすと推測されている。

この多様性は、海域の条件を考えればさらに驚異的だ。熱帯の海は大半の生物にとって必須である窒素やリンなどの養分に乏しい（これには「水柱《すいちゅう》の熱構造〔水柱は海水の垂直方向の構造を表す〕」と呼ばれるものがかかわっており、熱帯の海が透明で美しいのはこのためだ）。したがって、熱帯域の海は不毛、つまり水中版の砂漠であっても不思議はない。サンゴ礁はただ海中の熱帯多雨林というだけではなく、海中のサハラ砂漠にある熱帯多雨林なのだ。この謎にはじめて首をかしげたのはダーウィンであり、それ以降「ダーウィンのパラドクス」として知られるようになった。ダーウィンのパラドクスはいまだに完璧に解けたとは言えないものの、謎を解くカギはリサイクルにあるようだ。礁またはこれをつくる生物は驚嘆すべき高効率のネットワークを形成していて、このネットワークのなかでは、養分がある種の生物から別種の生物へと大規模な市場のように交換されている。サンゴはこの複雑な交換の中心的役割を果たすと同時に、交換場所を提供してもいる。サンゴがいなければ、そこにはただ水中の「砂漠」があるのみだ。

「サンゴは生態系のための設計構造《アーキテクチャー》をつくるのです」とカルデイラは私に語る。「ということは、サンゴが死滅すれば、生態系全体が崩壊するのは火を見るより明らかですよね」

イスラエルから来た科学者の一人であるジャック・シルヴァーマンは、こんなふうに言う。「建物がなくなったら、住人はどこへ行けばいいのですか」

サンゴの二重生活

礁は過去に何度か発生しては消え、その残骸はありそうもない場所から見つかる。たとえば三畳紀の礁の残骸は、現在ではオーストリア・アルプス山脈の海抜一五〇〇メートル付近で見つかる。テキサス州西部のグアダルーペ山脈は、ペルム紀の礁の名残で、およそ八千年前の「構造圧縮《テクトニック・コンプレッション》」によって隆起した。シルル紀の礁はグリーンランド北部で見ることができる。

これら太古の礁はいずれも石灰岩から成るが、それをつくった生物はそれぞれに大きく異なっていた。白亜紀の礁をつくった生き物には、厚歯二枚貝として知られる巨大な二枚貝がいた。

シルル紀に礁をつくったのは、ストロマトポロイド（層孔虫）と呼ばれる海綿のような生き物だ。デボン紀には、角のような形に成長する四方サンゴと、ハチの巣のような形に成長する床板サンゴによってサンゴ礁が形成された。この二目に属するサンゴはこんにちのイシサンゴの遠い親戚だったが、いずれもペルム紀末の大量絶滅で死滅した。この絶滅は（いろいろあるなかで）「サンゴ礁ギャップ（およそ一千万年にわたるこの時期にはサンゴ礁がいっせいに姿を消す）」として地質学的記録に現れる。サンゴ礁ギャップは、デボン紀末の絶滅と三畳紀後期の絶滅後にも起きていて、どちらの場合もふたたび造礁が始まるまでに数百万年かかった。このため科学者のなかには、造礁は環境変化にことのほか弱い営みだと言う者が出てきたが、これはもう一つのパラドクスだ。なぜなら、造礁はこの地球上でもっとも古い営みでもあるからだ。

むろん、海の酸性化はサンゴ礁が直面する唯一の脅威ではない。実際、広い世界には、海の酸性化によって死滅する前に、さまざまな危難によって姿を消すサンゴ礁もあるだろう。たとえば、魚類の乱獲がサンゴと競合する藻類の成長を助長すること、同じく藻類の成長を助長する農業排水、沈泥を生成して海水の透明度を低下させる森林伐採、その潜在的な破壊力が自明なダイナマイト漁などが考えられるが、このほかにもあるはずだ。こうしたストレスによってサンゴは病原体に弱くなる。たとえば、白帯病は細菌感染であり、その名前が示すとおりサンゴが白く帯状に壊死していく。この病気にかかるのは、オオシカツノサンゴとオジカツノサンゴというカリブ海のサンゴ二種で、いずれも最近までこの地域で優勢な造礁サンゴだった。白帯病は猛威を振るい、この二種のサンゴは現在では国際自然保護連合（ＩＵＣＮ）によって「絶滅危惧IA類」に指定されている。一方で、カリブ海におけるサンゴ被度は、ここ数十年で八〇パーセント近く減少した。

最後に、最悪の危難は気候変動、つまり海洋酸性化の邪悪な双子だ。

熱帯のサンゴ礁は温かさを必要とするとはいえ、水温が高すぎれば問題が起きる。その理由は造礁サンゴが二重生活を営んでいることにある。個虫は動物であると同時に褐虫藻《かっちゅうそう》の宿主でもあるのだ。褐虫藻が光合成によって炭水化物をつくり、個虫は農民がトウモロコシを収穫するようにこの炭水化物をもらいうける。水温があるレベル（この温度は場所と種によって異なる）を超えて上昇すると、サンゴと寄生者の共生関係が崩れる。褐虫藻が危険な濃度の酸素ラジカル（活性酸素）をつくりはじめ、個虫は死に物狂いで自滅的になって褐虫藻を追い出す。しかし褐虫藻がいなくなると、サンゴの美しい色はもともと褐虫藻の色なので、白くなりはじめる。これが「サンゴの白化」として知られるようになった現象だ。白くなったサンゴのコロニーは成長が止まり、損傷が大きいと死にいたる。一九九八年、二〇〇五年、二〇一〇年にサンゴの大規模な白化現象が起きたが、この現象の頻度と激しさは世界の気温上昇につれて高まると予測されている。二〇〇八年に『サイエンス』誌に発表されたある研究では、八百種の造礁サンゴのうち三分の一が絶滅の淵に立たされていて、その理由はおもに海水温の上昇だという。これによって石のようなサンゴが、地球上でもっとも絶滅が危惧される生き物になった。この研究によれば、「絶滅危惧種」に指定されたサンゴ種の割合は「両生類をのぞけば大半の陸生動物」より高いという。[13]

ワン・ツリー島の研究ステーション

島は世界の縮図であり、作家のデイヴィッド・クォメンは「自然の豊かな複雑さのカリカチュア」だと言う。この説にしたがうなら、ワン・ツリー島はカリカチュアの最たるものだ。島全体で縦二二五メートル、横一五〇メートルの広さしかないというのに、いままで何百人という科学者がここで研究し、多くの場合その小ささゆえにこの場所に魅せられてきた。一九七〇年代には、オーストラリアの研究者三人が島全体の完璧な生物個体数調査に着手した。彼らは三年間の大半をテントで暮らし、見つけたすべての動植物種の目録を作成した。それには、樹木（三種）、野草（四種）、鳥類（二十九種）、ハエ（九十種）、ダニ（百二種）が含まれていた。島に定住する哺乳類はいないということがわかった。これには科学者たち自身と、あるとき島に連れてこられ、丸焼きにされるまで檻に入っていたブタは含まれない。この調査から生まれた論考は四〇〇ページにおよんだ。それは、この小島の魅力をたたえる詩から始まる。

島はまどろむ――
紺碧《こんぺき》の水の
輝く環に囲まれて。
サンゴの縁に

たたきつける波から至宝を守りながら。[14]

ワン・ツリー島滞在の最後の日、シュノーケリングの予定はなかったので、私は島を横断してみようと思い立った。十五分もあればいい。歩きはじめてまもなく、ステーション管理者のグレアムに出会った。水色の眼、黄褐色の髪、もじゃもじゃの髭をたくわえたグレアムは海賊さながらだ。私たちは話しながらいっしょに歩きはじめ、その間グレアムは潮の流れが島に運んできたプラスチック片を拾う。ペットボトルの蓋、船のドアにつけられていたと思われる防火材の切れ端、ポリ塩化ビニールのパイプ。彼はステーションでこうした漂着物の数々を網かごに入れて展示していた。島を訪れる人に「人類がしていることを見せたい」のだという。

グレアムが研究ステーションの仕組みを見せてくれるというので、私たちは居住棟と研究室の後ろを抜けて島の中央部へ向かった。ちょうどいまは繁殖期で、どこへ行っても鳥たちが体を膨らませ、けたたましい鳴き声を上げている。頭が黒く胸が白いアミジロアジサシ、灰色の体に白と黒の顔をしたベンガルアジサシ、頭に白い部分があるヒメクロアジサシ。巣作りしている海鳥を殺すのは、人間にとってわけもない理由が私にもわかった。アジサシたちにはまったく警戒心というものがない。ただ足元近くにうずくまっているので、踏まないようにするのがひと苦労だった。

グレアムは、研究ステーションに電力を供給する太陽電池パネルや、雨水を貯めて生活用水を供給するタンクを見せてくれた。タンクは台座の上に設置され、それに上ると島の木々のてっぺんが眺められる。ざっと見たところ五百本くらいありそうだ。木はサンゴの残骸からによっきりと旗竿のように突き出ている。グレアムが、台座のそばで黒いヒメクロアジサシの雛を突っついているアミジロアジサシを指さした。やがて雛は死んだ。「あいつは雛を喰いませんよ」と彼が予想し、そのとおりになった。アミジロアジサシは死んだ雛をその場に置き去りにし、しばらくして雛はカモメに喰われた。グレアムはこれまでにも同じような場面に何度も出くわしたらしく、この出来事について考えがあるようだった。こうすることで島内の鳥の数が資源を超過しないということなのだろう。

その夜はユダヤ教の祭日ハヌカの最初の夜だった。この夜のために、だれかが木の枝で燭台をつくり、ダクトテープでロウソクを二本固定した。渚でロウソクに火を灯すと、急ごしらえの燭台がサンゴの残骸に影を描いた。夕食はカンガルーの肉で、私はそのおいしさに驚いたのだが、イスラエル人たちは、これはユダヤ教の戒律にしたがった食べ物ではないと話していた。

食事のあと、私はケニー・シュナイダーというポスドクとDK‐13めざして出発した。このときまでに、満ち潮になってすでに二時間以上経っており、シュナイダーと私が現場に着くのは真夜中の数分前の予定だった。シュナイダーはDK‐13に行ったことがあったものの、GPS装置の扱いに慣れていなかった。半分ほど来たところで、私たちがルートから外れているのがわかった。海水がもうすぐ私たちの胸のあたりまで来そうだ。早く歩くどころか、歩くこと自体が難しくなり、潮はどんどん満ちてくる。いろいろ悪い考えが頭のなかを駆けめぐった。私たちはステーションまで泳いで戻れるだろうか。そもそも、どちらの方向に泳げばいいか見当がつくのか。フィジーに流されるか否かの問題にやっと答えが出るのだろうか。

予定からかなり遅れて、シュナイダーと私はＤＫ－13の黄色い浮きを見つけた。私たちはサンプルボトルに海水を詰めて帰途についた。今回もすばらしい星空の眺めと灯り一つ見えない水平線が胸を打つ。ワン・ツリー島で何度か感じたように、自分が場違いに思えた。私がこのワン・ツリー島にやって来たのは、人類が自然に与える影響について書くためだ。ところがシュナイダーと私は、この暗闇のなかではあまりにちっぽけな存在に思えるのだった。

サンゴの産卵

ユダヤ人と同じく、グレートバリアリーフのサンゴは太陰暦にしたがっている。一年に一度、南半球の夏のはじめての満月のあと、サンゴはいっせいに産卵する。一種の同時進行するグループセックスだ。サンゴの一斉産卵を見逃す手はないと助言され、私はオーストラリア行きを決めたのだ。

ふだんのサンゴはきわめて貞節で、「出芽」によって無性生殖を行なう。したがって例年いっせいに起きる産卵は、遺伝学的に言えば、希少な出会いの機会なのだ。産卵サンゴの大半は両性個体で、一匹の個虫が卵と精子が入っている「バンドル」と呼ばれるものを放出する。サンゴがどのようにして産卵を同期させているのかだれ一人知らないが、光と温度が関係していると考えられている。

ハイマツミドリイシの産卵。

大切な夜——一斉産卵はかならず日没後に起きる——に備えて、サンゴは「膨らみ」はじめる。これはイシサンゴの出産準備と考えていいだろう。卵と精子の入ったバンドルが個虫から突き出て、コロニー全体が鳥肌が立ったように見える。ヘロン島では、オーストラリアの研究者が設備の整った産卵所を設けて、産卵を研究していた。彼らはサンゴ礁でもっともよく見られるサンゴ数種のコロニーを採集した。このなかにハイマツミドリイシも含まれており、ある科学者によると、この種はサンゴ界の「実験《ラボ》ラット」として用いることができるので、彼らはこのサンゴをタンクで育てているという。ハイマツミドリイシは、小さなクリスマスツリーが集まったようなコロニーを形成する。ここではタンク付近に懐中電灯をもっていくことは厳禁となっている。光がサンゴの体内時計を狂わせるからだ。かわりに、だれもが特殊な赤いヘッドランプをつける。借用したヘッドランプで、私は卵と精子の入ったバンドルが個虫の透明な組織を膨らませているのを見ることができた。バンドルはピンク色で、ガラス玉のようだった。

チームを率いるセリーナ・ウォードはクイーンズランド大学所属の研究者で、出産に立ち会う婦人科医のように産卵間近のサンゴのタンクからタンクへ飛び回っている。彼女は、一個のバンドルに二十～四十の卵とたぶん数千の精子が入っていると教えてくれた。放出されてまもなく、バンドルがはじけて配偶子（卵と精子）をまき散らす。パートナーを見つけた配偶子は小さなピンク色の幼生となる。タンク内のサンゴが産卵すると、ウォードはただちにバンドルを回収して、異なる酸性度の海水に入れる予定にしていた。彼女はこの数年、サンゴの産卵に海の酸性化が与える影響を研究していて、これまで得た結果によれば、飽和度が低ければ低いほど受精率が大きく低下した。飽和度は幼生の発達と着生（サンゴの幼生が水柱を離れて固定物に固着し、新たなコロニーを形成する過程）にも影響を与える。

「ざっくり言えば、私たちがこれまでに得た結果はいずれもネガティブです」とウォードは話す。「このままなにも変わらなければ、つまり、炭素排出をただちに大幅に変えなければ、未来に残されるのはサンゴがいたことを示す痕跡のみになるでしょう」

その夜しばらくして、ヘロン島にいる研究者の一部に（遅れの出ているメソコスムを組み立てていた大学院生たちもいた）ウォードが観察中の海中のサンゴが産卵間近なので、夜間シュノーケリングを行なうとの連絡が入った。これはワン・ツリー島でのシュノーケリングに比べてかなり大がかりなもので、ウェットスーツと水中ライトが必須だった。全員いっしょに行くだけの用具はなく、私たちは二回に分けて行くことになった。私は第一班で、最初はがっかりした。なにも起こっていないように思えたからだ。ところが、しばらくすると一部のサンゴがバンドルを放出しているのに気づいた。と思うまもなく、無数のサンゴが産卵した。その景観はアルプスの雪嵐に似ていたが、方向が逆だった。まるで雪が降るように、ピンク色のビーズは水面に向かって上昇するのだ。輝く蠕虫《ぜんちゅう》が神秘的な光を放つバンドルを喰らっているかに見え、薄いピンク色の膜が水面に形成された。第一班の時間が終わると、私は後ろ髪を引かれる思いで海から出て、次の人にライトをわたした。

第8章　アンデス山脈の樹林帯

アルザテア・ウェルティキラータ
Alzatea verticillata

「樹木には感心させられてばかりです」とマイルズ・シルマンが話す。「とても美しい。もっと理解されてもよさそうなものなのに。森に入ると、『あの木は大きい』とか『あの木は高い』とかまず思いますけれど、その木の歴史、つまり、その場所に生えるようになった経緯をすべて知ったとしたら、すばらしいことですよね。それはワインのようなもので、いったんそのよさがわかりはじめると、どんどん楽しくなります」。私たちはペルー東部、アンデス山脈の一端にある標高約三六〇〇メートルの山の頂上に立っていた。じつは、そこには木と呼べるようなものは一本も生えていない。あるのは草に毛の生えたような灌木のみで、少々場違いにも思えるウシが十頭ほど私たちを胡散臭《うさんくさ》そうに見ていた。太陽が沈んでいくところで、それとともに気温も下がりつつあった。だが、オレンジ色の夕焼けに包まれた眺めはすばらしかった。東側ではマドレ・デ・ディオス川の流れがベニ川に注ぎ、ベニ川はマデイラ川に注ぎ、マデイラ川がアマゾン川に合流する。私たちの眼前に広がるのはマヌー国立公園で、世界でも最高クラスの生物多様性を誇る「ホットスポット」だった。

「この地球上に存在する九分の一の種の鳥をここで見ることができます」とシルマンが言う。「私たちの調査区だけで、一千種以上の樹木があるのです」

シルマン、私、そしてシルマンの教え子であるペルーの大学院生たちは、その朝クスコを出発し、この山の頂上に立ったところだった。直線距離ではおよそ八〇キロメートルしかないが、私たちはつづら折りになった未舗装の道を一日がかりで車で上ってきたのだ。泥のレンガでできた家々が立ち並ぶ村々、信じがたいほど急勾配の畑、色鮮やかなスカートと茶色いフェルトの帽子を身につけ、赤ん坊を三角巾でくるんで背中に背負った女たちのそばを、道はくねくねと延びていた。私たちはいちばん大きな町で昼を食べ、四日間かかるハイキングに備えて買い出しをすませた。買ったのはパンとチーズ、そしてシルマンがおよそ二ドル相当払った買い物袋いっぱいのコカの葉だった。

山頂でシルマンは、明朝下っていく予定の山道は、コカ農民（コカレロ）がよく上ってくる踏み分け道だと教えてくれた。コカ農民は谷で栽培したコカを、私たちが通りすぎたようなアンデス高地の村々へ運ぶ。彼らが通る山道は、スペインによる統治時代からずっとこの目的に使われている。

ウェイクフォレスト大学で教鞭を執るシルマンは自らを森林生態学者と呼ぶが、熱帯生態学者、群集生態学者、保全生物学者いずれの呼称でもかまわないと考えている。彼が現在の職を選んだのは、森林群集［特定の種の個体の集まりを個体群と言い、さまざまな種の個体群の集合を群集と言う］がどのように形成されるか、そしてそ

シルマンの調査区は尾根伝いにある。第1調査区は尾根の頂上にあっていちばん標高が高く、したがって年平均気温がいちばん低い。

れが時を経て安定するか否かについて知りたかったからだ。やがて熱帯の気候が過去にどう変化したかを調べるようになり、それが未来にどのように投影されるかを知りたいという探究心へと自然につながった。その結果知ったことに導かれ、彼は私たちがこれから訪れようとする一連の樹木調査区を設定した。シルマンが設定した計十七個の調査区は、それぞれ異なる標高にあって年平均気温が異なる。マヌー国立公園の膨大な多様性《メガダイバーシティ》の世界では、この設定は、各調査区が基本的に異なる森林群集を表すことを意味する。

一般に、地球温暖化はおもに寒冷地を好む種にとって脅威になると考えられ、これにはもっともな理由がある。世界が温暖化すると、極地に変化が生じる。北極では、海氷面積が三十年前のちょうど半分になっていて、今後三十年で海氷は姿を消すかもしれない。当然、ワモンアザラシやホッキョクグマなどの氷上に生きる動物は氷が解けると生きる場所を失う。

しかしシルマンによれば、熱帯においても、地球温暖化はこれと同様の、むしろさらに大きい影響をおよぼすという。理由はやや複雑だが、まず知っておくべきことは大半の生物種が熱帯に棲むという事実だ。

なぜ熱帯には種が多いのか

ここで次のような（純粋に仮想の）旅に出ると考えよう。ある晴れた春の日、あなたは北極点に立つ（まだいまのところ海氷はたくさんあるので、海に落ちる心配はない）。そこで歩きはじめる。できればスキーがいい。移動する緯度方向は一つなので南に行くしかないが、経線は三六〇度ある。アンデス山脈をめざすとすれば、西経七三度を選ぶだろう。延々とスキーして北極から約八〇〇キロメートルのところで、ようやくエルズミア島［カナダ北部、約北緯八三度］に到達する。もちろん、これまでの行程で、どのようなものであれ樹木や陸生植物は目にしていない。なにしろ、北極海をわたっているのだ。この島でもまだ木はない。少なくとも、木らしきものにはお目にかかれない。島に生えている唯一の木本植物はホッキョクヤナギで、人のくるぶしぐらいまでの高さしかない（作家のバリー・ロペスは、北極で長い時間過ごすと、「自分が森の上に立っている」ことに気づくと書いている[1]）。

さらに南に進むと、ネアズ海峡（進む方向を決めるのはすでに複雑になってきているが、ここではそれには立ち入らない）に達し、グリーンランドの最西端を横切り、バフィン湾をわたり、バフィン島にいたる。バフィン島にも木と呼べそうな代物はなく、ただ数種のヤナギが地面近くをくねくねと這うのみだ。ようやくケベック州北部のアンガヴァ半島に達する。この時点で、旅に出てから約三二〇〇キロメートル踏破している。ここはまだ樹木限界の北側だが、あと四〇〇キロメートルばかり行けば北方林帯の北端にいたる。カナダの北方林帯は広大で約四〇四万七〇〇〇平方キロメートルの面積があり、地球上に残された原始林の四分の一を占める。しかし、北方林帯の多様性は低い。この途方もなく広いカナダの森には、ブラックスプルース、シラカンバ、バルサムモミをはじめとする約二十種ほどの樹木しか生えていない。

アメリカに入ると、樹木の多様性が見られるようになり、徐々に増えていく。ヴァーモント州では、東部の落葉樹林に出会う。この落葉樹林はかつて米全土のおよそ半分を占めていたものの、現在では分断されて大半は二次林［原始林破壊後にできた森林］である。ヴァーモント州には自生在来樹木が五十種ほどあり、マサチューセッツ州ではこれが五十五種ほどになる。[2] ノースカロライナ州（さきほどのルートより少し西側になる）には、自生在来樹木が二百種以上生えている。西経七三度線は中米をかすりもしないとはいえ、ニュージャージー州ほどの面積しかない中米の小国、ベリーズですら七百種の自生在来樹木に恵まれていることは注目に値する。

西経七三度線はコロンビアで赤道を横切り、ベネズエラ、ペルー、ブラジルを経てふたたびペルーに戻る。南緯一三度付近で、西経七三度線はシルマンの樹木調査区の西側を通過する。

彼の調査区は、合計するとマンハッタンのフォート・トライオン公園ほどの広さ［約〇・二五平方キロメートル］だが、ここの多様性はすさまじい。千三十五種の樹木が確認されていて、この数値はカナダの北方林帯全体のおよそ五十倍になる。

そして樹木について言えることは、鳥類、チョウ、カエル、真菌、そのほか考えうるあらゆる種類の生物（ただし、奇妙なことにアリマキのみは例外[3]）について当てはまる。一般に、生命の種類は両極でいちばん貧弱で、低緯度でもっとも豊かになる。このパターンは科学文献では「多様性の緯度勾配（LDG）」と呼ばれ、ドイツの博物学者アレクサンダー・フォン・フンボルトは、熱帯生物の豊かさに感心し、「天空の色のごとく驚嘆すべき変化を見せる[4]」と述べている。「緑の絨毯《じゅうたん》となって地上を覆う豊かな植物相は、あらゆる場所で公平に織られているわけではない[5]」と一八〇四年に南米から帰国したフンボルトは述べた。「生物の発育と活力は極地から赤道に向かって増える」。二世紀以上を経て、この現象を説明する三十以上の説が提唱されてきたが、この理由はいまだに突き止められていない。

一説によれば、多くの種が熱帯に棲むのは、そこでは進化の時計が速く進むからだという[6]。低緯度では、農民がより多くの収穫を得るように、生物もより多くの世代を経る。世代数が増えれば、遺伝子の突然変異が起きる率も増える。変異率が増えれば、新しい種が生まれる率も増えるというのだ（やや異なるが似通った説では、高い気温と体温が高変異率につながるとされる）。

別の説では、熱帯に生物種が多いのは熱帯の生物が気難しいからだという。この考え方によれば、熱帯の特徴は気温が比較的安定している点にある。したがって、熱帯の生物は比較的狭い範囲の熱耐性しか持ち合わせておらず、高地や峡谷などによって生じるほんのわずかな気候変化でも彼らにとっては越えられない障壁になる（このテーマにかかわる有名な論文は「熱帯ではなぜ峠が高いのか」と題されている）[7]。個体群はより孤立しやすくなり、種分化につながる。

さらに別の説は歴史にかかわる。この説によれば、熱帯のいちばんの特徴はその古さにある。アマゾンの熱帯多雨林は、アマゾン川ができる以前から、姿形は変わっても数百万年存在してきた。したがって熱帯では、多様性が蓄積する時間が十分にあった。これに対して、もう少し最近の二万年前でも、カナダは全体が厚さ約一・五キロメートルという氷河に覆われていた。ニューイングランドも大半の地域では事情が同じで、現在ノヴァスコシア州、オンタリオ州、ヴァーモント州、ニューハンプシャー州にある樹木種は、いずれもこの数千年で外から入ってきた（あるいは再生した）ものだという。多様性は時間とともに変化するという考えは、ダーウィンの論敵、あるいは共同発見者のアルフレッド・ラッセル・ウォレスがはじめて提唱した。ウォレスは、熱帯では「進化は運に恵まれた」が、氷河に覆われた地域では「あまたの困難を経験した」と指摘した[8]。

アンデス山脈を歩く

翌朝、日の出を拝もうと全員が早起きした。夜のうちに雲がアマゾン盆地から移動してきており、私たちはその雲がまずピンクに、次に燃えるようなオレンジに染まるのを上から眺めた。

肌寒い夜明けの時刻に、私たちは荷物をまとめて山道を下りはじめた。雲霧林まで下りたところで、シルマンが「おもしろい形をした葉を拾ってみてください」と言った。「数百メートルは同じ形の葉が見つかるでしょう。でも、やがてそれが消えます。それで終わりです。それがその木の生育範囲です」

シルマンは六〇センチメートルくらいの鉈《なた》で下生えを払った。ときどき、米粒より小さな白い花をつけている小ぶりのラン、鮮やかな赤い実をつけたブルーベリー科の植物、明るいオレンジ色の花をつけた寄生灌木などおもしろいものを見つけると、この鉈を上に振り上げた。シルマンに同行している大学院生の一人、ウィリアム・ファルファン・リオスがディナー皿ほど大きい葉を渡してくれた。

「これは新種なんですよ」と彼は言った。この道沿いで、シルマンと学生たちは科学界に知られていなかった三十種を数える樹木を発見している（この発見のあった森だけで、カナダの北方林帯の半分の種が見つかる）。そして彼らは、ここにはまだ三百を数える新種が人知れず生育していて、正式な分類を待っていると考えている。さらに、彼らはまったく新しい属も発見している。「それは新しい種類のオークとかヒッコリーではないのです」とシルマンは言う。「それは『オーク』や『ヒッコリー』そのものを見つけるようなものなのです」。その新しい属の樹木の葉はカリフォルニア大学デイヴィス校の専門家に送られたが、残念なことに、この人物は新しい枝を系統樹のどこにつけるか決める前に他界してしまった。

アンデス山脈はいまは冬で乾期の真っ最中だったが、道はぬかるんですべった。人の行き交いで深い溝ができ、それが道になっていたため、両わきの地面は私たちの眼の高さにあった。ところどころで、木がこの溝をまたいで成長し、そんな場所では溝はトンネルのようになっている。最初に通ったトンネルは暗くてじめじめして、細い根から水がしたたり落ちた。あとで通ったトンネルはもっと長くて暗く、真っ昼間でも通るのにヘッドランプが必要だった。とても陰気なおとぎ話の世界に入り込んだような気がした。

私たちは標高約三四〇〇メートルの第一調査区を通ったが、そこでは足を止めなかった。標高約三二〇〇メートルの第二調査区は、最近の地すべりで山肌が見えていた。シルマンはこれを喜んでいた。この調査区にどんな樹木がふたたび戻ってくるか、興味があったからだ。

どんどん山道を下るにしたがい、森は密生してきた。木はただそこに生えているだけではなく、植物園の植物のようにシダ、ラン、アナナスに覆われてツル植物がからみついている。場所によっては、草木がみっしり生えて土が地面から浮き上がり、そこにさらに植物が生えて空中の森になっている。光と空間のある場所ならどこであれ植物が生い茂り、資源をめぐる競争が激しいのは一目瞭然だった。「あらゆる変異を、それがいかにささやかなものであろうとも日夜を問わず」精査する自然淘汰の進行を目の当たりにする思いだった（熱帯で多様性が高い理由について、さらに別の説では、激しい競争のために生物種が特殊化し、そのような特殊な種は同じ大きさの空間により多く共存できるからだとしている）。鳥の声が聞こえたが、姿はときどき見えるだけだった。繁茂した樹木のために鳥の姿が見えづらいのだ。

標高およそ二九〇〇メートルの第三調査区付近で、シルマンがコカの葉が入った買い物袋

第４調査区からの眺め。

を取り出した。彼や学生たちは、私から見ればありえないほど重そうな荷物を背負っていた。リンゴ一袋、オレンジ一袋、七〇〇ページの鳥類図鑑、九〇〇ページの植物図鑑、iPad、ベンジン一瓶、スプレーペンキ一缶、カットしていないホールチーズ、ラム酒。シルマンによれば、コカの葉を噛むと重い荷物も軽く感じるという。空腹もあまり感じないし、痛みが和らぎ、高山病にも効くらしい。私は自分の持ち物以外にほとんど荷物を割り当てられていなかったが、それでも軽く感じられるなら歓迎だった。そこでコカの葉をひとつかみと重曹を少々もらった（コカの葉がその薬効を示すには、重曹などアルカリ性の物質が必要だった）。葉は皮革のような手触りで、古い本のような味がした。やがて唇がしびれてきて、あちこちの筋肉痛が薄れはじめた。一、二時間後、私はコカの葉をまたもらった（その後、何度もその袋の中身をねだった)。

午後早く、私たちは水浸しになった狭い空き地に出た。今夜はここでキャンプするという。そこは標高およそ二七〇〇メートルの第四調査区だった。シルマンと学生たちはここでよくキャンプし、ときには一度に数週間滞在することもあったという。空き地にはツル植物が生えていたが、引きちぎられて踏みしだかれていた。シルマンは、これはメガネグマのしわざだと言った。別名アンデスグマとも言われるメガネグマは、南米に生き残る最後のクマだ。黒または暗褐色の体で眼の周りがベージュ色をしており、おもに植物を餌にする。私はアンデス山脈にクマがいるとは考えていなかったし、どうしても「暗黒の地ペルー」からロンドンにやって来たパディントンを思わずにはいられなかった。

移動する森

シルマンが設定した十七の樹木調査区は、いずれも約一万平方メートルの広さで、山頂からほぼ海水準のアマゾン盆地まで、尾根に沿ってボタンのように並んでいた。各調査区では、シルマンか大学院生の一人が、直径約一〇センチメートル以上の木に残らず標識をつけた。それらの木は大きさを測定され、種を同定され、番号を振られた。第四調査区には直径約一〇センチメートル以上の木が七百七十七本あり、これらの木は六十の異なる種に属している。シルマンと学生たちは調査区の再調査の準備を進めており、期間は数か月を予定していた。過去に標

各調査区では、直径約10センチメートル以上の木には残らず標識がつけられる。

識をつけられた木をすべて再測定し、最後の測定後に出現したり枯れたりした木を追加または削除しなくてはならなかった。再調査の進め方にかかわる話し合いが、英語とスペイン語交じりで延々と行なわれた。私にも理解できた詳細の一つは非対称性だった。樹木の幹は完全な円形ではないので、測定時に測径器《キャリパー》をどう当てるかによって測定値が異なってくる。やがて、木にスプレーペンキで描いた赤い点にキャリパーの主尺を当てて測定するという手順に落ち着いた。

シルマンの調査区は、それぞれに標高が異なるため年平均気温が違ってくる。たとえば、第四調査区では約一一℃だ。これより約二四〇メートル高い第三調査区では約一〇℃で、約二四〇メートル低い第五調査区では約一三℃だ。熱帯種の生育温度範囲は狭いので、これらの温度差が高い絶滅率につながる。ある調査区で繁栄する樹木は、標高がより低いか高い次の調査区では、完全に姿を消すことがあるのだ。「繁栄している種のなかには、いたって狭い標高範囲をもつものがあります」とシルマンは語る。「つまり、その範囲では競合に強くても、範囲外ではそうでもないというわけです」。たとえば、第四調査区の樹木種の九〇パーセントが、約七五〇メートル高いだけの第一調査区では発見されない。

シルマンがはじめて調査区を設定したのは二〇〇三年だった。予定では、数十年にわたって毎年ここに戻ってきてなにが起きるかを確かめるつもりだった。これらの木は気候変動によってどう変わるだろう？　一つの可能性は、シェイクスピアの「バーナムの森〔『マクベス』に登場する動く森〕」風シナリオとでも呼べるかもしれない。各区域の木は上に向かって移動するというものだ。もちろん、木そのものは実際に動いたりしないが、次善の策をとる。つまり、幼木になる種子をまき散らすのだ。このシナリオでは、気候が温暖になるにつれて、第四調査区で現在見られる種は、より高い第三調査区で見かけられるようになり、第三調査区の種はさらに高い第二調査区で見かけられるようになるはずだった。シルマンと学生たちは最初の調査を二〇〇七年に完了した。シルマンはこの作業を自身の長期計画の一環ととらえ、たったの四年で興味深い事実に出会えるとは想像もしていなかった。ところが、教え子のポスドク、ケネス・フィーリーが、ともかくデータを精査すべきだと主張した。その結果、森はすでに測定可能なほど移動中であることがわかった。

移動率の計算にはさまざまな方法があり、たとえば移動した木の本数や体積で表すことができる。フィーリーは樹木を属で分類した。かなり大雑把な言い方だが、彼は地球温暖化の影響で、各属が平均で一年に約二・五メートル上に移動していることを発見した。ところが、平均値に驚くべき事実が隠されていることがわかった。休み時間の子どもたちのように、個々の木によってその振る舞いがかなり違っていたのだ。

たとえば、シェフレラ（フカノキ）属の樹木について考えてみよう。ウコギ科シェフレラ属の木は掌状《しょうじょう》の複葉をもち、手の指のように小葉が一点から放射状に延びる（台湾原産のヤドリフカノキは「小人の傘の木」として一般に知られ、よく鉢植えにされる）。フィーリーが調べたところによると、シェフレラ属の木はきわめて活発で、一年に約三〇メートルという、驚くべき速度で山の背を駆け上っている[9]。

これと反対の傾向にあるのがモチノキ属の樹木だ。この木はふつうへりが鋸《のこぎり》の歯のようにギザギザで、全体に艶のある互生葉《ごせいよう》をもつ（モチノキ属には、ヨーロッパ原産で、アメリカ人にクリスマスホーリーとして知られるセイヨウヒイラギがある）。モチノキ属の木は、休み時間をベンチで過ごす子どもたちのようだ。シェフレラ属が上に向かって疾走するのに対して、モチノキ属はただじっと腰を落ち着かせている。

温暖化のスピードに追いつけるか

ある程度の温度変化に耐えられない種（または種群）の運命については、いまのところ心配する必要はない。そうした種はすでに絶滅しているはずだからだ。地球上のどこへ行っても気温変化は存在する。昼夜あるいは季節によっても変わる。夏と冬の違いが最小限である熱帯ですら、雨期と乾期では気温がかなり変わる。生き物はそうした変化に対処するために、さまざまな工夫を凝らしてきた。冬眠し、夏眠し、移動する。ゼイゼイあえいで熱を放散したり、被毛をみっしり生やして熱を逃がさないようにしたりする。ミツバチは胸の筋肉を収縮させることで体を温める。アメリカトキコウは自分の脚に糞をして涼をとる（とても暑い日には、この鳥は一分に一度もの頻度で脚に糞をする）。

百万年単位で測られる種の寿命のあいだには、より長期にわたる温度変化――気候変動――が問題になってくる。ここ四千万年ほど、地球は一般に寒冷期にあった。この理由ははっきりしていないものの、一説によれば、ヒマラヤ山脈の隆起によって広域にわたる岩石が風化し、このために大気から二酸化炭素が奪われたためとされている。始新世後期にこの長い寒冷期が始まったとき、世界はいたって温暖で、地球上にはほとんど氷がなかった。およそ三千五百万年前までに、地球の気温は下がり、南極大陸に氷河が形成されはじめた。三百万年前までには、気温はさらに下がって北極も凍結し、極氷冠が広がった。更新世が始まったおよそ二百五十万年前、地球は何度も氷期が起きる時代を迎えた。巨大な氷床が北半球を覆いはじめたものの、数十万年後にふたたび解けた。

キュヴィエの愛弟子ルイ・アガシによって一八三〇年代にはじめて提唱された「氷河時代」という概念が一般に受け入れられたあとでも、そのような驚嘆すべき現象がなぜ起こるのかについて説明できる人はだれ一人いなかった。一八九八年、この問題に「こんにちのもっとも聡明で有能な知識人がその才知を捧げた[10]が、これまでのところ「いずれも成果を上げていない」とアルフレッド・ラッセル・ウォレスは嘆いている。この問題が解決するにはそれから四分の三世紀ほどかかることになる。現在では、氷河時代は、おもに木星と土星の重力の相互作用で地球軌道がわずかに変化することによって起きると考えられている。この変化のため、一年のうちの異なる季節では、太陽光の分布が緯度によって異なってくる。すると、夏に北極域に届く太陽光の量が最小限になって雪がどんどん溜まり、大気中の二酸化炭素濃度が低下［海水温が低下して、海水中に溶ける二酸化炭素が増えるため］する正のフィードバックサイクルが始まる。気温が下がり、もっと氷ができて、とサイクルは続く。しばらくすると、地球の軌道が新たな局面を迎え、逆方向の正のフィードバックサイクルが始まる。氷が解けはじめ、地球上の二酸化炭素濃度が上昇し、氷がさらに解ける。

更新世では、この凍結–融解パターンが二十回ほどくり返され、地球全体に大きな影響を与えた。各氷期に氷河や氷床に固定される水の量があまりに多かったため、海水準がおよそ九〇メートル下がり、氷床の重量は地殻を押し下げるほど莫大で、マントルのなかにまで押し込んだ（イギリス北部やスウェーデンでは、最終氷期の反動による地殻の上昇がいまだに続いている）。

更新世の動植物はこうした気温変化にどう対処したのだろうか。ダーウィンによると、移動という手段を使ったらしい。『種の起源』で彼は、広域にわたる大陸間移動について述べている。

> 寒さが押し寄せ、南方が北極の動物にふさわしく、もともとそこに暮らしていた南方の動物にふさわしくなくなると、南方の動物は死に絶えて北極の動物に取って代わられ……温暖な気候が戻ってくると、北極の動物は北方へ移動し、それに合わせるように南方の動物がすかさず北上する。[11]

ダーウィンの説明は、あらゆる種類の物理的痕跡によって確認されている。たとえば、古代の甲虫の翅鞘《ししょう》を研究している科学者は、氷期には小さな昆虫は例外なく温暖な気候を追って何千キロメートルも移動したことを発見した（一例を挙げるなら、ハネカクシ科のタキヌス・カエラートゥスは、小さな濃褐色の甲虫で、現在ではモンゴルのウランバートルの西側に位置する山中に棲息する。最終氷期には、この甲虫はイギリスでもふつうに見られた）。

今後、二十一世紀に起きると予測されている温度変化の幅は、氷期におけるものとほぼ同等だ（現在の炭素排出傾向が続くなら、アンデス山脈は五℃近く暖かくなると予測されている[12]）。いずれにしても、変化の幅は同じでも、変化の速度はそうではない。そして、またしても変化の速度がカギを握る。現在の地球温暖化は、最終氷期やそれ以前のあらゆる氷期の少なくとも十倍の速度で進行している。これについていくには、生き物は少なくとも十倍の速度で移動するか適応しなくてはならない。シルマンの調査区では、シェフレラ属など、定着度（根の張り方）が最小の樹木のみが上昇する温度に追いついている。全体としてどれほどの種がすばやく移動して生き残れるかについては、シルマンが指摘したように、このさき数十年で否応なく知ることになるだろう。

新種の発見

シルマンの調査区があるマヌー国立公園は、ペルーの南東部、ボリビアとブラジルとの国境付近に位置し、約一万五六〇〇平方キロメートルの面積がある。国際連合環境計画（UNEP）によれば、この公園は「おそらく世界でもっとも生物多様性が保護されている区域」だという。多数の生物種を公園内とその周辺で見つけることができ、そのなかには木生シダのキアテア・ムルティセグメンタ、ホオジロハシナガハエトリという名の鳥、「バーバラ・ブラウンのトロトゲネズミ」と呼ばれるネズミ［シカゴにあるフィールド自然史博物館のバーバラ・E・ブラウン博士にちなんで名づけられた］、そしてまだラテン語の学名しかない、小型の黒いヒキガエル（リネラ・マヌー）などがいる。

空き地でキャンプした最初の夜、シルマンの学生のルディ・クルースがみんなでこのヒキガエルを見にいこうと言って聞かなかった。彼は、以前ここに来たときにこのヒキガエルを数匹見かけており、もう一度行けばまた見られると確信していた。私はツボカビがペルーにも広がったという論文を最近読んでいた。[13] 著者らによると、すでにこのマヌー国立公園にも達しているという話だった。けれども、そのことには触れないでおこうと思った。ことによると、この珍しいヒキガエルはまだ生きているかもしれないし、もしそうならぜひ見ておきたかった。

私たちはヘッドランプをつけ、立坑《たてこう》を下りる炭坑労働者のように道を下りはじめた。夜の森は真の暗闇だ。クルースが先頭に立ち、ランプの灯りで木の幹やアナナスを照らした。残りの私たちも彼に続く。これが一時間ほど続いたが、プリスティマンティス属の茶色いカエル数匹を見つけただけだった。しばらくすると、みんな飽きてキャンプ地に戻りはじめた。クルースはあきらめようとはしない。どうやらほかの人がぞろぞろあとからついてくるのが問題だと思ったのか、道を反対方向に上りはじめた。「なにか見つけたか」とだれかがときどき闇のなかから尋ねた。

「いや《ナーダ》」という返事が返ってくるばかりだった。

翌日、木の測定についてさらにくわしい議論があったあと、私たちは荷物をまとめて尾根伝いに下りた。水を汲みにいったシルマンが、藤色の枝に白い実をつけた植物を発見した。彼はこれをアブラナ科の樹木の花部と同定したが、これまでに見かけたものと異なるため、これも新種かもしれないと話した。下山時まで保存するためにこの植物を新聞紙に挟んだ。新種発見の現場に居合わせたというだけで、発見にはまったくかかわっていないのに、私はなにか誇らしい気分になった。

山道に戻ると、シルマンは鉈を振るい、ときどき珍しい植物を見つけては私たちに知らせた。たとえば、針のような根を隣の植物に刺して水を盗む灌木などがあった。シルマンが木について話すとき、それはまるで映画俳優について話しているようだった。彼はある木のことを「カリスマ的」と言った。ほかにも「陽気」「クレイジー」「すばらしい」「如才ない」「驚くべき」などと言うのだ。

昼をだいぶ回ったころ、谷を挟んで次の尾根を見わたせる高台に出た。尾根の木々が揺れている。ウーリーモンキーが森のなかで移動している証拠だった。みんな立ち止まって彼らの姿をとらえようとした。枝から枝へ移るとき、ウーリーモンキーはコオロギの鳴き声に似た「チュッチュッ」という音を出す。シルマンが買い物袋を取り出し、みなに回した。

少し進むと、標高約二二〇〇メートルの第六調査区に到着した。新しい属の木が発見された調査区だ。シルマンが鉈でその木を指し示す。ごく当たり前の木に見えたが、私は彼の気持ちになって見ようとした。それは周りのおおかたの木々より高く――「堂々とした」あるいは「威厳のある」と言ってよかった――なめらかで赤っぽい幹と、ごくふつうの互生葉をもっていた。この木はポインセチアを含むトウダイグサ科に属する。シルマンはこの木についてできるかぎりのことを調べ、他界してしまったカリフォルニア大学デイヴィス校の分類学者に代わる別の人が見つかったときに、その人物に必要な情報をすべて送ることができるようにしたいと思っていた。彼とファルファンは木を調べに行った。二人は種子鞘《しゅししょう》をいくつか手にして戻ってきた。ヘイゼルナッツの殻と同じくらい厚くて堅く、咲き誇るユリの花のような優美な形をしている。

外側は濃褐色で、内側は灰色だった。

その夜は、キャンプする予定の第八調査区に着く前に日が落ちた。私たちは闇のなかを歩き、暗がりでテントを張って夕食をつくった。私は午後九時くらいに寝袋に入ったが、数時間後に灯りで起こされた。だれかが用を足すために起きたのだと思って寝返りを打った。朝になって、シルマンはあれほどの騒ぎをよそに私が寝られるのには驚いたと言った。コカ農民のグループが夜のうちに六度も私たちのキャンプ地を通り抜けていったのだという（ペルーではコカ販売は合法だが、すべての売買は国営コカ会社（ENACO）を通じて行なうのが規則で、農民たちはなんとかしてこの規則の裏をかこうとしていた）。どのグループも彼のテントにつまずいた。最後には彼もあまりのことに腹を立て、農民たちに怒鳴ったが、彼自身も認めるように、これはあまり賢明とは言えなかった。

二〇五〇年までの絶滅率は？

生態学では、規則を見つけるのは容易ではない。普遍的に受け入れられている数少ない規則の一つは、種数・面積関係（SAR）で、これは生態学の「周期表」のようなものである。もっとも広い定義によると、種数・面積関係はあまりに簡単で自明に思えるほどだ。面積が大きければ大きいほど、種数も増えるというのである。このパターンがはじめて発見されたのは一七七〇年代のことで、発見したのはクック船長の二度目の航海に同行した植物学者のヨハ

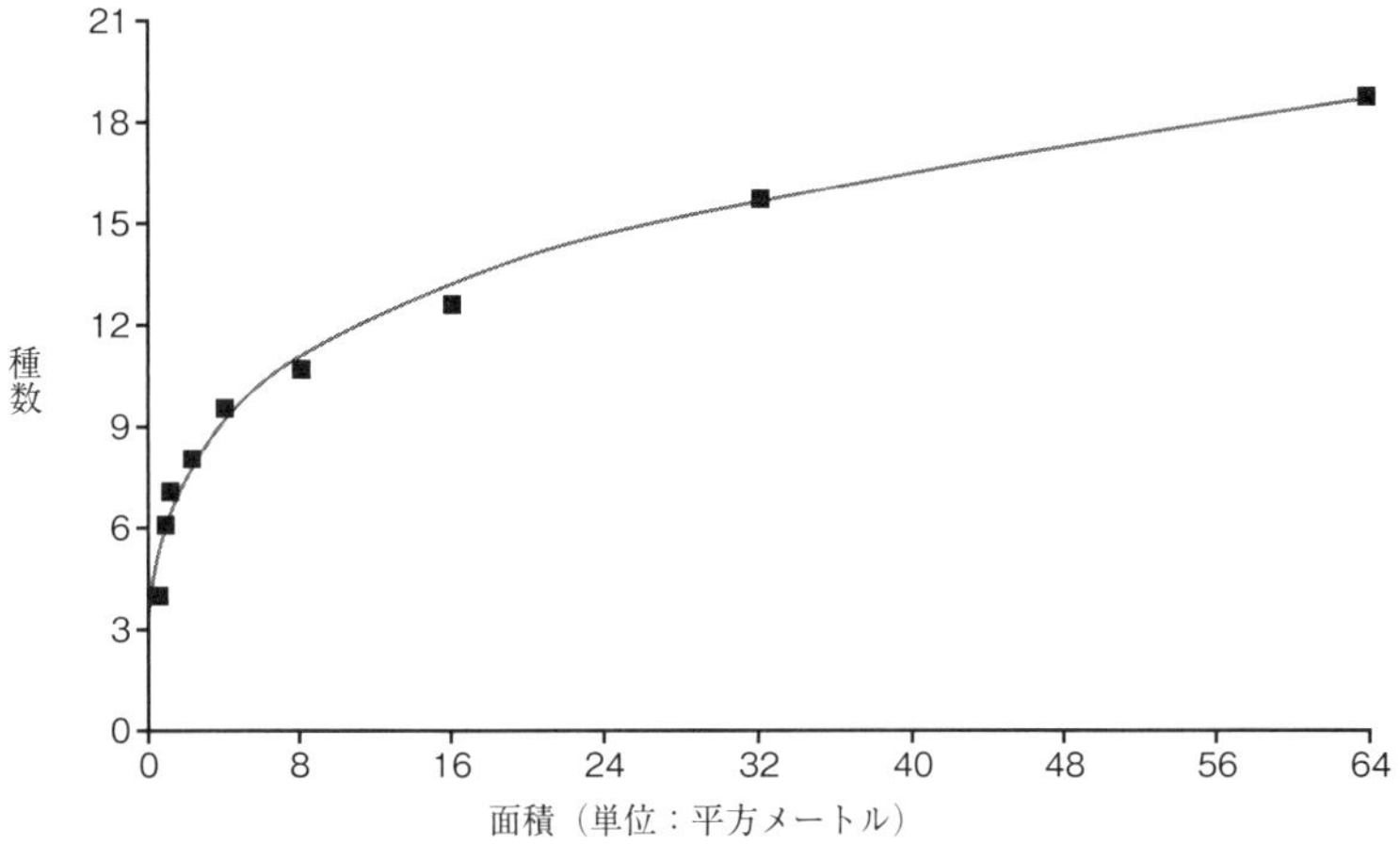

典型的な種数・面積関係を示す曲線。

ン・ラインホルト・フォースターだった。ちなみに、最初の航海では不運にも船がグレートバリアリーフに座礁している。一九二〇年代、このパターンはスウェーデンの植物学者オロフ・アレニウスによって数学的に体系化された（オロフは化学者のスヴァンテ・アレニウスの息子であり、スヴァンテは一八九〇年代に化石燃料の燃焼が地球温暖化につながることを示した人物だ）。その後、この考え方は一九六〇年代に、E・O・ウィルソンと同僚のロバート・マッカーサーによって改良・精緻化された。

種数と面積のあいだの相関は線形ではない。それは予測可能な変化を示す曲線を描く。通常、この関係は$S=cA^z$*で表される。式中、Sは種数、Aは面積、cとzは定数であり、対象となる地

*zはつねに1未満（たいてい0・20から0・35の範囲に収まる）であることを覚えておこう。

域と分類法によって異なる（すなわち、cとzは厳密に言えば定数ではない）。この関係は地形のいかんにかかわらず当てはまる。島嶼、熱帯多雨林、近くの国立公園などどこで調査しようとも、種の数は一つの同じ式 $S = cA^z$ にもとづいて変化する。

絶滅について考えるとき、種数・面積関係はカギとなる。人類が環境におよぼしている影響の一つのとらえ方（もちろん簡素化してはいる）は、私たちがありとあらゆる場所でAの値を変えているということだ。たとえば、約二六〇〇平方キロメートルの草原を考えてみよう。この草原に百種の鳥（あるいは甲虫またはヘビ）が棲んでいたとする。ここで草原の半分が、たとえば農地やショッピングモールに変わったとすると、失われる鳥（あるいは甲虫またはヘビ）の種数の割合を種数・面積関係を用いて計算することができる。おおまかに言って、答えは約一〇パーセントになる（二つの変数の関係が線形でないことを忘れないでほしい）。系全体が新たな平衡に達するには長い時間がかかるので、種がただちに絶滅することはないが、間違いなくその方向に向かってはいる。

二〇〇四年、ある科学者グループが、地球温暖化による絶滅リスクの一次推定値を得るのに種数・面積関係を用いてみようと考えた。チームメンバーは、まず一千種以上の動植物の現在の棲息範囲にかんするデータを収集した。次に、これらの範囲を現在の気候条件と関連づけた。最後に、二つの極端なシナリオを想定した。最初のシナリオでは、すべての種がシルマンの調査区に生えているモチノキ属のように不活発だと仮定した。気温が上がっても、これらの種はその場にとどまったままなので、たいてい彼らに適した気候の区域が狭まっていき、そして多くはゼロになる。この「分散ゼロ」シナリオにもとづく予測結果は厳しいものだった。温暖化が最小限度に抑えられた場合、チームは種の二二〜三一パーセントは二〇五〇年までに「絶滅が避けられない」と予測した。温暖化が当時考えられていた最大限度（それでも、現在から見ればまだ低すぎる）に達した場合には、今世紀なかばまでに種の三八〜五二パーセントが絶滅すると予測した。

「言いかえればこうです[14]」と、カリフォルニア大学バークレー校の古生物学者アンソニー・バーノスキーはこの研究結果について述べた。「自分の周りを見渡してみてください。目に入る生き物の半分が死んだと考えましょう。優しい気分でいたいなら、四分の一でもかまいません。それが私たちが予測している世界なのです」

二番目の楽観的なシナリオでは、種は楽に移動できると仮定する。このシナリオでは、気温が上がるにつれ、生き物は自分に適した気候の新天地に移動することができる。それでも、多くの種は行き場を失う。地球がどんどん温暖化するにつれて、自分たちが慣れ親しんだ条件はあっけなく消滅してしまうからだ（「消滅する気候条件」の多くは熱帯地方にあることが判明した）。ほかの種は棲息域が狭まる。自分たちに適した気候を追いかけるには山に上らなくてはならないが、山頂は麓より狭いからだ。

ヨーク大学の生物学者クリス・トーマス率いるチームは、この「普遍的分散」シナリオを用い、温暖化が最小限である場合、すべての種の九〜一三パーセントは二〇五〇年までに「絶滅が避けられない」とした。一方で温暖化が最大限の場合には、絶滅率は二一〜三二パーセントであるとした。二つの場合の平均をとって中程度の温暖化を想定すれば、すべての種の二四パーセントが絶滅の道をたどるとチームは結論づけた。

この研究論文は二〇〇四年、『ネイチャー』誌の巻頭を飾った。[15] メディアは、研究者たちが出したさまざまな数字をたった一つの数字で表現した。「気候変動によって世界中で百万種が絶滅する可能性」と英国放送協会（ＢＢＣ）は伝えた。「温暖化によって二〇五〇年までに百万種が絶滅」は『ナショナル・ジオグラフィック』誌に掲載された記事のタイトルだった。

この研究は、これまでに次のようなさまざまな批判を受けている。生物どうしの相互作用を無視している。動植物が、現在考えられているより広範囲の気候に耐えられる可能性を考慮していない。二〇五〇年までの予測しかしていないが、どのように控え目なシナリオを想定したとしても、温暖化は二〇五〇年を優に超えて続くはずだ。試験されていない新しい条件に種数・面積関係を適用している、などだ。

より最近では、『ネイチャー』誌の論文に対して正反対の非難が浴びせられた。トーマスの論文が、温暖化によって絶滅する種の数を過大に見積もっていると批判する研究がある一方で、過少に見積もっていると批判する研究もあったのだ。これに対してトーマスは、二〇〇四年の論文に対する批判の多くは妥当だと認めてはいる。しかし、その後提案された推定値もすべて同じような範囲を示していると指摘した。したがって、「種の一パーセントや〇・〇一パーセントではなく、およそ一〇パーセント以上」が気候変動によって死に絶えると述べた。

さらに最近の論文でトーマスは、これらの数字を「地質学的な文脈」に置くことが有益だと述べた。[16] 気候変動だけでは「ビッグファイブほど大規模な大量絶滅が起きることはなさそうだ」と彼は述べた。しかし、「気候変動のみで過去の『より小規模な』絶滅と同程度か、それをしのぐ絶滅が起きる可能性は高い」とも論じた。

「今後起きると考えられる影響は」と彼は次のように結論づけた。「私たちが最近になって人新世に突入したという考えを裏づけている」

〝地上の大変動〟

「イギリス人はなんだってプラスチックを使いたがるんだろう」とシルマンがこぼす。「私たちに言わせれば気のきかないやり方だね」。その日は山を下りはじめて三日目で、私たちは第八調査区に立っていた。青いテープで調査区の境界が示されている。シルマンは、オックスフォード大学の共同研究者のしわざだと見当をつけたらしい。彼はペルーで長い時間を過ごし、ときには一度に数か月とどまることもあるが、年間のうち大半はそこにはいないため、彼の知らないところでいろいろなこと（多くは彼の気に食わないこと）が起きうる。たとえば今回の調査中、調査区に木々の種子を集めるための網かごが数個つるされているのが見つかった。これが研究目的なのは明らかだったが、だれもこのことについて知らせをよこさなかったし、許可を求めもしなかった。だから、これは科学目的とはいえ一種の侵害だった。ならず者の研究者が、コカ農民のように森をこそこそ行き交う姿を私は想像した。

第八調査区では、シルマンは別の「とても興味深い」木（アルザテア・ウェルティキラータ）を紹介してくれた。この木が特別なのは、それがその属は言うにおよばず、その科でも唯一の種であることだ。それは紙のような細長い薄緑の葉をもち、小さな白い花をつける。シルマンによると、この花は開花すると砂糖が焦げたような匂いを放つという。この木はとても高く成長し、ここ約一七七〇メートルの標高では、森の林冠を形成する優占種［その群集でもっとも数が多く、そこを代表する種］となる。そこにじっとして動かない種の一つだ。

シルマンの調査区はトーマスの論文に対する一つの答えでもある。それは理論的というより、現実的なものだ。マヌー国立公園でふつうに見られる熱帯の鳥キヌバネドリやダニと比べても、樹木は明らかに動きが少ない。だが、サンゴが礁をつくるように、雲霧林では樹木が生態系をつくり上げる。特定の昆虫が特定の樹木に依存し、特定の鳥がその昆虫に依存することで食物連鎖ができ上がっている。この逆もまた真であり、動物は森の生存に欠かせない。動物は受粉と種子の拡散を助け、鳥は昆虫が増えすぎるのを防止する。シルマンの研究からわかるのは、地球温暖化をどう最低限に見積もったとしても、生態群集は再構成されるだろうということだ。樹木はその種類によって温暖化に対し異なる反応を示すので、現在の依存関係は破綻する。そして新たな依存関係が生まれる。一部の種は、この地球規模の再構成を生き延びるだろう。実際、植物の多くは二酸化炭素濃度の上昇で恩恵を得る。光合成のために必要な二酸化炭素が容易に手に入るからだ。だが後れをとって、いずれ姿を消す植物もあるだろう。

シルマンは自分を陽気な人間だと考えている。このことは彼の研究に反映されている。少なくとも、過去には反映されていた。「私の研究室は太陽のごとく明るいと言われます」と彼は語った。政策の見直しと適切な保護区設定によって、生物の多様性に対する脅威の多く、たとえば違法な森林伐採、採鉱、牧畜などは最小限度に抑えられると、彼は公の場で論じている。「熱帯でも、どうすればこうしたことを実現できるかはわかっています」と彼は述べた。「ガバナンスの質は向上しています」

けれども、温暖化が急速に進んでいるなら、巧みに配された保護区という考え方自体が、無意味とまでは言わないまでも、より多くの問題を孕《はら》んでいるのはたしかだ。たとえば、違法な森林伐採者と違って、気候変動は地上の境界などおかまいなしだ。それはマヌー国立公園だろうとクスコやリマだろうと、生物の生存条件を変えてしまう。そして、これほど膨大な数の生物種が移動すれば、固定された保護区は絶滅に待ったをかけられはしない。

「これは私たちが生物種にかけている、これまでとは質の異なるストレスなのです」とシルマンは語る。「ほかの種類の人為的侵害には、いつでも空間的に避難場所がありました。ところが、気候変動はありとあらゆるものに影響をおよぼします。海の酸性化もそうですが、これは地球規模の現象であり、キュヴィエの言葉を借りるなら『地上の大変動』なのです」

寒さには強いが……

その日の午後、私たちは未舗装の道路に出た。シルマンは研究室に持ち帰るさまざまな興味深い植物を収集し、それを大きなバックパックにくくりつけていた。おかげで彼は伝説のジョニー・アップルシード［十九世紀、リンゴの種子と苗木を全米のフロンティアに配り歩いた］が雲霧林から出て来たかのように見えた。太陽は出ていたが、少し前に雨が降ったので、黒や赤や青のチョウが水たまりの上を舞っている。ときおり、材木を載せたトラックが突っ走っていった。チョウはすばやく飛び去れないので、道には裂けた羽が散らかっている。

歩いていくと、やがて観光客目当ての宿が数軒あった。シルマンによると、この地域は鳥類の愛好家に有名で、道を歩いているとじつに多彩な種を見かけた。キンポウゲのような色のキンイロフウキンチョウ、ヤグルマギクのような色のソライロフウキンチョウ、目に沁みるような青緑色のアオクビフウキンチョウ。さらに腹が鮮紅色のギンバシベニフウキンチョウ、そして炎のような緋色の羽毛をもつアンデスイワドリの群れ。アンデスイワドリの雄は丸い冠羽を頭の上にもち、その鳴き声は怒りに狂っているように聞こえる。

地球の歴史のさまざまな時点で、いま熱帯に暮らす生き物たちはずっと広い範囲に分布していた。たとえば、およそ一億二千万年前〜九千万年前まで続いた白亜紀なかばには、パンノキの北限はアラスカ湾だった。およそ五千万年前の始新世初期には、南極大陸にもヤシの木が生えていたし、イギリスを囲む浅い海にはワニが泳いでいた。理論的には、温暖な気候のほうが寒冷な気候より多様性に欠けるということはなく、むしろ「多様性の緯度勾配」にかかわるいくつかの説明は、長期的に見るなら、温暖な気候のほうがより多様性に富むことを示唆している。けれども短期的に見るなら、すなわち人類の時間感覚から見るなら話は違ってくる。

現在生きているほぼすべての種は、寒さに適応していると言える。アオカケス、ショウジョウコウカンチョウ、ツバメはもとより、キンイロフウキンチョウやアンデスイワドリも、みな最終氷期を生き延びたのだ。彼らやその近縁種は、その前の氷期も、その前の前の氷期も、ずっと二百五十万年前から生き残ってきた。更新世をほぼ通じて、気温は現在よりかなり低いため（地球軌道の周期的変化は、氷期が間氷期よりかなり長くなるようなパターンを有している）、進化は寒冷な条件に対応できる能力を重視した。一方で、この二百五十万年にわたって、気温が現在より高くなったことは一度たりともなかったので、熱波に対応できる形質にはなんの利点もなかった。更新世には寒冷期と温暖期がくり返されたが、私たちはいまその温暖期の頂上にいる。

現在より高い二酸化炭素濃度（したがって、現在より高い全世界の気温）の時代を見つけるには、たぶん千五百万年前の中新世なかばまでさかのぼらねばならない。[17] 今世紀末までに二酸化炭素濃度は、約五千万年前の始新世にヤシの木が南極大陸に生えて以来、経験したことのないレベルに達する可能性がある。現在の生物種が、その祖先が持ち合わせていた太古の温暖な世界を生き抜く形質を、いまだに受け継いだままでいるか否かは現時点ではなんとも言えない。

「植物が温暖な気候を生き延びるには、さまざまな手段があります」とシルマンは話す。「特殊なたんぱく質をつくったり、代謝を変えたりといったことです。けれども熱耐性はコストがかかります。それに私たちは予測されているような高い気温をもう何百万年にもわたって経験していません。ですから問題は、動植物がこの途方もなく長い時間にわたって、このあいだに哺乳類の適応放散［同系統の生物が多様な生活環境に適応し、多様な種に分化すること］とその収束がくり返されていますが、このようなコストのかかる延命能力を保持してきたかどうかです。もし、答えがイエスなら、私たちにはうれしい驚きとなるでしょう」。しかし、もし答えがノーなら？　これらのコストのかかる延命能力が、何百万年にもわたってなんの利益にもならなかったので、動植物がそんな能力は失ってしまったのだとしたら？

「進化がいつもと変わらない道をたどるとすれば」とシルマンは語る。「絶滅シナリオは、終末論めいてきます。私たちは絶滅ではなく『生物の減少』と言いますが、まあ、耳あたりのいい婉曲表現ですね」

第9章　乾燥地の島

バーチェル・グンタイアリ
Eciton burchellii

BR-174号線は、ブラジルのアマゾナス州マナウス市から、ベネズエラとの国境までほぼ真北に延びる。かつてこの道はスリップした車の残骸が左右に点在していたものだが、約二十年前に舗装されてから走行が楽になり、いまでは車の残骸のかわりに旅行者のためのカフェが並んでいる。一時間ほどするとカフェもなくなり、さらに一時間行くと東に延びる一車線のZF-3号線と交わる。ZF-3号線はまだ舗装されておらず、この州の土壌のせいで、田園地帯を切り裂く明るいオレンジ色の割れ目のようだ。この道をあと四十五分ほど走ると、鎖で閉じられた木製の門にたどり着く。門の向こうには、数頭のウシが眠たげに立っており、そのまた向こうに保護区1202がある。

保護区1202は、アマゾン川流域の真ん中に浮かぶ島と考えてもらっていいだろう。私がここにやって来たのは、雨期なのに、空に雲一つ浮かんでいない暑い日のことだった。保護区に一五メートルほど入ると草木が繁茂し、太陽が真上にあるというのに辺りは聖堂のなかのように薄暗かった。近くの木から、警官の笛のような甲高い鳴き声が聞こえた。教えてもらったところによると、これはムジカザリドリという小型で地味な鳥の声だという。ムジカザリドリがもう一度鳴き、あとはしんとした静寂が戻った。

自然にできた島とは違って、保護区1202はほぼ正方形をしている。それは灌木の「海」に囲まれた手つかずの熱帯多雨林で、一〇万一一七五平方メートルの広さがある。空撮写真で見ると、茶色い波に浮かぶ緑の筏《いかだ》のようだ。

無機質な響きのある名称の保護区1112、保護区1301、保護区2107などとともに、保護区1202はアマゾン群島を形成する。保護区には一〇万一一七五平方メートルより狭いものもあれば、ずっと広いものもある。これらの保護区は、世界最大にして最長の実験「孤立林の生物動態調査計画（BDFFP）」の一環を成す。BDFFPのどの保護区も、樹木に標識をつける植物学者、鳥に足輪をつける鳥類学者、ショウジョウバエの個体数を数える昆虫学者などによって、すみずみまで調査されたと言っても過言ではない。保護区1202を訪れたとき、私はポルトガルからコウモリの調査のためにやって来た大学院生と出会った。すでに正午だったが、彼は少し前に目を覚ましたばかりで、研究ステーション兼キッチンにしている小屋でパスタを食べていた。私たちが話していると、いかにもやせ細ったカウボーイが、彼よりほんの少しだけ肉づきのいい馬にまたがってやって来た。片方の肩にライフルを下げている。私が来訪したときのトラックの音を聞きつけ、学生の安否が気になったのか、あるいはパスタの匂いに誘われたのかは判然としなかった。

上空から見たマナウス市の北側に位置する孤立林。

BDFFPは、牛飼いと自然保護論者がありそうもない協力関係を結んで生まれた。一九七〇年代、ブラジル政府は牧場主にマナウス市の北側に定着することを奨励した。当時、この地域にはほとんど人が住んでいなかった。この計画は、政府が森林破壊を委託する結果となった。熱帯多雨林に移り住み、樹木を伐採し、ウシを飼いはじめさえすれば、牧場主ならだれでも政府からの助成金をもらえたからだ。同時に、ブラジルの法の下では、アマゾン川流域の土地所有者は所有地の少なくとも半分を手つかずのまま残す決まりとなっていた。これら二つの政令が生み出す緊張関係のおかげで、アメリカの生物学者トム・ラヴジョイはあることを思いついた。牧場主が切り倒す木と残しておく木を科学者に決めさせてはどうだろう。「アイデアはじつに素朴なものでした」とラヴジョイは語る。「この五〇パーセント分を、壮大な実験に使うようにブラジル政府を説得することはできないものかと考えたのです」。もしそれができれば、人の管理下にない熱帯、いや全世界で起きている過程を、管理された環境で研究することが可能になる。

ラヴジョイはマナウス市に出かけ、自らの計画をブラジルの役人たちに提示した。驚いたことに、役人側はすんなり同意した。こうして、計画はすでに三十年以上継続されている。多くの大学院生がこれらの保護区で訓練を受け、おかげで彼らをさして「孤立林学者」[1]という言葉まで生まれた。この結果、ＢＤＦＦＰは「これまでに行なわれたもっとも重要な生態学実験」[2]と呼ばれるようになった。

孤立林の実験

現在、地球上の陸地のうち約一億三〇〇〇万平方キロメートルは氷に覆われておらず、一般に人類が与える影響を計算するときにはこの数値が基準となる。アメリカ地質学会が最近行なった調査によると、人類はこの陸地の半分以上（約七〇〇〇万平方キロメートル）を「直接手を加えて転換」[3]した。多くの場合は耕作地や牧場に変えたが、都市やショッピングモール、貯水池を建設したり、森林伐採、採鉱、採石を行なったりもした。残りの約六〇〇〇万平方キロメートルのうち、五分の三は森林（調査報告書の著者たちによれば「自然林だがかならずしも原始林ではない」）に覆われていて、残りは高山、凍土、砂漠である。アメリカ生態学会が発表した別の調査結果では、このような劇的な数字すらまだ控え目にすぎるという。[4] この二つ目の調査報告書を書いたメリーランド大学のアール・エリスとマギル大学のナヴィーン・ラマンカティは、気候と植生、たとえば温帯の草原や北方林帯などによって定義される生物群系《バイオーム》はもはや意味をなさないと論じている。彼らは、世界を分類する生物群系に代わって人類生態系《アントローム》を提案する。アントロームには、約一三〇万平方キロメートルにおよぶ「都市」アントローム、「灌漑された耕作地」アントローム（約二六〇万平方キロメートル）、「人が住む森林」アントローム（約一一七〇万平方キロメートル）などがある。エリスとラマンカティは十八を数えるアントロームを提案しており、その総面積は約一億一四〇〇万平方キロメートルに上る。それでも地上には約二八六〇万平方キロメートルの土地が残されている。これらの地域には人はほぼ住んでおらず、たとえばアマゾン川流域、シベリアとカナダ北方の大半、そして「未開の地」と呼ばれるサハラ砂漠、ゴビ砂漠、グレートヴィクトリア砂漠などが含まれる。

しかし人新世では、これらの「未開の地」でさえ未開とは言いがたいかもしれない。凍土にはパイプラインが、北方林帯には地震測線が張り巡らされている。牧場やプランテーション、水力発電プロジェクトが熱帯多雨林にも入り込む。ブラジルではよく「魚の骨」にたとえられる。これは一本の幹線道路（この隠喩で言うなら脊椎になる）の建設とともに始まり、やがて、肋骨に当たる多数の脇道の（ときには違法な）建設につながる森林破壊のパターンをさす。残されるのは細長い帯のようになった森だ。こんにち、程度の差こそあれ、ありとあらゆる手つかずの土地は切り刻まれ分断される。ラヴジョイの孤立林実験がきわめて重要なのはこのためだ。その正方形という完璧に不自然な形によって、保護区１２０２はますますこの世界の現状を映すようになってきている。

ＢＤＦＦＰにかかわる人はつねに入れ替わっているため、この計画に長年携わってきた人でさえ、だれとそこで出会うかはわからない。私はマリオ・コーン＝ハフトといっしょに保護区１２０２に車でやって来た。コーン＝ハフトはアメリカの鳥類学者で、一九八〇年代なかばにインターンシップ制度を通じてこの計画にはじめて参加した。やがてブラジル人女性と結婚し、いまはマナウス市にある国立アマゾン研究所ではたらく。長身で細身の彼は、まばらな白髪と悲しげな茶色の眼の持ち主だ。

マイルズ・シルマンが熱帯の樹木に寄せるのと同じような愛情と熱意を、コーン＝ハフトは鳥たちに注ぐ。鳴き声だけで何種類のアメリカ大陸の鳥を区別できるかと尋ねてみると、彼は問いの意味がわからないとでも言いたげな表情でこちらを見た。もう一度質問をくり返すと、答えは「全部」だった。アマゾン川流域には公式には千三百種ほどの鳥類がいることになっているが、コーン＝ハフトはもっと多いはずだと考えている。一般人は体の大きさや羽毛に気をとられ、鳴き声にあまり注意を向けない。けれども同じ鳥のように見えても声が違うなら、遺伝学的に異なる種だと彼は言う。保護区１２０２に二人で連れ立って行ったとき、彼は、注意深く鳴き声を聞くことで発見したいくつかの新種の鳥にかんする論文を準備中だった。このうちの一種でタチヨタカ科に属する夜行性の鳥は、悲しげな忘れがたい声で鳴き、地元の人びとはそれをブラジルの民間伝承に出てくるクルピラのせいにする。クルピラは少年のような顔、ふさふさした髪、後ろ向きについた足をもつ。彼は密猟者や森の恵みを際限なく奪う者をだれかまわず襲う。

鳥の声を聞くには夜明けがいちばんなので、午前四時を少し回ったところで、コーン＝ハフトと私は保護区１２０２めざして暗いなかを出発した。最初に足を止めたのは、気象観測装置を設置した金属製の塔だった。約三九メートルの高さがあり、かなり錆びついた塔の上からは、パノラマのように林冠を見渡すことができた。コーン＝ハフトが強力なフィールドスコープを三脚にとりつけた。彼はｉＰｏｄと携帯スピーカーも持ってきていた。ｉＰｏｄには数千種類もの鳥の鳴き声が保存されていて、姿を見せない鳥の声を耳にすると、彼はその鳥を誘い出そうと鳴き声を再生した。

「一日が終わるまでに百五十種の鳥の声を聞いたとしても、姿を見かけるのはせいぜい十種くらいでしょう」と彼は話した。ときどき緑の背景に別の色がちらりと見えることがあり、おかげでコーン＝ハフトがマミジロミヤビゲラ、ハグロドリ、キンバネミドリインコだと教えてくれた鳥たちを垣間見ることができた。彼がスコープを林のなかの青い点に合わせると、これまで見たなかでいちばん美しい鳥が目に入った。瑠璃色の胸、紅色の脚、明るい青緑色の羽毛を頭にもつルリミツドリだった。

太陽が高く昇るにつれて鳴き声がやんでいき、私たちはふたたび歩きはじめた。炉のなかにいるような暑さになり、二人とも汗だくになるころには、保護区１２０２の入り口にある鎖で閉じられた門の前に出た。コーン＝ハフトは保護区にある数本の道のうち一本を選び、やがて私たちは保護区の中央に近いと思われる場所に着いた。彼は足を止めて耳をすませた。ほとんど音らしい音はしなかった。

「いま鳴いている鳥は二種だけですね」と彼は言った。「一方はこう言っていますよ、『おや、雨が降りそうだ』。ハイイロバトで、原始林に棲む典型的な種類です。もう一方は、『ピチュー、ピチュー』と鳴いています」。彼がフルート奏者の準備練習のような音を出して鳴き声をまねた。「あれはアカマユカラシモズです。この鳥は二次林や耕作地周辺などでよく見かけますが、原始林にはいません」

コーン＝ハフトによると、保護区１２０２で、はじめてはたらきはじめたときの彼の仕事は鳥をつかまえ、足輪をつけて放すというものだった。この作業は略して「リング・アンド・フリング」と呼ばれる。鳥をつかまえるには、地面から一八〇センチメートルくらいまでの高さの網を森に仕掛ける。森が分断される前と後で鳥類の個体数調査を行ない、後日比較できるようにする。コーン＝ハフトは仲間とともに、計十一区ある保護区全体で二万五千羽近くの鳥に足輪をつけたという。[5]

「最初に得られた結果にはみな驚きました。それは大局的に見れば小さなことのようですが、一種の保護区効果と言っていいものでした」と彼が言った。私たちは木陰に立っていた。「周辺の森林を伐採すると、捕獲率、つまり単純に捕獲した鳥の個体数そのもの、ときには種数が含まれることもありますが、それが最初の一年ほどは増えます」。木が伐採された区域の鳥が残された孤立林に逃げ込むのだろう。ところが、しばらくすると、孤立林では鳥の個体数と種数がどちらも減りはじめる。そして、あとは減少する一方になる。「言いかえるなら」とコーン＝ハフトが語る。「突然このような少ない種数で平衡状態となったわけではなく、以前から多様性の減少は徐々に進行していたのです」。そして鳥類についても言えることはほかの種についても言えた。

局所的な絶滅はなぜ起きるか

島（ここで言う島は棲息地をさす「島」ではなくふつうの意味での島である）は生物種が少ない傾向にあり、この傾向は生態学では「動植物相が貧弱である」と言う。同じことは海の真ん中にある火山島にも当てはまり、より興味深いことに、いわゆる陸橋でつながった沿岸の島にも当てはまる。こうした陸橋島は海水準の変動によって形成されるが、この種の島の研究者は、島内の動植物の多様性が、かつてその一部だった大陸より一貫して少ないことを発見している。

これはなぜなのだろう？　孤立するとなぜ多様性が減るのか。一部の種では、答えは簡単そのものだ。取り残された棲息地が彼らには適合しなかったのだ。生きていくのに一〇〇平方キロメートルの土地を必要とする大型ネコ科動物は、わずか五〇平方キロメートルの土地では長くは生きられない。池で産卵して山腹で子育てする小型のカエルは、池と山腹の両方を必要とする。

しかし、問題が適合する棲息地の消失だけなら、陸橋島では早期の段階で多様性は新たな低いレベルで安定するだろう。ところが、そうはならない。生物種は絶滅しつづける。これが、驚くほど明るい印象の用語「リラクゼーション」として知られるプロセスだ。更新世末の海面上昇により形成された陸橋島の一部では、完全なリラクゼーションが起きるのに数千年かかり、まだこのプロセスが進行中の島もある。[6]

生態学者はリラクゼーションが起きる理由に生命がランダムであることを挙げる。狭い場所には少数の個体しか棲むことができず、少数の個体はさまざまな危険の前にはより無力になる。極端な例を挙げれば、ある島に種Xがひとつがい棲んでいるとしよう。ある年、つがいの巣はハリケーンで木から落とされてしまう。翌年生まれてきた子はみな雄で、その後、巣は毎年のようにヘビに襲われる。種Xはいまや局所的な絶滅の一歩手前だ。島にこの種がふたつがいいれば、両方がこうした不幸な目に遭う可能性は低く、さらに二十つがいいるなら、その可能性はかなり低くなる。それでも、長い目で見れば、やはり致命的となる。これはコイントスと同じだ。コインを投げたとき、続けて十回表になる可能性は最初の十回（二十回または百回）では低い。ところが、コインを膨大な回数投げれば、ありえないような結果も起きる。確率の法則は強力なので、少ない個体数のリスクについて、観察による証拠は必要ないだろう。だが、証拠はある。一九五〇年代と六〇年代、野鳥観察者がウェールズ沖のバードジー島で繁殖する鳥（ふつうに見られるイエスズメやミヤコドリから、より珍しいチドリやダイシャクシギまで）の全つがいについて詳細な記録を作成した。一九八〇年代に、当時、ニューギニアの鳥類を専門とする鳥類学者だったジャレド・ダイアモンドがこの記録を分析した。ダイアモンドは、島から特定の種が消える可能性は、つがいの数が増えるにしたがって勾配が指数関数的に減る曲線を描くという発見をした。彼は、局所的絶滅のおもな予測因子は「小さな個体数」であると書いている。[7]もちろん、少数の個体という条件は島に限られてはいない。池には少数のカエルが、湿地には少数のハタネズミがいるかもしれない。そして局所的な絶滅はたえず起きている。しかし、局所的な絶滅が一連の不運の積み重ねで起きるとき、その場所には別の場所から入ってきた、より幸運なほかの個体群が棲みつくことが多い。島がほかの場所と異なり、リラクゼーション現象が起きる理由は、そこでは種の再生がひどく難しく、たいてい不可能に近いことにある（陸橋島でも少数のトラなら生きていけるかもしれないが、そのトラが死に絶えても、別のトラが泳いでその島にわたることはありそうにない）。同じことは、あらゆる種類の棲息地分断についても言える。分断されて孤立した土地がなにに囲まれているかによって、ある個体群が死に絶えた場合にその種が再生するか否かが決まる。BDFFPの研究者は、たとえばメキシコシロガシラインコなどの鳥は躊躇《ちゅうちょ》せず道路を横切るが、セウロコアリドリなどの鳥はよほどのことがないかぎり横切ろうとしないことを発見した。[8]種の再生が起きないなら、局所的な絶滅は地域全体に広がり、やがて世界に広がるかもしれない。

グンタイアリのユニークな生態

保護区1202から一六キロメートルほどで未舗装の道は途絶え、現代の基準から見て手つかずと言える熱帯多雨林が始まる。ＢＤＦＦＰの研究者はこの森の一部を対照調査区として使うために印をつけてある。分断区域と連続区域で起きることを比較するためだ。道路が途切れるあたりに、小規模なキャンプ41がある。研究者たちはここで寝泊まりし、食事し、雨風をしのぐ。ある日の午後、ちょうど雲間から陽が射したとき、コーン＝ハフトと私はこのキャンプにたどり着いた。私たちは森のなかを走ってきたのだが、ほんとうは走っても走らなくても同じことだった。キャンプ41に来るころには、二人ともずぶ濡れだったのだ。

激しい雨がやみ、濡れた靴下を絞ったあとで、私たちはキャンプをあとにして森の奥へ分け入った。空はまだ灰色の雲に覆われ、森は暗く陰鬱な色合いを帯びている。私はクルピラが後ろ向きの足で木陰に潜んでいそうな気がした。

ＢＤＦＦＰを二度訪ねたことのあるＥ・Ｏ・ウィルソンは、そのうちの一回の訪問のあとでこう書いた。「ジャングルにはなにかが満ち満ちているが、それは人知を超えたなにかだ」[9]。コーン＝ハフトも同じようなことを言ったけれども、彼の言葉には気負いがなかった。彼は、熱帯多雨林は「テレビで見たほうが断然よく見える」と言ったのだ。最初、私には自分の周りになにか動きがあるとは思わなかった。ところが、コーン＝ハフトが昆虫の痕跡を指摘しはじめると、たくさんの活動が起きているのがわかった。ウィルソンの言葉を借りれば、「小さきものの世界」だ。ナナフシが枯れた葉からぶら下がって、繊細な足を振る。クモが丸く張った巣にうずくまっている。土の管が森の地面から突き出ているのは、セミの幼虫がいる場所だ。木の幹が子を孕んだように大きく膨れているのはシロアリの巣だった。コーン＝ハフトがノボタンを見つけた。葉を一枚裏返して葉柄《ようへい》を折ると、なかが空洞になっている。小さな黒いアリがぞろぞろ這い出してきて、小さいながらなかなか獰猛そうだ。彼の説明によると、そこに棲まわせてもらう見返りに、アリはほかの昆虫からこの植物を守っているのだという。

コーン＝ハフトはマサチューセッツ州西部で育ったといい、そこは偶然にも私が住む場所からさほど遠くなかった。「若いころの私は、自分はとくに専門を定めない博物学のゼネラリストだと考えていました」と彼は話す。彼は鳥類のほかにも、ニューイングランド西部で出会う樹木や昆虫ならたいてい名前を知っていた。しかしアマゾン川流域ではゼネラリストでいるのは不可能だった。ともかく、覚えることが膨大なのだ。BDFFPの調査区では、千四百種ほどの樹木が同定されており、この数は約一六〇〇キロメートル西にあるシルマンの調査区に比しても大きい。

「ここにあるのは、それぞれの種が著しく特殊化している膨大な多様性《メガダイバーシティ》をもつ生態系です」とコーン＝ハフトは語る。「そしてこれらの生態系では、特殊であることに対する見返りはとんでもなく大きいのです」。彼は熱帯の生物がなぜ多様性に富むのかについて、自説を披露してくれた。彼は多様性とは自己補強だと言う。「種の多様性が高ければ自ずと同一種内の個体密度が低くなり、これが種分化をうながします。距離による孤立ですね」と彼が解説する。彼によると、それは同時に弱みにもつながるという。孤立した小規模な個体群は絶滅しやすいからだ。

太陽が沈みかけ、森のなかはすでに薄暗かった。キャンプ41に取って返す途中、私たちが歩いている道からほんの一メートルほど離れた道を進むアリの隊列に出くわした。赤褐色のアリ

グンタイアリの一種バーチェル・グンタイアリ。

は（彼らにとってはとりわけ）大きな丸太を越えるほぼ直線のルートを歩いている。アリは丸太に上って下りる。私は隊列を前後両方向に追ってみたが、旧ソ連の軍事パレードのように延々と続いている。コーン＝ハフトによれば、この隊列はバーチェル・グンタイアリという種類のグンタイアリだった。

熱帯に数十種いるグンタイアリは、定まった巣というものをもたない点において、ほかのアリと異なる。彼らは移動し、昆虫やクモ、ときには小型のトカゲを狩り、一時的な「野営地」でキャンプする（バーチェル・グンタイアリの「野営地」は、アリそのものでできていて、女王アリを囲むように並んでひとかたまりとなり、闖入《ちんにゅう》者があれば凶暴に噛みつく）。グンタイアリは一般に大食で知られ、軍隊のように隊列を成して進む一つのコロニーは、一日あたり三万を数える獲物（大半はほかの昆虫の幼虫）を喰らう。けれども、その貪欲な食欲ゆえにグンタイアリは多数のほかの種を支えている。アリドリと呼ばれる多彩な鳥のなかに、かならずアリの近くにいる種類がいる。これらの鳥はつねにアリの群れの周辺に控えていて、アリに驚いて枯れ葉から飛び出てきた昆虫を捕食する。ほかにもアリの近くにいるわけではなくとも、たまたまアリに遭遇すると飛び出てきた獲物を狩る種類がいる。アリドリのあとには、「それぞれに行動を特化させた」多種類の生き物がついていく。鳥の糞を食べるチョウがいるし、驚いたコオロギやゴキブリに卵を産みつける寄生種のハエもいる。[10] ダニの仲間にはアリに運んでもらうものがいる。ある種のダニはアリの脚に、別種のダニはアリの大顎に付着する。アメリカの博物学者カールとマリアンのレッテンマイヤー夫妻は、半世紀以上にわたってバーチェル・グンタイアリを研究し、このアリとかかわりをもつ三百種以上の生物のリストを作成した。[11]

コーン＝ハフトが鳥の鳴き声が聞こえなくなったと言い、時刻も遅くなってきたので、私たちはキャンプに引き揚げた。翌日、アリと鳥とチョウの行列を見に同じ場所に戻ろうと約束した。

一分に一種が絶滅⁉

一九七〇年代末、テリー・アーウィンという昆虫学者がパナマで調査していたとき、熱帯林の約八〇〇〇平方メートル（二エーカー）につき何種の昆虫が見つかると思うかと、ある人に尋ねられた。それまでアーウィンは、ほぼ甲虫を専門としてきていた。一本の木の樹冠に殺虫剤をまき、雨で木から落ちてくる甲虫の死骸を集めるというやり方だった。熱帯に昆虫が何種いるかという、より大きな問題に興味をそそられた彼は、自分のこれまでの経験からどう答えを出せるかと考えた。そこでまず、シナノキ科の一種であるルエヘア・シーマンニイという木から、九百五十種以上の甲虫を採集した。次に、これらの甲虫の五分の一がこの木に依存し、ほかの甲虫も同様に別の木に依存していて、甲虫が昆虫種全体の四〇パーセントを占め、全体でおよそ五万種の熱帯樹木があると仮定した。この仮定の下にアーウィンは、熱帯には三千万種の節足動物が棲息すると推定した[12]（節足動物には、昆虫に加えてクモとムカデがいる）。本人によると、彼は自分が出した結論に衝撃を受けたという。

それ以降、アーウィンの推定を精緻化する多くの試みがなされた。多くはアーウィンが出した数値を下方修正した（種々の批判があるが、アーウィンはたぶん一本の植物に依存する昆虫の割合を多く見積もりすぎたようだ）。それでも、昆虫の種数は一般に驚くほど多い。最近の推定によると、熱帯には少なくとも二百万種の昆虫が棲息し、ことによると七百万種いるかもしれないという[13]。これに比べて、世界中を見渡しても鳥類でせいぜい約一万種、哺乳類にいたっては五千五百種しかいない。ということは、熱帯だけでも有毛で乳腺をもつ一種に対して、触角と複眼をもつ種が少なくとも三百種いることになる。

昆虫相が豊かであるということは、熱帯に問題が起きると膨大な被害が出る可能性を意味している。次の計算を見てほしい。熱帯の森林破壊の測定が困難なのはよく知られるところだが、森林が一年に一パーセントの割合で伐採されるとしよう。種数・面積関係を示す式 $S = cA^z$ の z を〇・二五とすると、その区域の面積が一パーセント失われれば、そこに棲む生物種の約〇・二五パーセントが失われる。ここで、かなりひかえめに見積もって熱帯多雨林に二百万種いるとすると、毎年およそ五千種が失われることになる。これは、一日に約十四種、百分に一種という計算になる。

この綿密な計算は、E・O・ウィルソンがBDFFPの保護区を訪ねてまもなく一九八〇年代末に行なったものだ。[14]ウィルソンはこの結果を『サイエンティフィック・アメリカン』誌に発表し、これにもとづいて、現在の絶滅率は「自然に起きる背景絶滅率の一万倍」と結論づけた。さらに彼は、これは「生物多様性を、白亜紀末の絶滅以降で最低レベルに減少させている」と述べ、この白亜紀末の絶滅は史上最悪の大量絶滅ではないものの、「図抜けて有名であり、それはこの絶滅が恐竜の時代を終わらせ、哺乳類の覇権を許すことで、よくも悪くも人類の誕生を可能にしたからだ」とも指摘している。

アーウィンの計算と同様、ウィルソンの計算も衝撃的だった。これらの計算は理解しやすく、少なくとも再現できるので、熱帯生物学者という比較的小さな世界のみならず、主流のメディアにも大きな注目を浴びた。「熱帯の森林破壊によって一時間に一種、いや一分に一種が絶滅しているという話を耳にしない日は一日たりともない」[15]と、ある二人のイギリスの生態学者は嘆いた。二十五年後の現在、ウィルソンが出した数値、またアーウィンの数値も、観察と一致しないと一般には考えられている。これについては、科学者よりむしろサイエンスライターが慎重にすべきだろう。予測が観察と合致しない理由については、まだ決着がついていない。

一つの可能性は、絶滅には時間がかかるということだ。ウィルソンの計算は、いったんある区域の森林が伐採されると、どちらかと言えばただちに生物種が消失すると想定している。しかし、森林が完全に「リラクゼーションする」には相当な時間がかかり、生存のサイコロが出す目によっては、残された少数の個体群が長期にわたって生き残る場合すらある。なんらかの環境変化に遭遇した種数と実際に消失した種数の差異は、しばしば「絶滅の負債」と呼ばれる。この言葉が暗示するのは、クレジットで買い物をした場合と同じように、このプロセスには遅れがつきものということだ。

別の可能性は、森林破壊で失われた棲息地は、実際には失われていなかったというものだ。材木を得るために伐採されたり、耕作地にするために燃やされたりした森林であっても、復元できるし実際にすることがある。皮肉にも、これをよく示す例がBDFFPの保護区のすぐ近くにある。ラヴジョイがブラジルの役人に自分の計画を後押しするよう説得してまもなく、ブラジルは深刻な対外債務危機に陥り、一九九〇年まではインフレ率が三万パーセントまで跳ね上がった。ブラジル政府は牧場主に約束していた助成金をキャンセルし、その結果として広大な土地が放置された。BDFFPによって正方形に区画された孤立林の一部では、周辺で樹木がさかんに再生し、ラヴジョイが新しく生えた木を切ったり燃やしたりしなければ、調査区はすっかり森にのみ込まれてしまっただろう。熱帯の原始林は減りつづけているものの、一部の地域では二次林は増える傾向にある。

さらにもう一つの可能性は、人間の観察力には限界があるというものだ。熱帯にいる生物種の大多数は昆虫その他の無脊椎動物なので、絶滅が予測される種の大半もこれらの動物となる。ところが、私たちはそもそも熱帯にどれほどの種数の昆虫がいるか知らないのだから（百万単位の近似値すら決められない）、一、二種、いや一万種失われたところで、それに気づくとも思えない。ロンドン動物学会が最近出した報告書は、「記録されたすべての無脊椎動物のうち保全状態が判明しているのは一パーセントに満たない」と指摘しており、無脊椎動物の大多数はいまだに記録されてもいない。[16]ウィルソンが述べたように、無脊椎動物は「世界を動かす小さきものたち」かもしれないが、小さきものたちはとかく見逃されやすい。

森林破壊と温暖化

コーン＝ハフトと私がキャンプ41に戻るまでに、ほかの人が何人か到着していた。そのなかにコーン＝ハフトの夫人で生態学者のリタ・メスキータと、アマゾナス持続可能財団（FAS）と呼ばれるグループの会議に出席するためマナウス市を訪れたトム・ラヴジョイがいた。現在七十代前半の彼は、「生物多様性」という言葉を一般に知らしめ、「債務・環境スワップ［環境NGOなどが、途上国の債務を引き受けるのと引き換えに、途上国の環境保護施策を義務づける枠組み］」というアイデアを提案した人物だ。彼は世界自然保護基金（WWF）、スミソニアン協会、国連財団（UNF）、世界銀行（WB）ではたらいてきており、アマゾンの熱帯多雨林の半分ほどがなんらかの法的な保護を受けているのは、彼の尽力に負うところが大きい。ラヴジョイは、森を飽きることなくさまようのも、議会で証言するのも軽々とやってのけるという珍しいタイプの人物だ。アマゾンの熱帯多雨林保全を訴える方法をたえず模索していて、その夜くつろいでいると、一度トム・クルーズをキャンプ41に連れてきたことがあると話してくれた。クルーズは楽しんだ様子だったが、残念なことに熱帯多雨林の保全という理念に賛同することはなかった。

現在までに、BDFFPにかんする五百編以上の科学論文と数冊の科学書が出されている。この計画から学んだことはなんでしょうと水を向けると、部分から全体を判断する際には慎重を期さねばならないことだ、とラヴジョイは答えた。たとえば、最近の研究によって、アマゾン川流域における土地利用の形態の変化は、大気の循環に影響を与えることが解明されたという。つまり、より大局的に見れば、熱帯多雨林の破壊は森林の消失のみならず、降雨の減少にもつながりかねないということだ。

「一平方キロメートルの孤立林が散在する土地が残されたとしましょう」とラヴジョイが言った。「BDFFPで得られた結果によれば、このことは基本的に動植物相の半分以上が失われることを意味します。もちろん、おわかりのように、現実には事態はいつでももっと複雑です」

BDFFPで得られた知見の大半は喪失のテーマにかかわる。この計画の区域内には六種の霊長類がいる。このうち三種――クロクモザル、フサオマキザル、ヒゲサキ〔オマキザル科サキ属のサル〕――は孤立林では見られない。異種の集団で移動するオナガオニキバシリやオリーブハシブトカマドドリなどの鳥類は、小さな孤立林から完全に姿を消し、より大きな孤立林で小集団で見つかる程度だ。ヘソイノシシがつくったくぼみで繁殖するカエルは、ヘソイノシシが死に絶えたために道連れになった。光や熱のわずかな変化にも敏感な種の多くは、孤立林の辺縁に行くにしたがって個体数が減ったが、好日性のチョウは増えた。

一方で、BDFFPの趣旨とはかかわりないとはいえ、地球温暖化と海洋酸性化、地球温暖化と外来種、外来種と森林分断化のあいだに謎めいた相乗効果があるように、森林の分断化と地球温暖化のあいだにも同様の相乗効果が認められる。気温の上昇に迫られて移動しはじめたものの孤立林に閉じ込められた種は、それが非常に大きな孤立林であったにしても、たぶん生き残ることはできない。人新世の顕著な特徴は、種の移動を強いる一方で、種の移動を阻む障壁――道路、更地、都市――をつくるように世界が変化している点にある。

「一九七〇年代に私が考えていたことに、気候変動という新たな問題が加わりました」とラヴジョイが私に語った。彼はこう書いている。「たとえ現在起きている気候変動が自然なものであったにせよ、人間の活動によって生物多様性の広がりを阻む障壁がつくり出され」、その結果は「史上最悪の生物危機」かもしれない[17]。

その夜は、だれもが早々に床についた。数分後、ことによると数時間後かもしれないが、聞いたこともないような物音で目覚めた。その音はどこから聞こえるのかわからなかったし、あらゆる方角から聞こえるようでもあった。しだいに強まっては弱まり、私がようやくうとうとしはじめたと思うと、また始まる。抱接中のカエルの鳴き声だとわかったので、ハンモックを抜け出し、懐中電灯を手にあたりを見回した。騒音の主は発見できなかったが、縞状に発光する昆虫を見つけた。瓶に入れたいところだったが、手持ちの瓶はない。翌朝、コーン＝ハフトが抱接しているひとつがいのアマガエルを指さした。このカエルはオレンジっぽい褐色で、シャベルのような顔をしている。雌の背中に乗っている雄は雌の半分くらいの大きさだ。アマゾン流域の低地に棲む両生類は、少なくともいまのところは、ツボカビの大きな被害には遭っていないと私はなにかで読んでいた。ほかの人たちと眠れない夜を過ごしたコーン＝ハフトは、このカエルの声を「咆哮《ほうこう》になったかと思うと、くつくつという笑い声で終わる長いうめき声」と形容した。

コーヒーを何杯か飲むと、私たちはアリの行進を見に出かけた。ラヴジョイも同行する予定だったが、彼が長袖のシャツを羽織ったときに、なかにいたクモが彼の手を噛んだ。クモは毒をもっていないように見えたが、噛んだ痕が赤く変色してラヴジョイの手がしびれてきた。彼はキャンプに残ることになった。

「理想はアリに自分を取り囲ませることです」とコーン＝ハフトが歩きながら説明した。「そうしたら、逃げ場がなくなりますからね。まあ自分を部屋の角に追い込むようなものです。アリがあなたの体に這い上がってきて服を噛むでしょう。あなたは騒ぎの真っただ中にいることになります」。遠くで、メガネアリドリがさえずりと笑い声のあいだのような鳴き声を出すのをコーン＝ハフトが聞きとった。その名前が示すとおり、メガネアリドリはアリのあとをついていく鳥なので、幸先のいい話だった。ところが数分後、前日に長いアリの隊列を見た場所に

シロエボシアリドリ。

戻ってみると、どこを探してもアリの姿はない。コーン＝ハフトは木の上で鳴く二羽のアリドリに気づいた。高い口笛のような鳴き声のシロエボシアリドリと、陽気にさえずるシロアゴコオニキバシリだった。この鳥たちもアリを探しているらしかった。

「あの鳥たちも僕たちといっしょで混乱していますね」とコーン＝ハフトが言った。

彼によると、あのアリたちはずっと野営地で過ごしてきて、やっと停留期に入ったのだろうという。この期間には、アリはだいたい一か所にとどまって次世代を育てる。停留期は最長で三週間ほど続くが、これがBDFFPで得られたもっとも不思議な発見の一つを説明するカギかもしれない。グンタイアリの個体群を維持できるほど大きな孤立林であっても、アリドリが絶滅することがある。なぜなら、つねにアリを追いかけるアリドリは、餌を探して移動するアリを必要とするが、孤立林では活動中のアリがかならずいるほど多くのコロニーがないからだ。これが熱帯多雨林の摂理というものだとコーン＝ハフトが言った。アリドリは「行動を特化させた」ために、その行動がとれなくなるような変化が起きると、生存が危うくなる。

「なにかに依存したものを見つけたとして、そのなにかがまた別のものに依存している場合、一連の相互作用が機能するかどうかは変化が起きないことにかかっています」と彼が述べる。

キャンプに戻る道々、私はこのことについて考えてみた。もしコーン＝ハフトが正しいのであれば、アリと鳥とチョウの狂気じみた複雑さは、実際にはアマゾンの安定性を示す目安なのだ。ゲームの規則が不変でありつづける場所でのみ、鳥がアリを追いかけ、チョウがその鳥の糞を食べるよう進化する時間が稼げる。そう、私はアリが見つからなかったことに落胆してはいたけれども、それが鳥に喰われたわけでないことはわかっていた。

第10章 新パンゲア大陸

トビイロホオヒゲコウモリ
Myotis lucifugus

コウモリの個体数調査にふさわしい季節は真冬だ。コウモリはいわゆる「冬眠動物」なので、気温が下がってくると、後肢で逆さまにぶら下がって落ち着ける場所を探しはじめる。アメリカ北東部では、最初に冬眠に入るのはたいていトビイロホオヒゲコウモリだ。十月末から十一月はじめ、このコウモリは洞窟や立坑のように、雨風をしのげて条件が安定していそうな場所を探す。まもなくアメリカトウブアブラコウモリがこれに続き、さらにオオクビワコウモリとヒメコアシホオヒゲコウモリが加わる。冬眠中のコウモリは体温がふだんより約二八〜三三℃低く、氷点近くまで下がることもしばしばだ。後肢でぶら下がるコウモリは、心拍数が減り、免疫系は停止し、仮死状態に近い。冬眠するコウモリを数える作業には、強靭な首、高性能のヘッドランプ、そして暖かい靴下が欠かせない。

二〇〇七年三月、ニューヨーク州オールバニー市の野生生物学者数人が、この町のすぐ西側にある洞窟でコウモリの個体数調査を行なった。これは日常的な作業だったので、監督者のアル・ヒックスはオフィスに残ったほどだった。ところが洞窟に着いたとたん、生物学者たちは携帯電話を取り出した。

「『なんてこった、コウモリの死体だらけだ』と彼らは言いました」とニューヨーク州環境保護局の職員であるヒックスはのちに思い返す。ヒックスは死体を何体かオフィスに持ち帰るよう彼らに頼んだ。さらに生きているコウモリを見つけたら写真を撮るように指示した。写真を見ると、ヒックスはコウモリの鼻の周りにベビーパウダーがついているように見えることに気づいた。このような例は見たことがないので、知り合いの専門家すべてに写真をメールで送りはじめた。写真を受けとった専門家もみなこんな例は知らないとのことだった。ほかの州の知人には冗談を返してくる人もいた。ニューヨークのコウモリがやっているドラッグはなんなのか、と。

春になった。ニューヨーク州とニューイングランド地方中のコウモリが冬眠から覚めて飛び去った。白い粉の正体は謎のままだった。「あんなもの、どこかへ消えてしまえばいい、と考えていました」とヒックスが話す。「それはブッシュ政権みたいなものでした。あの政権同様、どこにも消え去ってはくれなかったのですから」。消えるどころか、それは広がっていった。次の冬、同じ白い粉のような物質が、四つの州の三十三に上る洞窟のコウモリから発見されたのだ。コウモリがぞくぞくと死んでいった。一部の冬眠場所では、個体数は九〇パーセント以上減った。ヴァーモント州のある洞窟では、無数の死体が天井から落ち、地面の上に雪の吹きだまりのように折り重なっていた。

コウモリの死はその次の冬も続き、別の五州に拡大した。そのまた次の冬には新たに三州に広がり、多くの場所ではすでにほとんどコウモリが残っていないにもかかわらず、コウモリの死はいまでも続いている。白い粉は現在では、低温で繁殖する真菌（カビ）――好冷菌――であることが判明しており、おそらくヨーロッパからたまたまアメリカに運ばれてきたと考えられている。はじめて単離されたとき、このゲオミケス属のカビにはまだ名称がなかった。コウモリに与える破滅的な影響から、それはゲオミケス・デストルクタンス（*Geomyces destructans*）と名づけられた［destruction＝破滅から］。

グローバル化の影響

人間がいなければ、たいていの種にとって長距離の移動は難しく、ほぼ不可能に近い。この事実はダーウィンにとって重要きわまりなかった。彼の「変化をともなう由来」説では、ありとあらゆる種が単一の起源にさかのぼれることが前提となる。そこから拡散するために、種は這い、泳ぎ、駆け、歩き、種子を風に乗せた。十分に長い時間が経てば、カビのように自分では動けない生物も広範囲に拡散する、とダーウィンは考えた。しかし、興味深いのはこの拡散にも限界があることだった。この限界があるから、生命は豊穣で、その多様性のなかにパターンが見てとれるのだ。たとえば、ダーウィンの考えでは気候も地形も「完璧に似通った」南米やアフリカ、オーストラリアの広大な陸地に、互いに似ても似つかぬ動植物が分布する理由は、海という障壁によって説明できる。各大陸の生物はべつべつの進化を遂げ、このために物理的な孤立が生物学的な相違点につながった。同様に、東太平洋の魚類と西カリブ海の魚類を隔てているのは、ダーウィンによれば「狭くて通り抜けできないパナマ地峡だけ」とはいえ、両者の違いは陸地という障壁によって説明することができる。より狭い範囲で考えるなら、ある山脈や河川の片側で見つかる種ともう一方の側で見つかる種は、たいてい近い関係にあるはずだが、往々にして相互に異なっていた。たとえば、ダーウィンは、「マゼラン海峡周辺の平原にはある種のレア〔アメリカダチョウ〕が、それより北側のパンパ（大平原）には別種のレアが棲んでおり、これらの土地には、アフリカやオーストラリアにいるような本物のダチョウやエミューはいない」と指摘している。

拡散の限界については、ダーウィンは別の意味でも頭を悩ませ、こちらの問題は説明がより難しかった。彼が自身の目で確かめたように、ガラパゴス諸島のような辺縁の火山島にも生き物があふれている。実際、島々には世界でももっとも珍しい生き物の多くが棲む。彼の進化論が正しいものであるためには、これらの生物は最初の集団の子孫でなければならなかった。しかし、最初の集団はどのようにして島に到達したのだろう？　ガラパゴス諸島の場合には、海によって南米大陸から約八〇〇キロメートル隔てられている。ダーウィンはこの問題に悩み抜き、ケント州にある自宅の庭で海をわたる条件を再現するのに一年費やした。彼は植物の種子を集めてタンクのなかの塩水に浸した。数日ごとに種子を取り出して庭に植えた。これは時間を喰う実験だった。彼は友人に宛ててこう書いている。「水は二日に一回取り替えないとひどく臭う」[1]。それでも、結果は期待できると彼は考えた。大麦の種子は四週間塩水に浸したあとでも発芽し、コショウソウの種子は「恐ろしく臭ったが」六週間後でも発芽した[2]。海水がおよそ毎時一・六キロメートルの速度で流れるとすれば、種子は六週間で約一六〇〇キロメートル移動する。では、動物なら？　ここで、ダーウィンが用いた手法はやや奇怪なものになる。彼はカモの両脚を切り落とし、巻貝の幼生を放した塩水の入ったタンクにつるした。しばらく放置したあと、カモの脚をタンクから取り出し、脚に幼生が何匹付着しているか自分の子どもたちに数えさせた。小さな巻貝は最長二十時間まで空気中で生きられることがわかった[3]。彼の計算によると、これだけの時間があれば、この脚がくっついたカモは約九六～一一二六キロメートル移動できるかもしれない。辺縁の島の多くで、飛ぶことのできるコウモリ以外に哺乳類がいないのはけっして偶然ではないと彼は考えた[4]。

ダーウィンが「地理的分布」と呼んだ考えには深い意味合いがあり、一部は彼の死後ようやく認められた。十九世紀後期、古生物学者は、異なる大陸で発見された化石がもつ多数の奇妙な類似性を分類しはじめた。たとえば、メソサウルスはペルム紀に棲息していた小型の爬虫類で、口からはみ出た歯をもつ。メソサウルスの化石はアフリカ、そしてアフリカとは海で隔てられた南米からも出る。グロッソプテリス類のシダは舌のような形をした葉をもち、やはりペルム紀に栄えた。この植物の化石はアフリカ、南米、オーストラリアで見つかる。どのようにして大きな爬虫類が大西洋をわたったのか、植物が大西洋や太平洋をわたったのかが不明なため、数千キロメートルにおよぶ長大な陸橋が想定された。しかし、これらの海をまたぐ橋はなぜ消滅し、どこへ消えたのかはだれにもわからなかった。二十世紀はじめ、ドイツの気象学者アルフレッド・ウェゲナーが妙案を思いついた。「大陸が移動したに相違ない」[5]と彼は述べた。「南米はアフリカの隣にあって両者は一つの塊を形成し……やがて海に浮かぶ氷塊のように数百万年かけてどんどん相互に離れていったのだろう」。ある時点でウェゲナーは、現在の大陸はかつて一つの超大陸、パンゲア大陸を形成していたと仮定した。ウェゲナーの「大陸移動」説は彼の生前には嘲笑の的だったが、プレートテクトニクスの登場によって、その大部分が正しかったことはもちろん証明されている。

人新世の著しい特徴の一つは、地理的分布の原理が破綻してしまったことにある。高速道路や皆伐地、大豆のプランテーションが土地を分断し、陸の孤島を形成する一方で、グローバル規模の交易や旅行はその逆を成し遂げた。最果ての島ですら、その辺縁性をはぎとられたのである。世界中の動植物をふたたび混ぜ合わせるプロセスは、ヒトの初期の移動ルートに沿ってゆっくり始まり、ここ数十年で著しく加速し、世界の一部の地域では外来種が在来種を数の上で凌《しの》ぐまでになっている。船舶のバラスト水のみを考慮しても、二十四時間で一万種が世界中を移動していると推定される[6]。つまり、たった一隻のスーパータンカー（またはジェット機）があれば、数百万年かけて進行した地理的分離が元に戻ってしまうのだ。マギル大学に所属する移入種（外来種）の専門家アンソニー・リッチャルディは、現在進行中の地球上の生物相の再編を「大規模侵略[7]」と名づけた。この現象は地球史上「未曽有の出来事である」と彼は書いている。

コウモリの調査

偶然にも、私はオールバニーのすぐ東側にある、最初にコウモリが折り重なるようにして死んでいた洞窟に近い場所に住んでいる。私が「白鼻症候群」と呼ばれるものについて知ったころには、それはウェストヴァージニア州まで広がり、およそ百万匹ものコウモリがすでに死んでいた。あるときアル・ヒックスに電話すると、またコウモリの個体数調査の季節になるので、次の調査に参加してはどうかと提案してくれた。曇った寒い日の朝、私たちは彼のオフィス近くの駐車場で落ち合った。そこから北へとアディロンダック山脈をめざした。

二時間ほどで、シャンプレーン湖近くにある山の麓に着いた。十九世紀と第二次世界大戦中の二度にわたって、アディロンダック山脈は鉄鉱石の主要な産地となり、深い立坑が山中に掘られた。鉄鉱石が掘り尽くされると、立坑は人間には見向きもされなくなり、コウモリの棲処《すみか》となった。今回の調査では、私たちはかつてのバートンヒル鉱山内の立坑に入る予定にしていた。洞口は山の中腹にあり、一、二メートルの雪に覆われている。登山口で十人以上の人が寒さで足踏みしながら待っていた。ほとんどはヒックスのようなニューヨーク州職員だが、米国魚類野生生物局の生物学者が二人と、白鼻症候群をサブプロットにした本を書くために調査に来た地元の小説家がいた。

全員がスノーシューをはいたが、小説家だけは自分のスノーシューを持参するようにという

白鼻症候群にかかったトビイロホオヒゲコウモリ。

メッセージを受信しそこねたらしかった。雪が凍結していて歩くペースは遅く、八〇〇メートルほど進むのに三十分かかった。小説家が追いついてくるのを待つあいだ（彼は一メートルほどの深さがある雪の吹きだまりで手間どっていた）遺棄された鉱山に入る危険性の話になった。落石の下敷きになったり、ガス漏れで中毒になったり、三〇メートル以上真っ逆さまに落下したりする可能性があると聞かされた。さらに三十分ほど進むと、鉱山の洞口に到達した。それは山腹に開いた大きな穴で、その前にある岩は鳥の糞で白くなっていて、雪の上には動物の足跡が残っていた。どうやら、カラスやコヨーテがここに来れば楽に夕食にありつけると知ったらしい。

「ああ、くそっ」とヒックスが叫んだ。コウモリがバタバタと洞口を出入りし、雪の上を這うものもいる。ヒックスが雪の上の一匹をつかまえようとしたところ、反応は鈍く一度でつかまった。彼は親指と人差し指でコウモリの首をひねり、ポリ袋に入れた。「今日の調査は手早く終えよう」と彼が言った。

私たちはスノーシューを脱ぎ、ヘルメットとヘッドランプをつけ、鉱山の傾斜した長いトンネルを下っていった。何本もの光の筋が地面を照らし、コウモリが闇のなかを私たちに向かって飛来した。ヒックスが全員に注意をうながした。「足を踏み入れると戻ってこられない場所がありますよ」。トンネルはくねくねと曲がって、ときどきコンサートホールくらいの大きさの空間になり、そこからさらにトンネルが分岐する。空間には名前がつけられたものがあり、ドン・トーマス区画と呼ばれる陰気な部分に到達すると、私たちはいくつかのグループに分かれて調査を始めた。調査はできるだけ多くのコウモリを写真に収めることだった（あとでオールバニーに戻ってから、だれかがコンピューターの前にすわって写真に写っているコウモリの数を数える）。私は大きなカメラを手にしたヒックスと、レーザーポインターをもった米国魚類野生生物局の生物学者の一人とともに行動した。コウモリは高度に社会的な動物で、立坑では岩の天井から団子のように固まってぶら下がっている。大半はトビイロホオヒゲコウモリ（ミオティス・ルキフグス）で、この種は学名にちなんで調査仲間には単に「ルキ」と呼ばれる。これらのコウモリはアメリカ北東部でよく見られ、夏の夜に飛んでいるのはたぶんこの種だ。その英名（リトル・ブラウン・バット）が示すとおり、体長約一五センチメートル、体重約六グラムと小型で、茶色をしており、腹の毛がやや明るい（詩人のランダル・ジャレルは、このコウモリを「クリーム入りのコーヒーの色」と書いている）[8]。天井からぶら下がるその姿は濡れそぼったポンポンのようだ。ほかにも、顔の色が暗いのでそれとわかるヒメコアシホオヒゲコウモリ、そして白鼻症候群騒ぎの前から絶滅危惧種に指定されていたインディアナホオヒゲコウモリがいた。奥に進むにしたがってコウモリが目覚め、寝ぼけた子どものように甲高い声を上げて動いた。

その名前とは裏腹に、白鼻症候群の症候は鼻には限定されていない。立坑をさらに奥深く入っていくと、翼や耳にカビが斑点のように付着しているコウモリがいた。数匹は検査のために親指と人差し指で旅立たせた。死んでいたコウモリはそれぞれ性別を確認され（雄には小さなペニスがある）ポリ袋に入れられた。

現在でも、このゲオミケス・デストルクタンスというカビが、どのようにしてコウモリを死にいたらしめるのかは完全には解明されていない。わかっているのは、鼻が白いコウモリは真っ昼間にときどき目を覚まして飛び回ることだ。カビがコウモリの皮膚を文字どおり喰い荒らし、コウモリがその痛みで目覚めるという説がある。このために、コウモリは冬の終わりまでもつはずの脂肪の蓄えを使い果たしてしまう。飢えたコウモリは昆虫を求めて鉱山の外に飛び出すが、この季節に昆虫がいるはずもない。別の説によれば、カビのためにコウモリは皮膚から水分を失う[9]。そのために脱水症状になって目覚め、水を求めて外に出る。この場合も、コウモリは大切なエネルギー源を使い果たしてやせ衰え、最後には死にいたる。

私たちがバートンヒル鉱山に入ったのは午後一時くらいだった。午後七時までには、山の麓の出発地点にあと一歩のところまで戻っていたが、まだ山のなかではあった。やがて私たちの目に錆びついた巨大なウィンチが飛び込んできた。鉱山が操業されていたころ、鉄鉱石を外に運ぶのに使われたものだ。その下では道が死者の国に通じる川のような黒い水たまりに続いている。それ以上進めないので、私たちは長い道を上りはじめた。

外来種の繁栄

世界を股にかけた種の移動はときおりロシアンルーレットになぞらえられる。一か八かのゲームに似て、新しい生物が出現すると二つの対照的な事態が起こりうる。まず、「薬室に弾丸が込められていなかった場合」にはなにも起きない。気候が合わない、十分な食べ物が見つからない、捕食されるなど数多くの理由によって、新しい生物は生き延びられない（または少なくとも子孫を残せない）。結果的に定着に成功しなかった種は記録に残らないし、実際、まったく気にもとめてもらえないので、その正確な数字はわからないけれども、新天地に入ってきた種の大半は生き残って外来種になることはできない。

二番目の場合には、生き延びるのみならず子孫を残して侵略的外来種（侵入種）となる。この子孫も生き延び、さらに次世代の子孫を残す。これが侵入種の専門家に「定着」として知られる過程だ。この現象がどれほどの割合で起きるかについて正確なところはわかっていない。定着種の多くは移入された場所に封じ込められたままになるか、あまりに無害で気づかれることもない。しかし、ここでルーレットのたとえがふたたび生きてくる。定着した種のうち一定数は、侵入過程の三番目の段階である「拡散」まで進むのだ。一九一六年、ニュージャージー州リヴァートン近くの苗圃《びょうほ》で、見慣れない甲虫が十匹あまり見つかった。[10] 現在ではマメコガネとして知られるこの昆虫は、翌年には四方に広がり、約七・八平方キロメートルの範囲で見つかった。数字はその次の年には約一八・二平方キロメートルに、さらに次の年には約一二五平方キロメートルに増えた。マメコガネはその棲息範囲を幾何級数的に増やしつづけ、毎年新しく大きな同心円を描いて広まり、二十年でコネティカット州からメリーランド州に達した（その後、マメコガネは南はアラバマ州、西はモンタナ州まで拡散している）。マサチューセッツ州立大学に所属する侵入種専門家のロイ・ヴァン・ドリーシュは、潜在的な外来種百種あたり五～十五種が定着に成功すると見る。[11] この五～十五種のうち一種が「薬室に弾丸が込められていた場合」になるのだ。

なぜ外来種の一部が爆発的に繁殖するのかについては、まだ結論が出ていない。一つの可能性は、流れ者の種にとって移動に利点があるということだ。新しい場所、とりわけ、新しい大陸に運ばれてきた種は、競合種や捕食者の多くをあとに残してきている。この天敵を振り切る行為は、実際には進化史を振り切ることになり、「天敵解放」と言われる。天敵解放の恩恵にあずかったと思われる生物は多く、たとえば、十九世紀初頭にヨーロッパからアメリカ北東部に入ってきたエゾミソハギは、元の棲息地ではそれぞれの部位に特化した天敵を多数もつ。ミソハギの葉を喰う二種のミソハギハムシ、ミソハギの根を喰うゾウムシ、ミソハギの花を喰うゾウムシ。ミソハギが北米に出現したとき、これらの昆虫はいずれも存在していなかった。ミソハギが、ウェストヴァージニア州からワシントン州までの沼地を占有できたのもこのためだ。ミソハギのさらなる拡散を食い止めようと、最近これらの昆虫を生物農薬としてアメリカに導入する試みがなされた。こうした「毒をもって毒を制す」式の戦略は、明らかに相反する成果を生み出す。きわめて有効である場合と、新たな生態学上の問題を生み出す場合があるのだ。後者の例がヤマヒタチオビで、この陸生貝類（カタツムリ）は一九五〇年代後期にハワイに導入された。中米原産のヤマヒタチオビは、以前に導入されて害虫となったアフリカマイマイを捕食させるべく連れてこられた。ところが、ヤマヒタチオビはアフリカマイマイにはほとんど見向きもせず、小型で色彩豊かなハワイ原産のカタツムリを捕食した。ハワイ諸島に固有の七百種を超えるカタツムリの九〇パーセントほどがすでに絶滅し、残ったカタツムリも激減している[12]。

カビの脅威

仇敵を逃れることは、新しい固有種との出会いにつながる。ことに有名でぞっとさせられる例は、ミナミオオガシラという細長い生き物だ。このヘビはパプアニューギニアとオーストラリア北部原産で、一九四〇年代におそらく軍用物資にまぎれてグアム島に入り込んだ。グアム島固有のヘビは、虫としか言いようのないほど小型で、眼をもたない生き物のみだった。つまり、グアム島の動物相はミナミオオガシラとその貪欲な食欲の前に無力だったのだ。ミナミオオガシラは、グアム島原産の鳥類の大半（一九八四年に、最後にその姿を確認されたマリアナヒラハシ、飼育繁殖計画のおかげでなんとか命脈を保っているグアムクイナ、グアム島では絶滅したマリアナフルーツダブ——二つのより小さな島には残っている——など）を喰い尽くした。ミナミオオガシラが入ってくる以前には、グアムには三種の固有の哺乳類とあらゆる種類のコウモリがいたが、現在残されているのはマリアナオオコウモリのみで、このコウモリも存続が危ぶまれている。その一方で、天敵解放の恩恵を受けたミナミオオガシラは恐るべき勢いで繁殖した。「爆発的増加」とも言われる最盛期には、個体密度は四〇四七平方メートル（一エーカー）あたり四十匹だった。このヘビがもたらした被害はあまりに甚大で、捕食する固有種にも事欠くようになり、現在ではパプアニューギニアから導入されたトカゲの一種であるスキンクなど、ほかの外来種をおもに捕食している。作家のデイヴィッド・クォメンは、ミナミオオガシラを悪者扱いするのは簡単だが、このヘビが邪悪なわけではない、ヘビには善も悪もないし、間違った場所にいただけだと注意をうながしている。彼によれば、ミナミオオガシラがグアム島でなした行為は、ヒトが世界中でなしてきた行為と変わらない、ほかの種を犠牲にして繁栄をきわめたのだ[13]。

侵入した病原体の場合も状況は似ている。病原体と宿主の長期的な関係は軍事用語で語られることがよくある。両者は「進化上の軍拡競争」に嵌《は》まり込んでおり、どちらも生存するためには相手に先を越されないように一生懸命なのだ。まったく新しい病原体の出現は、ナイフを使ったけんかに銃を持ち込むようなものである。カビ（またはウイルスや細菌）に遭遇したことがなければ、新たな宿主は防御する術をもたない。そのような「新規な相互作用」はひどく無残な結果となる。十九世紀には、アメリカグリは東部の森林では優勢な落葉樹で、コネティカット州のような場所では生育している樹木の半分近くを占めていた[14]（この木は根からまた芽を出すので、大量に伐採されても減少に転じることはなかった。ジョージ・ヘプティングという植物病理学者はかつてこう述べた。「赤ん坊のベッドも老人の柩《ひつぎ》もクリの木でできている」[15]）。ところが二十世紀に替わるころ、クリ胴枯《どうがれ》病を起こすカビ（真菌のクリフォネクトリア・パラシティカ）がおそらくは日本からアメリカにもたらされた。アジアのクリの木は、このカビと共進化してきたので耐性をもっていた。しかしアメリカのクリの木は、このカビに感染するとほぼ一〇〇パーセントの致死率を示した。一九五〇年代までには、このカビは四十億本というアメリカのクリの木のほぼすべてを枯れさせた。それとともにクリの木に依存していた数種の蛾も死に絶えた。このカビの致死性は、おそらくその「新規性」によるものだろう。黄金のカエルが突如としてサウザンド・フロッグ・ストリームから姿を消し、両生類が総じて地上でもっとも絶滅が危惧されているのは、この「新規性」のせいなのだ。

白鼻症候群の原因が判明する前から、アル・ヒックスと同僚たちは移入種を疑っていた。なんであるにせよ、コウモリを死にいたらしめているものは、彼らがこれまでに遭遇したことのないもののはずだった。致死率があまりにも高いからだ。その間も、白鼻症候群はニューヨーク州北部から典型的な同心円状のパターンを描いて広がっていった。このことは、殺戮犯がオールバニー近辺でアメリカに入ってきたことを示しているようだった。コウモリの死が国内でニュースになりはじめたとき、ある洞窟探検家がオールバニーから六五キロメートルほど西で撮った写真をヒックスに送ってきた。写真が撮られたのは二〇〇六年で、それはヒックスの同僚が電話してきて「なんてこった」と言った一年前だった。写真に写っているコウモリは明らかに白鼻症候群の症候を見せている。探検家が写真を撮ったのは観光客に人気のあるハウ洞窟で、この洞窟では懐中電灯をもって参加する探検ツアーや、地底湖のボートツアーなどの呼び物があった。

「今回の騒動の最初の記録が、年間二十万人の観光客が訪れるニューヨークの観光洞窟の写真だったというのは興味深いものですね」とヒックスは語った。

「新パンゲア大陸」の発見

移入種はすでに風景の一部と化しているため、窓から外を眺めれば数種は目に入るだろう。私の住むマサチューセッツ州西部でも、だれがいつ植えたかはわからないけれども、ニューイングランド地方の固有種とは思えない野草が目につく（アメリカの芝生に混じる野草はほぼすべて別の場所から入ってきたもので、ケンタッキーブルーグラスもそうだ）。わが家の芝生はあまり手入れが行き届いておらず、ヨーロッパから入ってきてほぼアメリカ全土に広まったタンポポ、やはりヨーロッパ原産のアリアリア、これもヨーロッパからの外来種であるセイヨウオオバコがはびこっている（オオバコ——セイヨウオオバコ——は最初の白人移民とともに新大陸に入り込んだらしく、白人の存在を如実に示すことから先住民はこの野草を「白人の足跡」と呼んだ）。机を離れて芝生の端まで行くと、アジアからもたらされた棘をもつノイバラ、ヨーロッパからのさらなる移入種であるノラニンジン、やはりヨーロッパ原産のゴボウ、その英名（オリエンタル・ビタースィート）が原産地の名残をとどめるツルウメモドキもある。マサチューセッツ州の植物標本の研究によると、この州に生育する全植物種の三分の一近くが「帰化植物」だという[16]。庭を一〇センチメートルほど掘ると、やはり移入種であるミミズに出会う。ヨーロッパ人が入植する前、ニューイングランドにミミズはいなかった。この地域のミミズは最終氷期に全滅してしまい、それからの一万年は比較的暖かかったにもかかわらず、北米原産のミミズはこの地域にまだ再生していなかった。ミミズは枯れ葉を食べて森の土壌組成を劇的に変える（園芸家には好まれるが、最近の研究では、ミミズの移入がアメリカ北東部に棲む固有種のサンショウウオの減少にかかわっているとされる）[17]。この本を書くあいだも、害悪をおよぼしかねない新たな移入種が、いくつかマサチューセッツ州内で広まっているらしい。白鼻症候群の原因カビであるゲオミケス・デストルクタンスに加えて、多くの熱帯広葉樹を喰い荒らす中国原産のツヤハダゴマダラカミキリ、幼虫がトネリコの木の幹を喰って枯らすアジア原産のアオナガタマムシ、なんにでも付着して水中の生物をかたっぱしから喰う、東欧原産の淡水生移入種であるカワホトトギスガイ。「水中のヒッチハイカーを止めよう」。私の家の近くを通る道の先に湖があり、そこにはこんな標識がある。「遊具はすべて洗うこと」。標識にはボートの写真が添えてあり、そのボートにはだれかが誤ってペンキでも塗ったかのようにびっしりとカワホトトギスガイが付着している。

　あなたがこの本をどこで読んでいようとも事情は似たり寄ったりで、それはアメリカに限らず世界中そうなのだ。欧州外来生物データベース（DAISIE）は一万二千種を超える外来生

[訳文:ボートを使用する方へ。持参のボートを使用する前に、必ず「ボート清浄証明書」を提出のこと。カワホトトギスガイの繁殖防止にご協力ください]

物を掲載している。アジア太平洋外来生物データベース(APASD)、アフリカ森林侵入生物ネットワーク(FISNA)、島嶼生物多様性・侵入生物データベース(IBIS)、アメリカ国立海洋・河口外来生物情報システム(NEMESIS)も数千種を掲載する。オーストラリアでは、外来種の問題は深刻で、子どもたちも幼稚園児のころから外来種の駆除に駆り出される。ブリスベーンの北側に位置するタウンズヴィル市の市議会は、オオヒキガエルの「定期的な駆除」を子どもたちに推奨している。オオヒキガエルは一九三〇年代に、サトウキビにつく甲虫ケーンビートル駆除のために人為的に導入されたが、結果は惨憺《さんたん》たるものだった(オオヒキガエルは毒をもち、なにも知らないヒメフクロネコなどの固有種がこれを食べて死んでしまう)。オオヒキガエルを人道的に駆除するには、市議会は「冷蔵庫で十二時間冷やした」のちに、「十二時間冷凍庫に入れる」よう子どもたちに指導している。[18] 南極大陸にかんする最近の研究によれば、ここを訪れる観光客や研究者がひと夏で各大陸から七万個もの植物の種子を運び込むという。[19] ヨーロッパ原産の維管束植物であるスズメノカタビラはすでに南極大陸に定着し、もともとこの地に固有の維管束植物二種についで、第三の侵入種ということになる。

世界の生物相の観点から見ると、グローバルな移動はきわめて新しい現象であるとともに、きわめて古い世界の再現でもある。ウェゲナーが化石記録から推測した大陸分裂は現在逆行しており、人類は地質学史を高速で反転させている。それは、プレートテクトニクスの高速版からプレートを除外したものと考えればいい。アジア原産種を北米に、北米原産種をオーストラリアに、オーストラリア原産種をアフリカに、そしてヨーロッパ原産種を南極大陸に運ぶことによって、私たちは世界を一つの超大陸、すなわち生物学者がときに「新パンゲア大陸」と呼ぶものに変えているのだ。

コウモリの大量死

ヴァーモント州ドーセット市の森深い山腹にあるイオーラス洞窟は、ニューイングランドで最大級のコウモリの冬眠場所と考えられている。白鼻症候群に襲われる以前は、三十万匹近くのコウモリ（オンタリオ州やロードアイランド州など遠方から飛来するコウモリもいた）が冬を過ごすためにここにやって来たと推測されている。バートンヒル鉱山へヒックスと行った数週間後、彼がイオーラス洞窟へ行ってみないかと誘ってくれた。この調査はヴァーモント州魚類野生生物局が計画したもので、山の麓でスノーシューをはくかわりに、全員がスノーモービルに乗り込んだ。道は何度もスイッチバックしながら山をジグザグに上っていった。約マイナス四℃という気温はコウモリが活動するには低すぎたが、洞口近くにモービルが止まるとコウモリが飛んでいるのが見えた。ここでヴァーモント州魚類野生生物局の責任者スコット・ダーリングが、ここから先はラテックスの手袋とタイベック製のスーツを身につけて進みます、と言った。私には少々大げさに思えた。まるで、例の小説家の白鼻症候群本のサブプロットそのものだ。ところが、そのわけはすぐにわかった。

イオーラス洞窟は悠久の時をかけて水が山肌に穿《うが》ったものだ。人がむやみに立ち入らないように、この洞窟を所有する自然保護団体のザ・ネイチャー・コンサーヴァンシーは、洞口を巨大な鉄製の割板で封鎖していた。鍵を使えば横板の一枚を取り外すことができ、洞窟内に這って入る（すべり込む）ための狭い隙間ができる。この寒さにもかかわらず、胸が悪くなるような臭いが板の隙間から漏れてきた。牧場とゴミ捨て場が混じったような匂いだ。入り口に続く岩場は凍結して足元が悪かった。私の番になって板のあいだからなかに入ると、体がなにかやわらかくて湿っぽいものの上をすべった。起き上がるとき、それがコウモリの死骸の山だったと気づいた。

洞口の下にはコウモリの糞が溜まったグアノホールとして知られる空間があり、そこは縦六メートル、横九メートルくらいの広さがある。奥に行くにしたがってトンネルは狭まり、下っていく。そこから分岐するトンネルに入れるのは洞窟探検家のみで、そこからさらに分岐するトンネルにはコウモリしか入れない。グアノホールを見たとき、私は巨大な食道をのぞき込んでいるような感覚に陥った。ほの暗いその光景は気味が悪い。天井から長いつららがぶら下がり、床からは大きな氷の塊がポリープのように成長している。地面は死んだコウモリに覆われ、死んだコウモリが閉じ込められている氷の塊もある。天井には冬眠中のコウモリも、すっかり目を覚ましたコウモリもいた。目覚めたコウモリは私たちのすぐそばを飛んだり、真正面からぶつかってきたりする。

コウモリの死体が積み重なったままになる場所もあれば、動物に喰われるなどして消える場所もある理由ははっきりしない。ヒックスはイオーラス洞窟では条件が厳しいため、ここのコウモリは洞窟の外へ出る前に死ぬのではないかと考えている。彼とダーリングはグアノホールのコウモリの数を数える予定だったが、計画は中止して標本を採集するだけにした。ダーリングは、標本はアメリカ自然史博物館に送られると教えてくれた。何十万匹というルキ（トビイロホオヒゲコウモリ）、ホクブホオヒゲコウモリ、アメリカトウブアブラコウモリが、かつてイオーラス洞窟で冬を過ごしたという記録だけでも残したいのだ。「これが最後の機会かもしれません」と彼は言った。せいぜい数世紀の歴史しかない鉱山とは違って、イオーラス洞窟には数千万年の歴史がある。洞口が最終氷期に地表に出現してからというもの、コウモリは何代にもわたってここで冬眠したはずだった。

「今回の騒ぎを大きくしたのは、それが進化の流れを断ち切るからです」とダーリングが言った。彼はヒックスと地面のコウモリの死骸を拾いはじめた。腐敗が進みすぎているものは元に戻し、死後間もないものは性別を確認して一・九リットル入りのポリ袋に入れた。私は雌の死骸を入れる袋をもつ手伝いをした。袋はすぐにいっぱいになり、次の袋に替えた。標本が五百体ほどになったとき、ダーリングはこれで切り上げることを決めた。ヒックスはためらった。大型のカメラを持参していたので、もっと写真を撮りたいと言う。私たちが洞窟内ですべったり転んだりしているあいだに、コウモリの死骸はさらにおぞましい姿になり、多くが押しつぶされて血が流れ出ていた。洞口に向かっていたとき、ヒックスが後ろから声をかけた。「死んだコウモリを踏まないようにね」。一瞬、それが冗談だとは気づかなかった。

生物界は単純化する

「新パンゲア大陸の形成」が正確にいつ始まったかについて明確なことは言えない。ヒトを外来種と数えるなら（サイエンスライターのアラン・バーディックは、ホモ・サピエンスを「生物史上おそらくもっとも成功を収めた外来種」[20]と呼ぶ）、このプロセスは現生人類がはじめてアフリカ大陸をあとにした十二万年前にさかのぼる。一万三千年前に北米に達するころには、人類はイヌを飼いならし、ベーリング地峡をイヌをしたがえてわたった。[21]千五百年ほど前にハワイ諸島に定住したポリネシア人は、ネズミ以外にもダニ、ノミ、ブタを連れて来た。新世界の「発見」は膨大な生物学的交換市、いわゆるコロンブス交換につながり、これがプロセスを新たなレベルに引き上げた。ダーウィンが地理的分布の原理を詳述するそばから、これらの原理は順化協会として知られる人びとによって意図的に破られていった。『種の起源』が出版されたまさにその年、メルボルンにある順化協会のあるメンバーが、最初のウサギをオーストラリアに持ち込んだ。以降、ウサギはいかにもウサギらしくさかんに繁殖している。一八九〇年、「有益もしくは興味深い外国原産の動植物を導入し順化する」[22]ことを使命とするニューヨークのグループが、ホシムクドリをアメリカに移入した（グループの代表はシェイクスピア作品に登場する鳥類をすべてアメリカに持って来たかったらしい）。セントラルパークで放たれた百羽のホシムクドリはすでに二億羽以上に増えている。

現在でも、アメリカ人は「有益もしくは興味深いと思われる外来種」を意図的に移入する。園芸カタログには非在来種の植物が、水生生物カタログには非在来種の魚類が目白押しだ。『生物学的侵入種事典（*Encyclopedia of Biological Invasions*）』に掲載されたペットの索引によれば、毎年、哺乳類、鳥類、両生類、カメ、トカゲ、ヘビなどアメリカの在来種を凌ぐ数の非在来種がこの国に持ち込まれるという。[23]グローバルな交易のペースと数量が増すにしたがい、たまたま動植物が持ち込まれるケースもまた増えている。カヌーの底や捕鯨船の保存庫では海をわたれない種でも、近代的な貨物船のバラストタンク、航空機の貨物室、乗客のスーツケースのなかなら、苦もなくわたれるかもしれない。北米沿岸水域の非在来種にかんする最近の研究は、「報告される侵入件数はこの二百年で指数関数的に増えている」[24]としている。この研究では、侵入ペースが上がったことについて、運ばれる物品の数量と速度の増加が原因だとしている。カリフォルニア大学リヴァーサイド校に拠点を置く侵入種研究センターは、現在カリフォルニア州には六十日に一種のペースで新しい侵入種が入ってくると推定している。このペースは一か月に一種のハワイ諸島に比べればむしろ低いと言える（比較のために補足しておくと、人類がハワイ諸島に定着する前、新しい種はこの諸島におよそ一億年に一種のペースで定着した[25]）。

この動植物相の再編がもたらす直近の影響は、局地的多様性とでも呼べるものだ。地球上の好きな場所を選んでみよう。オーストラリア、南極半島［南極大陸から南米側に突き出た半島］、あなたの地元の公園など、どこでもいい。すると、おそらくその場所で見つかる生物種の数はこの数百年で増えているだろう。人類がやって来るまで、ハワイ諸島にはネズミはもとより両生類、陸生爬虫類、有蹄類など多くの生物がいなかった。アリ、アリマキ、蚊もいなかったのだ。その意味において人類は島々を豊かにしたとも言える。しかし、人類以前のハワイ諸島には地球上ほかのどこを探してもいない数千種の生物が暮らしていたのに、これらの固有種は現在では絶滅または絶滅寸前だ。そういった絶滅種には、数百種の陸生貝類に加えて、数十種の鳥類、そして百種を超えるシダ類や顕花植物が含まれる。局地的な多様性がおおむね増えているのと同じ理由により、グローバル規模の多様性、つまり世界中で見つかる種の総数は減っているのだ。

侵入種を最初に研究したのは、一九五八年に有名な著書『侵略の生態学』を出版したイギリスの生物学者チャールズ・エルトンであると言われることが多い。種の移動によって起きる、一見して矛盾する結果を説明するため、エルトンはガラスタンクの類比を用いる。それぞれのタンクに異なる化学薬品が入っていて、各タンクは隣のタンクと細長い管でつながっていると考える。ここで、管の栓を毎日一分だけ開くと、タンク内の薬品はゆっくり混じり合いはじめる。やがて、これらの薬品は化学反応を起こす。新たな化合物が生成され、元の化合物は一部消失する。「全体が平衡に達するには長い時間がかかる」とエルトンは記す。しかし、最終的にはすべてのタンクに同じ溶液が満たされているようになる。異なる種類の薬品は姿を消す。そして、それこそ長きにわたって孤立していた動植物をいっしょにした場合に起きることなのだ。「遠い未来には、生物の世界は複雑になるのではなく、単純で貧弱になる」[26]とエルトンは述べる。

エルトン以来、生態学者は地球規模の完全な均質化の効果を、思考実験によって定量化しようと試みてきた。実験では、まず地球上のすべての大陸を一つのメガ大陸に圧縮する。次に種数・面積関係を用いて、そのメガ大陸がどれほどの種数を維持できるか推定する。こうして得た数字と実世界の多様な種数との差異が、完全な均質化による損失にあたる。陸生哺乳類の場合の差異は六六パーセントで、これは単一のメガ大陸が、現存する哺乳類の種の約三分の一しか維持できないことを意味する。[27]陸生鳥類の場合、差異は五〇パーセントをわずかに下回り、そのような世界では現存する鳥類の種は半分しか生き残れない。

エルトンよりさらに遠い未来、数百万年後を考えると、生物界は十中八九ふたたび複雑さを増しているだろう。いつかは人や物の移動がやむと仮定すると、理論的には新パンゲア大陸が分離しはじめる。大陸がふたたび分裂し、島がまた孤立する。そうなれば世界中に分散した侵入種から新たな種が進化し拡散する。たとえば、ハワイ諸島にはジャイアント・ラット、オーストラリアにはジャイアント・ウサギが棲んでいるかもしれない。

コウモリは生き残れるか

アル・ヒックスとスコット・ダーリングと連れ立ってイオーラス洞窟に行った次の冬、私は同じ洞窟に別の野生生物学者グループとふたたび出かけた。洞窟内の様子は前回とかなり違っていたものの、気味の悪さは変わらなかった。一年のあいだに、血だらけで折り重なって死んでいたコウモリはほぼ完全に腐敗が進み、残されているのは一面の細い骨だけで、どの骨も松の葉より細かった。

ヴァーモント州魚類野生生物局のライアン・スミスと、米国魚類野生生物局のスーシー・フォン・エッティンゲンは、今回は個体数調査を行なうことになっていた。まず、グアノホールのもっとも広い部分にぶら下がっているコウモリ群から数えはじめた。よく観察すると、スミスは群れのなかにいるコウモリはその大半がすでに死んでいるのに気づいた。彼らの小さな足が死後硬直によって岩にしがみついているだけなのだ。それでも、死んだコウモリのなかに生きたコウモリがいるように思えた。彼が、鉛筆と索引カードをもつフォン・エッティンゲンに数を告げる。

「ルキ、二匹」とスミス。

「ルキ、二匹」とフォン・エッティンゲンが復唱して数字を書きとめた。

スミスは洞窟の奥へ進んだ。フォン・エッティンゲンが私を呼び、岩の表面にできた割れ目を指し示す。どうやら、そこではかつて数十匹のコウモリが冬眠したようだった。現在残っているのは、爪楊枝ほど細い骨が交じった黒い泥状の層のみだった。以前この洞窟に来たとき、彼女は生きている一匹のコウモリが、死んだコウモリの群れに鼻をすり寄せているのを見たのを思い出した。「とても、かわいそうでした」と彼女は言った。

コウモリの社会性は、白鼻症候群の病原体であるゲオミケス・デストルクタンスにとっては、ありがたいかぎりだった。冬になって互いに身を寄せ合うとき、このカビに感染したコウモリは感染していないコウモリにカビを移す。春になると、生き延びたコウモリがカビとともに各地に広がっていく。こうして、このカビはコウモリからコウモリ、洞窟から洞窟へとわたり歩くのだ。

コウモリの姿が少ないグアノホールでは、スミスとフォン・エッティンゲンの調査はたったの二十分ほどで終わった。フォン・エッティンゲンがカードに書き入れた数を合計していった。ルキが八十八匹、ホクブホオヒゲコウモリが一匹、アメリカトウブアブラコウモリが三匹、不明種のコウモリが二十四匹。総数は百十二匹だった。この数字は、このグアノホールで例年冬を過ごしていたコウモリのおよそ三十分の一である。割板の隙間から洞窟の外へ出ながら、フォン・エッティンゲンが「こんな致死率ではとても生き残れません」と言った。彼女によると、ルキは繁殖がとても遅い。雌は一年に一匹しか子を産まないという。したがって、一部のコウモリが白鼻症候群に耐性をもつことがわかっても、個体数が元に戻るとは思えなかった。

その冬、つまり二〇一〇年の冬以降、ゲオミケス・デストルクタンスはヨーロッパからもたらされたことが判明し、すでにヨーロッパではかなり広がっている模様だった。ヨーロッパ大陸には、トルコからオランダにかけて分布する固有種のオオホオヒゲコウモリがいる。オオホオヒゲコウモリは白鼻症候群に感染しても症状が出ない。このことは、このコウモリとカビが共進化したことを示唆している。

一方で、ニューイングランドの状況は芳しくない。二〇一一年冬、私はイオーラス洞窟の個体数調査にふたたび参加した。グアノホールで見つかった生きたコウモリは、たったの三十五匹だった。二〇一二年にも洞窟に戻った。洞口まで歩いたあげくに、同行の生物学者がこれ以上行くのはやめようと言った。仮に生き残っているコウモリがいるとして、調査はかえって事を悪くするだけかもしれない。私は二〇一三年の冬にも洞窟を訪ねてみた。米国魚類野生生物局によれば、この時点までに白鼻症候群はアメリカの二十二州およびカナダの五州に広がり、六百万匹以上のコウモリを死滅させていた。気温は氷点下だったが、割板の前に立つと一匹のコウモリが私に向かって飛んできた。私は洞口近くの岩にしがみついている十匹のコウモリを数えてみたけれども、その大半は小さなミイラのように乾燥して見えた。ヴァーモント州魚類野生生物局は、イオーラス洞窟の洞口近くに生える二本の木に注意書きを貼った。一方の注意書きには「この洞窟は閉鎖中」とあり、もう一方には違反者には「コウモリ一匹につき最大一〇〇〇ドルの罰金」を科すとある（注意書きのコウモリが生きたコウモリをさすのか、山のようにいる死んだコウモリをさすのかは不明だった）。

先だって、私はスコット・ダーリングに電話してその後の状況を訊いてみた。彼によると、かつてヴァーモント州のどこにでもいたトビイロホオヒゲコウモリが、正式に州の絶滅危惧IB類に指定されたという。ホクブホオヒゲコウモリとアメリカトウブアブラコウモリも同様だった。「私はこのところ『絶望的』という言葉を使ってばかりです」と彼が言う。「ほんとうに絶望的な状況なのです」

「ときに」と彼が続ける。「先日、こんなニュースを読みました。ヴァーモント生態学センタ

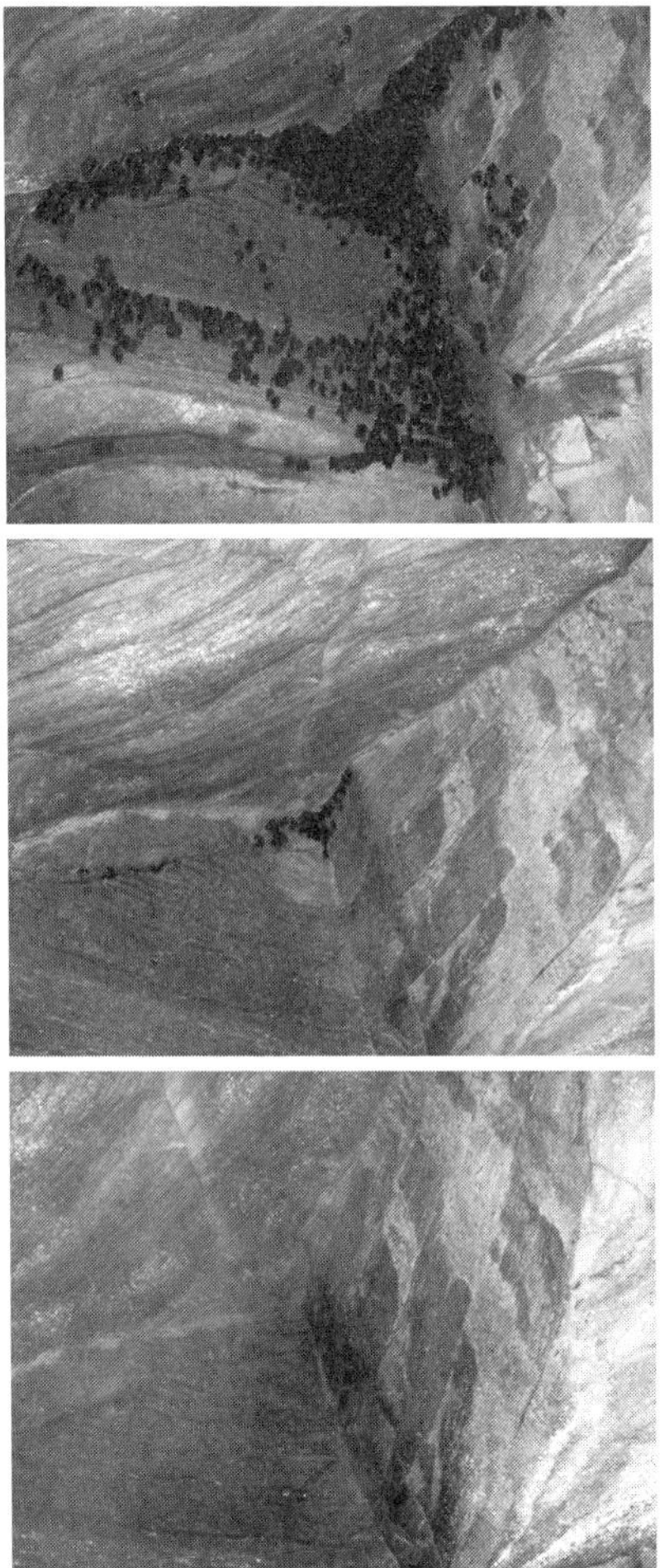

グアノホールの同じ一角の写真。上から2009年冬（冬眠中のコウモリがいる）、2010年冬（コウモリの数が減っている）、2011年冬（コウモリが一匹もいない）。

ーという機関が、あるウェブサイトを立ち上げたんだそうです。ヴァーモント州内の生物をすべて写真に撮ってこのサイトに登録しようと呼びかける試みだと言います。もし、このニュースを数年前に読んだなら、私は笑い飛ばしたことでしょう。こう言ったに違いありません。『松の木の写真を送ってもらおうっていうのかい？』ってね。けれども、トビイロホオヒゲコウモリにあんなことが起きたいまとなっては、彼らがもっと早くこの試みに着手していたらと願うばかりです」

第11章　サイの超音波診断

スマトラサイ
Dicerorhinus sumatrensis

私がはじめてスチを見たとき、目に入ってきたのはその巨大な尻だった。一メートル弱の幅があり、ごわごわした赤っぽい被毛がまばらに生えている。赤茶けた体は肌理《きめ》の粗いリノリウムのようだ。スマトラサイのスチは二〇〇四年にシンシナティ動物園で生まれ、以来ここで暮らしている。私が動物園を訪れた日、ほかにも何人かがスチの見事な尻の周りを取り囲んでいた。みんなが愛おしげにスチをなでるので、私も手を伸ばしてなでてみた。それはまるで木の幹のような感触だった。

動物園の絶滅危惧野生動物保護研究センター所長のテリー・ロス博士が、手術衣を着てサイの畜舎に姿を現した。ロスは背が高く華奢《きゃしゃ》な体つきの女性で、長い褐色の髪を団子にまとめている。彼女は肩まで届きそうな、透明なプラスチックの手袋を右腕にはめた。飼育担当の一人がスチの尻尾をラップフィルムのようなもので包み、腹の横に固定した。別の飼育担当がバケツを手にしてスチの頭のほうに進んだ。スチの尻に隠れて見づらかったが、切ったリンゴをスチに与えているると聞かされた。たしかにスチがリンゴを噛む音が聞こえてくる。スチがリンゴに気をとられているあいだに、ロスは右腕にもう一枚手袋をはめると、その手でビデオゲームのリモコンのようなものをつかんだ。そして、スチの肛門に腕を差し入れた。

現存する五種のサイのうち、スマトラサイはいちばん小型で、ある意味では最古の種類である。スマトラサイ属は約二千万年前に出現した。つまり、スマトラサイの系統は中新世からほとんど変化していない。遺伝子解析によると、スマトラサイは、現生種では、最終氷期にスコットランドから朝鮮半島まで分布したケブカサイにいちばん近い近縁種だという。[1] E・O・ウィルソンはかつてシンシナティ動物園でスチの母親といっしょに一夜を過ごし、その一筋の被毛を机の上に飾っていた。彼はスマトラサイを「生きた化石」と呼んだ。[2]

スマトラサイは穏やかな、群れをなさない生き物で、野生環境では下生えが密生した場所を好む。二本の角（鼻先に大きな角、その後ろに小さな角）をもち、尖った上唇で木の葉や枝を食む。セックスライフは少なくとも人間の目から見れば非常に予測しづらい。雌は誘発されないと排卵しない。つまり、成熟した雄が身近にいなければ排卵しないのだ。スチの場合、いちばん近くにいる繁殖可能な雄は約一万六〇〇〇キロメートル離れている。ロスがここに立って、スチの肛門に腕を突っ込んでいるのはそのためだ。

約一週間前、スチは排卵誘発剤を注射されていた。数日後、ロスはスチの人工授精を試みた。この処置ではスチの子宮頸に細長い管を挿入し、解凍した精子を注入する。そのときロスが書きとめたメモによると、スチは「とてもいい子にしていた」とある。そこで今日は超音波診断となった。ロスの肘のあたりにあるコンピューター画面に粗い画像が映し出された。ロスは画面に黒い泡のように映ったスチの膀胱の位置を確かめて先に進んだ。人工授精時にスチの右の卵巣に見えていた卵子が排卵されていることを願っていた。もし排卵していれば、スチが妊娠する可能性がある。しかし卵子はロスが最後に見た場所にあった。灰色の背景に黒い点が見える。

「スチは排卵しなかった」。手を貸すために集まっていた五、六人の飼育担当にロスが告げた。すでに彼女の右腕はスチの体内に完全に沈んでいる。全員がため息をついた。「ああ、そんな」とだれかが言う。ロスがスチから腕を抜き、手袋を外した。明らかに落胆していたけれども、驚いた様子ではなかった。

繊細なスマトラサイ

かつてスマトラサイはヒマラヤ山脈の麓で暮らしていた。現在のブータンやインド北東部から、ミャンマー、タイ、カンボジア、マレー半島、そしてスマトラ島やボルネオ島などにまで分布していた。十九世紀には、サイはまだありふれた動物で一般に害獣と見なされていた。東南アジアの森林伐採が始まると、サイの棲息地が狭まるとともに分断されていった。一九八〇年代はじめまでには、スマトラサイの個体数は数百頭にまで減り、その大半はスマトラ島の孤立した保護区に、残りはマレーシアにいた。スマトラサイは絶滅への道をひた走っていたが、一九八四年に保護グループがシンガポールに集って救済戦略を立てた。彼らの計画は、種の絶滅を食い止めるため、飼育繁殖プログラムを始めることを柱としていた。四十頭のスマトラサイが捕獲され、うち七頭がアメリカの動物園に送られた。

飼育繁殖プログラムは悲惨なスタートを切った。三週間もしないうちに、マレー半島にある繁殖施設にいる五頭のスマトラサイが、ハエが媒介する寄生性原虫によるトリパノソーマで死亡した。ボルネオ島の東端にあるマレーシアのサバ州では、十頭のスマトラサイが捕獲された。うち二頭は捕獲時に負った怪我がもとで死んだ。三頭目は破傷風にやられた。四頭目は理由がわからないままに死亡し、十年過ぎても子孫を残したサイはいなかった。アメリカでは、死亡率はさらに高かった。アメリカの動物園では干し草を与えたのだが、スマトラサイは干し草では生きていけないことが後日わかった。新鮮な木の葉と枝を必要とするのだ。このことがわかったころには、アメリカに送られた七頭のうち生きていたのはたった三頭で、それぞれべつべつの町にいた。一九九五年、『保全生物学』誌が飼育繁殖プログラムにかんする論文を掲載した。それは「種の絶滅に手を貸す」と題されていた。

その年、最後の手段として、ブロンクス動物園とロサンゼルス動物園が、残るスマトラサイ（どちらも雌）をシンシナティ動物園に送り込んだ。ここにはイープーという名の、唯一残された雄のスマトラサイがいる。ロスはこれらのサイの繁殖を図るためにシンシナティ動物園に雇われた。スマトラサイは単独性であることから同じ畜舎に入れるわけにはいかないものの、いっしょにいる機会がなければ交尾できないのもまた明らかだった。ロスはサイの生理学に没頭し、血液検体を採取し、尿を分析し、ホルモンレベルを測定した。学べば学ぶほど、試練は大きくなっていった。

「このサイはとても繊細な種です」と彼女はオフィスで私に語ったことがある。オフィスの棚は木や粘土、ビロードのような生地でできたサイの人形でいっぱいだった。ブロンクスから送られてきた雌のラプンツェルは繁殖するには高齢すぎると判明した。ロサンゼルスからやって来た雌のエミはとうに繁殖期のはずなのに一度も排卵したことがなかった。ロスはこの謎を解くのに一年を費やした。いったん問題を理解すると（サイは排卵するには近くに雄がいると感じる必要がある）、彼女は慎重に観察しながら、エミとイープーの短い「デート」を実現させた。数か月が過ぎたころ、エミが妊娠した。ところが流産してしまった。もう一度妊娠したものの、同じことが起きた。このパターンが続いて、エミは五回も流産をくり返した。エミもイープーも目をやられたが、ロスはやがてこれは太陽光の浴びすぎのせいだと判断した（野生下では、スマトラサイは木陰で暮らす）。シンシナティ動物園はサイ用の天幕に五〇万ドルを投じた。

エミは二〇〇〇年秋にふたたび妊娠した。今回、ロスはエミに液体のホルモンサプリメント（プロゲステロンに浸したパン）を与えた。十六か月の妊娠期間を経て、エミはようやく雄のアンダラスを産んだ。これにスチ（インドネシア語で「神聖な」という意味）と、雄のハラパンが続いた。二〇〇七年、アンダラスはスマトラ島に送り返され、ワイカンバス国立公園の飼育繁殖施設に収容された。二〇一二年、彼はアンダトゥという子をもうけた。エミとイープーにとっては孫にあたる。

シンシナティ動物園のスチ。

密猟の脅威

シンシナティ動物園で生まれた三頭とワイカンバス国立公園で生まれた四番目の（いずれも飼育されている）サイが、それまでに死んでしまった多くのサイの埋め合わせにならないのは明らかだ。それでも、この三十年ほどでこの地球上で生まれたスマトラサイは、おそらくこの四頭しかいないのもまた事実である。一九八〇年代なかばから、野生下のスマトラサイは激減し、現在では世界中合わせても百頭を下回ると考えられている。皮肉なことに、人類がいまやこうした思いきった繁殖法を講じることになったのは、自らがこの種を絶滅の縁に立たせた結果なのだ。もしスマトラサイに未来があるとすれば、それは腕をサイの直腸に入れて超音波診断する技術をもつロスや、同じような専門家数人のおかげということになる。

そしてスマトラサイについて言えることは、さまざまな意味において、すべてのサイに通じる。ジャワサイはかつて東南アジア全域に分布していたが、現在では地球上でもっとも希少な種の一つとなり、残されているたぶん五十頭に満たないジャワサイは、すべてジャワ島内の保護区にいる（ヴェトナムにいることが知られていた最後のジャワサイは、二〇一〇年の冬に密猟者に殺されてしまった）。インドサイは五種のうちもっとも大型で、ラディヤード・キップリングの児童文学にあるとおり、皺《しわ》のあるコートを着ているように見える。この種のサイはおよそ三千頭に減り、大半がアッサム州にある四か所の公園で暮らしている。百年前、アフリカではクロサイは百万頭近くいたというのに、その後五千頭ほどに減った。やはりアフリカ原産のシロサイは、現在、絶滅危惧種に指定されていない唯一のサイだ。十九世紀に絶滅寸前まで狩られたが、二十世紀に目覚ましい回復を見せ、二十一世紀現在、ふたたび新たな密猟者の脅威にさらされている。シロサイの角は闇市場では二万ドル以上の値をつける（サイの角は私たちの爪と同じくケラチンでできており、昔から中国では漢方薬に用いられてきたが、最近になって高級なパーティー用の「ドラッグ」としてさらに珍重されるようになった。東南アジアのクラブなどでは、角の粉末をコカインのように鼻から吸引する[3]）。

もちろん、多数の動物がサイと同じ道をたどっている。人間は大型で「カリスマ性のある」哺乳類に霊的と言えるほどの深い絆を感じる。たとえ彼らが檻の向こうにいるのだとしても。だから、動物園はサイやパンダやゴリラを展示しようと躍起になる（E・O・ウィルソンは、シンシナティ動物園でエミと過ごした夜を生涯で「もっとも記憶に残る出来事の一つ」だったと記している)。しかし、檻のなかに入っていない大型の哺乳類はどこでも問題を抱えている。世界にいる八種のクマのうち、六種が「絶滅危惧Ⅱ類」または「絶滅危惧IB類」に分類されている。アジアゾウはこの九十年で五〇パーセント減少した。アフリカゾウはまだましであるとはいえ、サイ同様にますます密猟者の脅威にさらされている(最近の研究では、アフリカのシンリンゾウの個体数はこの十年だけでも六〇パーセント以上減った。[4] 多くの人はこのゾウはサバンナゾウとは別種と考えている)。大型のネコ科の動物(ライオン、トラ、チーター、ジャガー)の大半は減少傾向にある。いまから百年後、パンダやトラやサイは、トム・ラヴジョイが述べたように、厳重に保護された小規模な「疑似動物園」としか言いようのない野生動物エリアや動物園でしか見られないかもしれない。[5]

大型動物が闊歩していた世界

超音波診断の翌日、私はスチにもう一度会いにいった。それは寒い冬の朝で、スチは「納屋」と呼ばれる平屋に入っていた。その建物はコンクリートブロック製で独房が並んでいるような感じだった。午前七時半ごろに着くと、ちょうど朝食の時間で、スチは仕切りのなかでイチジク科のフィクスの葉を食べていた。サイの飼育担当主任のポール・ラインハートによると、スチはサンディエゴから特別に空輸されるフィクスを一日平均四五キログラム程度食べるという

（空輪にかかる総費用は年間一〇万ドル近くに上る）。このほかにも、スチはフルーツバスケット数個分の果物も食べる。この朝のメニューはリンゴ、ブドウ、バナナだった。スチは悲痛な決意を心に秘めているかのように黙々と食べた。フィクスの葉がなくなると今度は枝にとりかかった。枝は数センチメートルの太さがあったが、スチはまるでプレッツェルでも食べるように苦もなくかじった。

スチは、二〇〇九年に死んだ母親のエミと、シンシナティ動物園でまだ健在に暮らしている父親イープー双方のいいところを受け継いでいる、とラインハートは言う。「首を突っ込める問題があれば、エミはそれを逃しませんでした」と彼は思い出す。「スチはとても茶目っ気がありますす。でも父親に似て頑固でもあるのです」。別の飼育員が湯気の立つ赤褐色の糞（スチとイープーが昨晩したもの）がいっぱい入った手押し車を押してそばを通り過ぎた。

スチは人の近くにいることに慣れきっている。周りには、おやつをくれる人もいれば、直腸に腕を差し込む人もいるのだ。そこでラインハートはほかにも仕事があるので、私をスチといっしょに残してその場を離れた。スチの毛深い脇腹をなでると、大きく育ちすぎたイヌといっしょにいる気がした（実際には、サイはウマの近縁種だ）。茶目っ気はともかく、彼女は愛情深い性質に思えた。その漆黒の瞳をのぞき込んだとき、私は種を超えたつながりを感じたと誓って言える。それでも、私はある動物園職員の警告を忘れてもいない。スチが突然その強大な頭を振り回したら、私の腕などいとも簡単に折れるのだ。しばらくすると、計量の時間になった。隣の仕切りの床に計量台が置かれ、その向こう側に切ったバナナがばらまかれた。スチがバナナを食べようと歩いていくと、計量器は約六八〇キログラムを示した。

大型の動物には、当然ながらきわめて大きくなった理由がある。生まれたとき、スチはすでに三〇キログラム超あった。彼女がスマトラ島に生まれたとしたら、その時点でトラに喰われたかもしれない（ただし、いまではスマトラトラも絶滅が危惧されている）。けれども、スチはきっと母親に守られたことだろうし、自然界ではサイの成体に捕食者はいない。同じことは、ほかのいわゆる大型草食動物についても言える。ゾウやカバの成体はあまりに大きいので、それを襲おうという動物はいない。クマや大型のネコ科の動物にしても同様に捕食されることはない。

これが大型であることの利点であり（「威嚇するには巨大すぎる」戦略とでも呼べるかもしれない）、それは進化の観点から見ればなかなかすぐれた作戦に思われる。そして歴史上のさまざまな時点において、この地球は巨大な生き物にあふれていた。たとえば白亜紀末ごろには、ティラノサウルスは巨大な恐竜の一種にすぎず、ほかにも七トンほどの重さのあるサルタサウルス、体長が九メートルを超すこともあるテリジノサウルス、さらに大きかったと考えられているサウロロフスがいた。

時代は下って、最終氷期の終わりごろになると、大型動物は世界中ほぼどこでも見られるようになる。ケブカサイやホラアナグマのほかにも、ヨーロッパにはヨーロッパバイソン、オオシカ、大型のハイエナがいた。北米の大型獣にはマストドン、マンモス、そして現在のラクダの大型近縁種であるカメロプスがいた。北米にはさらに現在のハイイログマほどの大きさをもつビーバー、サーベルタイガーの一種のスミロドン、体重が一トン近くある地上生のオオナマケモノもいた。南米にも別種のオオナマケモノ、サイのような体とカバのような頭をもつトクソドン、アルマジロの近縁種で、ときにはフィアット500ほどの大きさになるグリプトドンがいた。もっとも奇妙で多様な大型獣が見つかるのはオーストラリアだ。俗に「サイのようなウォンバット」と呼ばれた、あたりをのし歩く有袋類のディプロトドン、フクロライオンと呼ばれた、トラほどの大きさをもつ肉食獣のティラコレオ、三メートルの体高をもつプロコプトドン。

多くの比較的小さな島にも、固有の大型動物がいた。キプロスにはコビトゾウとコビトカバがいた。マダガスカルには三種のピグミーカバ、エピオルニスとして知られる飛べない大型鳥、数種のメガラダピスがいた。ニュージーランドの大型動物相は、すべて鳥類である点においてほかの地域と異なる。オーストラリアの古生物学者ティム・フラナリーは、それはまるで思考実験が現実になったようなものだと述べている。「哺乳類と恐竜が六千五百万年前に絶滅し、地上に鳥類のみ残ったとしたら、世界がどうなったかを教えてくれるのだ」[6]。ニュージーランドでは、ほかの場所ではサイやシカなどの四足動物が占める生態学的地位を、モアが占めるべく、さまざまな種に進化した。最大級のモアである北島ジャイアントモアと南島ジャイアントモアは体高が四メートル近くあった。興味深いことに、雌は雄の二倍近くの大きさがあり、卵を孵化するのは雄の仕事だったと考えられている[7]。ニュージーランドにはハルパゴルニスワシとして知られる巨大な猛禽《もうきん》類もいた。この鳥はモアを捕食し、翼を広げると二・五メートル以上あった。

では、これらの大型動物になにが起きたのだろう？　彼らの絶滅に最初に気づいたキュヴィエは、これらの動物はもっとも最近に起きた天変地異（有史直前に起きた「地上の大変動」）によって姿を消したと考えた。のちの博物学者がキュヴィエの天変地異説を退けたとき、彼らには謎が残された。なぜこれほど多数の大型生物が比較的短いあいだに姿を消したのか。

「われわれは、もっとも大型で、獰猛で、奇妙な生物が絶滅したすぐあとの、動物学的に見て貧弱な世界に生きている」[8] とアルフレッド・ラッセル・ウォレスは述べた。「そして、それらの生物がいなくなったおかげで、この世界は間違いなくよい世界になった。とはいえ、これほど多数の大型哺乳類が、ただの一か所ではなく地球上の陸地の半分以上で突如として死に絶えたということは、きわめて驚異的な事実であり、いまだにその理由について十分議論が尽くされているとは言いがたい」

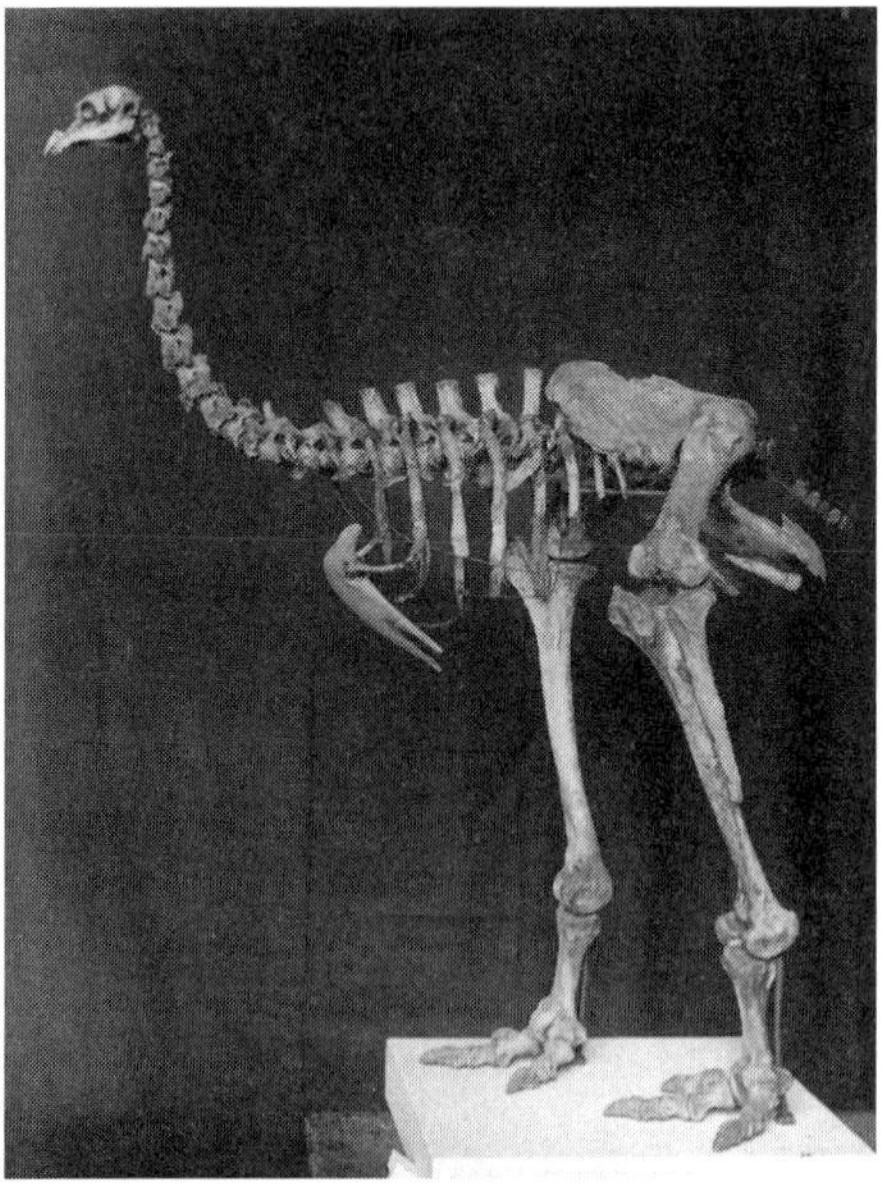
最大級のモアは体高が４メートル近くあった。

過剰殺戮犯

偶然にも、シンシナティ動物園はビッグ・ボーン・リックから車で四十分ほどの場所にある。ご記憶のように、この公園はキュヴィエの絶滅説につながるマストドンの歯をロングイユが発見した場所だ。現在、この場所は州立公園となり、「アメリカの古脊椎動物学が誕生した地」として知られ、そのウェブサイトにはこの場所がもつ歴史上の意義を綴る次のような詩が紹介されている。

ビッグ・ボーン・リックでは、最初の探検者が
象の骨格を発見し、彼らは、
ケナガマンモスの肋骨と牙を発見したと言った。
骨は
あたかも鮮烈な夢の残骸、
黄金時代の墓のようだった。[9]

スチを訪ねたその日の午後、私はビッグ・ボーン・リック州立公園に行ってみることにした。もちろん、ロングイユ時代の面影はとうの昔に消えているし、公園はシンシナティの郊外にのみ込まれつつある。公園に向かう大通り沿いには、おなじみのチェーン店が立ち並び、そのあとには新興住宅街が続く。住宅の一部はまだ建築が始まったばかりで、家の枠組みを建設中だ。やがて、私はサラブレッドの産地である「馬の土地」に入った。ケナガマンモス・ツリー・ファームを抜けると、公園入り口に出た。「狩猟禁止」と最初の標識にある。キャンプ

地、湖、ギフトショップ、ミニゴルフ・コース、博物館、アメリカバイソンのいる場所を案内してくれる標識もある。

十八世紀から十九世紀初頭にかけて、マストドンの大腿骨、マンモスの牙、地上生のオオナマケモノの頭骨など、大量の標本がビッグ・ボーン・リックの沼地から持ち出された。これらの品々はパリ、ロンドン、ニューヨーク、フィラデルフィアなどに送られた。行方知れずになったものもある（ある荷物は、植民地の商人が北米先住民のキカプーに襲われて消失し、別の荷物はミシシッピ川に沈んだ）。トーマス・ジェファーソンは、ホワイトハウスの公式謁見室イーストルームにしつらえた私設博物館に、リックで発見された骨を誇らしげに展示した。ライエルは一八四二年のアメリカ訪問時にこの博物館に足を運び、そのとき子どものマストドンの歯を購入している[10]。

現在までに公園は化石収集家にくまなく掘り返されており、大きな骨が残っていることはないだろう。公園の古生物学博物館はたった一つのがらんとした部屋のみだ。片側の壁には、悲しそうなマンモスの群れが凍土を歩く姿が描かれている。反対側の壁には、ガラスケースに入れられた折れた牙と地上生のオオナマケモノの脊椎が展示されている。隣接するギフトショップは博物館と同じくらい大きく、木の硬貨、チョコレート、「私は太っていない、骨太なだけ」というロゴの入ったTシャツを売っている。私がショップに入ったときには朗らかそうなブロンド女性が店番をしていた。彼女は、たいていの人はこの公園の重要さをわかっていないと話した。みんな湖とミニゴルフめざしてやって来るけど、ミニゴルフは残念なことに冬はやっていないし、と言う。私に地図をわたして、裏の説明標識のある遊歩道をぜひ歩いてみてくださいと勧める。そのあたりをご案内いただけますかと尋ねると、いえ、私は忙しいからと彼女は答えた。けれども、この公園にはいま私と彼女の二人しかいなさそうだ。

私は遊歩道を歩きはじめた。博物館の真後ろに、プラスチックでできた実物大のマストドンがある。マストドンは頭を下げ、こちらに突進しようと身構えているかのようだ。その近くでは体高が三メートルのプラスチックでできた地上生ナマケモノが後肢で立って威嚇しており、マンモスは恐怖のうちに沼地に沈みつつある。死んで腐敗しかけたプラスチックのバイソン、プラスチックのハゲワシ、そして散らばった何本かのプラスチックの骨。これで薄気味悪い太古の復元図が完成する。

さらに行くと、氷が張ったビッグ・ボーン川がある。氷の下では、川の水が泡立ちながらゆっくり流れている。分岐した道をたどると沼地の上に建てられたウッドデッキがあった。ここの水は凍っていない。硫黄の臭いがして、表面に白亜のような白っぽい膜が張っている。デッキの上の標識によれば、オルドビス紀にはこの場所は海だったそうだ。動物たちはこの太古の海底に溜まっていた塩をなめにビッグ・ボーン・リックにやって来て、多くはここで死を迎えた。次の標識の説明には、リックで発見された骨のなかに「およそ一万年前に絶滅したと思われる、少なくとも八種が含まれている」とある。さらに進むと標識が二枚見える。これらの標識は、大型動物が絶滅した謎にかんする二つの異なる説を示している。一方の標識はこう説明する。「針葉樹から広葉樹への変化、あるいはこの変化をもたらした温暖な気候によって、リックで発見された絶滅動物の仲間は大陸全域で死滅した」。もう一方は別の理由を挙げる。「人類出現から千年と経たないうちに大型の哺乳類は死滅した。これらの動物の絶滅には、パレオ・インディアンが少なくともなんらかの役割を果たしていると思われる」

一八四〇年代という早い段階から、大型動物の絶滅には両説があった。ライエルは、最初の説（彼の言葉を借りれば、氷期とともに起きた「気候の大変動[11]」）を支持した。ダーウィンはいつものようにライエルに賛同したが、今回は気乗りしない様子だった。「氷期と大型動物の絶滅のあいだにはなんらかのつながりがありそうだ[12]」と書くにとどめている。ウォレスもまた当初は気候変動説を支持した。「これほどの大変化にはなんらかの物理的原因があるはずだ[13]」と彼は一八七六年に述べた。「その原因とは『氷河時代』として知られる最近の大きな物理的変化にある」。ところが、彼は考えを改めた。「この問題全体を再考するに[14]」と、彼は最後の著書『生命の世界（*The World of Life*）』に記す。「……あまりに大量の大型哺乳類が突如として絶滅したのは、じつは人類のしわざであると私は確信した」。このことはあまりに「歴然としている」と彼は述べた。

ライエル以降、この問題については両説の優劣が何度も入れ替わり、このことは古生物学の範囲を超えて大きな意味をもつ。仮に気候変動が大型動物を絶滅に追いやったのなら、人類が気温上昇に果たす役割を懸念するさらなる理由になる。一方、人類が原因なのであれば（こちらの説が正しい可能性はどんどん増すばかりだ）、その意味するところは、さらに大きな懸念材料になる。すなわち、現在進行中の絶滅が、最終氷期のなかばという遥か昔から始まっていたことになるからだ。それは、とりもなおさず、人類がほぼその誕生時から殺戮犯（専門用語を用いるなら「過剰殺戮犯《オーバーキラー》」）だったことを意味する。

モアからたどる絶滅の時系列

人類を殺戮犯と名指しする証拠はいくつかある。その一つが絶滅のタイミングだ。ライエルとウォレスは大型動物の絶滅はすべて同時に起きたと考えていたが、現在ではそうではないことが明らかになっている。どちらかと言えば、それは何度も打ち寄せる波のように起きた。約四万年前の第一波はオーストラリアの巨大動物を死滅させた。第二波はおよそ二万五千年前に南北両アメリカ大陸を襲った。だがマダガスカルのメガラダピス、ピグミーカバ、エピオルニスは中世に入るまで生きていた。ニュージーランドのモアはルネサンス期まで生き延びた。

このような一連の変化をたった一つの気候変動と結びつけるのは難しい。一方で、波が襲来した順序と人類定住の順序はほぼぴったりと一致するのだ。考古学的証拠によれば、人類はおよそ五万年前にはじめてオーストラリアに到達した。南北両アメリカ大陸にやって来たのはずっとあとになってからで、マダガスカルやニュージーランドの場合はさらにその数千年後だった。

この問題にかんする独創的な論文「先史時代の過剰殺戮」で、アリゾナ大学のポール・マーティンは次のように述べる。「絶滅の時系列を人類の移動のそれと綿密に突き合わせれば」大型動物の死滅の謎に対する「筋の通った唯一の答えとして浮かび上がってくるのは、人類の到達しかありえない[15]」

同様にジャレド・ダイアモンドはこう述べる。「オーストラリアの大型動物がこの地の数千年の歴史でくり返された無数の旱魃《かんばつ》を生き延びたにもかかわらず、人類がはじめてやって来たのとほぼ同時に（少なくとも数百万年という時間のスケールから見れば）偶然にも姿を消したとする理由が私には理解できない[16]」

タイミング以外にも、人類犯人説を裏づける強力な物理的証拠がある。その一つに糞がある。巨大草食動物は大量の糞をする。しばらくサイの後ろに立っていたことのある人ならだれでも知っているだろう。この排泄物はスポロルミエラと呼ばれる真菌（カビ）の餌となる。このカビの胞子はきわめて微小で肉眼ではほとんど見えないくらいだが、いたって耐久性にすぐれている。何万年も土中に埋まっていた堆積物からでも同定できるのだ。したがって、堆積物にこの胞子がたくさん見つかれば、多数の大型草食動物が草を食んで糞をしたことがわかり、反対にほんの少しの胞子しかないか、まったくない場合は、これらの動物がいなかったことがわかる。

二年前、ある研究チームがオーストラリアの北東部にあるリンチのクレーターとして知られる場所の堆積物コアを分析した。その結果、五万年前にはこの地域ではスポロルミエラの胞子が多かったことがわかった。ところが、約四万一千年前ごろに、やや唐突に胞子数がほとんどゼロに減った[17]。小惑星が衝突したときに、この近辺は火の海と化したからだ（その証拠に微細な木炭が見つかる)。その後、この地域の植生は熱帯多雨林の植物から、アカシアなどのより乾燥地帯に適応した植物に変化した。

もし気候変動によって巨獣が絶滅したのなら、植生の変化はスポロルミエラの胞子減少に先立って起こらなくてはならない。つまり、まず地表の景観(植生)が様変わりし、そのあとでもともとの植生に依存していた動物が死滅するはずだ。しかし、実際にはこれと正反対のことが起きている。チームは、データと矛盾しない唯一の説明は「過剰殺戮」だと結論づけた。スポロルミエラの胞子が景観が変化する前に減少したのは、巨獣が死んだことによって地表の景観が変わったからなのだ。森林を喰う大型草食動物がいなくなると、燃料が蓄積してより大規模な火災がより頻繁に起きた。このため、植生が耐火性の種に傾いたのだ。

オーストラリアにおける巨獣の絶滅は「気候変動によって起きたはずはない」とタスマニア大学の生態学者であり、コア研究結果をまとめた論文の主執筆者の一人であるクリス・ジョンソンは、ホバートにある彼のオフィスで電話越しに私に語った。「これについては断言できます」

より明白な証拠はニュージーランドから得られた。ダンテの時代にマオリがニュージーランドに到達すると、彼らは北島と南島合わせて九種のモアを見つけた。ところが十九世紀初頭にヨーロッパ移民がやって来たころには、モアはただの一羽も見つからなかった。残されていたのは、モアの骨の巨大な山と、野外の大きなかまど跡(巨大な鳥をバーベキューした痕跡)のみだった。最近の研究は、モアはおそらく数十年で根絶やしにされたと結論づけた。マオリ語にはこの大量殺戮に遠回しに触れる表現が残っている。「Kua ngaro i te ngaro o te moa.(モアのように失われた）」

ヒトによる狩りがもたらしたもの

気候変動によって巨大動物が死に絶えたと信じる研究者は、マーティン、ダイアモンド、ジョンソンの確信は見当違いだと主張する。彼らの考えはこうだ。絶滅について確実に肯定、または否定できるほどの材料はなにもなく、人類犯人説を唱える人びとが述べてきたことは、事実を過度に単純化している。絶滅の時期は明確ではないし、人類の移動とぴったりと一致しているわけでもなく、いずれにしても相関関係はあっても因果関係はない。いちばん根深い反論の理由は、そもそも初期の現生人類が殺戮のかぎりを尽くしたという前提そのものに、彼らが疑念を抱いていることだろう。技術をもたない原始的な少数のヒトの群れが、どうやってオーストラリアや北米という広大な土地にいる、多数の巨大で強力で、ときに獰猛な動物を絶滅させたのかというのである。

オーストラリアのマッコーリー大学に現在所属するアメリカの古生物学者ジョン・アルロイは、この問題について長いあいだ考えてきたが、それは数学の問題だと言う。「ひときわ大きな哺乳類は、繁殖率にかんしてはぎりぎりの線で生きています」と話す。「たとえば、ゾウの妊娠期間は二十二か月です。ゾウは双子を産むことはありませんし、十歳以上にならないと繁殖しません。つまり、すべてがいたってうまくいったと仮定しても、これらの条件のおかげで、なかなか速く繁殖できません。一方で、そもそもゾウが生きていられるのは、ある大きさになると捕食されないからというのがあります。十分な大きさになれば、もはや攻撃されても安全です。巨大であることは繁殖にかんして言うならあまり感心しない戦略ですが、捕食者を避けるという意味では大きな強みです。ところが、この強みは人類の出現によってまったく損なわれてしまいます。動物がどれだけ大きかろうと、ヒトはなにを食べるかについて制約というものをもたないからです」。これが、何百万年も成功した作戦が突然ふいになるいま一つの例だ。V字形のフデイシやアンモナイトや恐竜がそうだったように、巨大動物はなにも間違ったことはしていなかった。ただヒトがこの地上に出現したとき、「生存の条件」が変わっただけなのだ。

アルロイは、コンピューターシミュレーションによって「過剰殺戮説」を検証した。[18] すると、ヒトはほんのわずかな労力で巨大動物を絶滅に追いやることができたと判明した。「持続可能な収穫を与えてくれる種が一つでもあれば、ほかの種が絶滅してもヒトは飢えることがありません」と彼は述べる。たとえば、北米ではオジロジカは比較的高い繁殖率をもつので、それほど減少しなかったが、一方のマンモスの数は減ったと思われる。「マンモスは贅沢品《ぜいたく》、つまり、大きなトリュフのようにときどき楽しむ食べ物になったのです」

アルロイが北米のシミュレーションをしてみると、ごく少数のヒトの集団、たとえば百人ほどでも、千〜二千年もあれば、記録に残るほぼすべての絶滅の原因となるほど十分な数に増えることがわかった。しかも、これはヒトの狩りの腕前が「やや未熟」から「並」と仮定し

史上最大の有袋類ディプロトドン・オプタトゥム。

た場合の話だ。ほんのときおり機会があったときにだけ、マンモスや地上生のオオナマケモノを狩り、それを数世紀にわたって続ければよかったのだ。たったこれだけのことで繁殖率の低い種は減少しはじめ、いずれ絶滅にいたる。クリス・ジョンソンが同様のシミュレーションをオーストラリアで行なってみたところ、同様の結果を得た。十人の狩人グループそれぞれが一年にたった一頭のディプロトドンを殺しただけでも、およそ七百年で数百キロメートル内のディプロトドンはすべていなくなる（オーストラリアのあちこちの地域ではおそらく狩猟時期が異なったため、ジョンソンは大陸全体では絶滅には数千年かかったと見る）。地球の歴史という観点から見れば、数百年や数千年は実際にはないに等しい。けれども人間から見れば、それは長大に思える。実際にその場にいた人にしてみれば、巨大動物の減少はあまりに緩慢で、それとは気づかなかっただろう。数世紀前に、マンモスやディプロトドンがもっとたくさんいたと知る術は彼らにはないのだ。アルロイは大型動物の絶滅をこう表現する。「それを起こしている当の人間にとってあまりに緩慢でそれとわからないが、地質学的に見れば一瞬で起きる生態学的大激変」。彼はこうも述べる。このことは、ヒトが「ほぼどのような大型哺乳類でも絶滅に追いやることができる反面、同時にそれが起きないようにするための労を惜しまないでいることもできる」[19]ことを証明している、と。

人新世は産業革命、あるいはのちの第二次世界大戦後の人口爆発以降に始まったとふつうは考えられている。この考えにしたがうなら、人類が世界を変える能力をもつようになったのは、近代技術（タービン、鉄道、チェーンソー）の発明後ということになる。しかし、巨大動物の絶滅はじつはそうではないことを示唆している。人類が出現する以前には、大型で繁殖が遅いことはいたって成功率の高い戦略だったため、並外れて大きな生き物が地球を席巻していた。ところが、地質学的タイムスケールで一瞬にして、この戦略が敗者のそれに変わった。そして、その状況は現在も続いていて、だからゾウもクマも大型ネコ科の動物も減りつづけているし、スチは地上に残された最後のスマトラサイの一頭になってしまったのだ。一方で、巨大動物の絶滅はただの巨大動物の絶滅には終わらなかった。少なくともオーストラリアでは、それは生態学的なドミノ現象につながり、動植物相が変わってしまった。かつて人類は自然とともにあったと想像するのは心が休まるけれども、実際にそうであったのかは疑問だ。

第12章　狂気の遺伝子

ネアンデルタール人
Homo neanderthalensis

ネアンデル谷（ドイツ語で「*Das Neandertal*」）は、ライン川の小さな支流デュッセル川の峡谷で、ケルンの約三〇キロメートル北に位置する。近年まで谷には石灰岩の崖がそびえ、一八五六年にその崖にある洞窟からネアンデルタール人の骨が発見された。現在、この谷はあたかも旧石器時代のテーマパークといった趣になっている。緑のガラス瓶のような壁をもつ近代的な建築のネアンデルタール博物館があり、ほかにもネアンデルタール・ブランドのビールが飲めるカフェ、氷期に生育した灌木が植えられた庭園、ネアンデルタール人の発見地につながる小道などがある。ところが、骨や洞窟はすでにここにはない（石灰岩は切り出され、建築資材として運び出された）。博物館の入り口のすぐ内側には、老いたネアンデルタール人の人形が穏やかな笑みを浮かべ、杖にすがって立っている。髭ぼうぼうのヨギ・ベラ［有名な元大リーガー］といった感じだ。その隣に博物館最大の呼び物、モーフィング・ステーションというブースがある。三ユーロ払うと、観光客はステーションで自分の横顔写真とその加工画像が向きあったCG画像をつくってもらえる。加工画像では頬が落ち込み、額が斜めになり［ホモ・サピエンスより前頭葉が小さいため］、後頭部が突き出る。子どもたちは、自分や家族がネアンデルタール人になった画像が大好きだ。大はしゃぎして喜ぶ。

ネアンデル谷での発見以降、ネアンデルタール人の骨はヨーロッパから中東全域にかけてぞくぞくと見つかった。発見場所は、北はウェールズから南はイスラエル、東はコーカサス地方までおよんだ。ネアンデルタール人が使ったおびただしい数の道具類も出土した。アーモンド形の握斧《あくふ》、ナイフのように鋭いヘラ、槍につけたと思われる尖頭器。これらの道具は肉を切り、木を削り、おそらく動物の皮を剥ぐためにも使われたのだろう。ネアンデルタール人は少なくとも十万年にわたってヨーロッパに住んでいた。当時の気候はおおむね寒く、ときにはスカンディナヴィア半島を氷床が覆う極寒の時期もあった。たしかな証拠はないものの、ネアンデルタール人は自分たちのために住処を用意し、一種の衣服をつくったと考えられている。ところが、約三万年前にそんな彼らが姿を消した。

ネアンデルタール人の失踪について

は諸説がある。気候変動が指摘されることもしばしばで、不安定な気候によって地球科学界で知られるところの最終氷期最盛期がもたらされた、あるいはイタリア南部イスキア島近くのフレグレイ平野で大噴火が起きて「火山の冬」が生じたなどとされた。ときには病気あるいは単に不運だったとも考えられた。しかし最近では、ネアンデルタール人はメガテリウム、アメリカマストドン、さらに多くの不運な巨大動物と同じ道をたどったことが、ますます明らかになってきている。言いかえれば、ある研究者が私に言ったように、「彼らの不運の元凶は私たちだったのだ」。

現生人類はおよそ四万年前にヨーロッパに現れたが、考古学的記録が同様の例を幾度となく示すように、彼らがネアンデルタール人のいる地域までやって来ると、ネアンデルタール人は姿を消した。どんどん狩られたのかもしれないし、ただ競争に負けただけなのかもしれない。いずれにしても、彼らの零落はおなじみのパターンを見せるが、ある重要な（しかも心をかき乱すような）違いがある。ネアンデルタール人を完全に絶滅に追い込む前に、現生人類は彼らと交雑しているのだ。この結果、現代人の大半は、わずかであるとはいえ（最大で四パーセント）ネアンデルタール人の血を引いているのである。モーフィング・ステーションの近くでセール品になっていたTシャツは、この絆にこれ以上望めないほど明るいひねりを効かせている。「*ICH BIN STOLTZ, EIN NEANDERTHALER ZU SEIN*（私はネアンデルタール人であることを誇りに思う）」と大文字で宣言しているのだ。私はこのTシャツがすっかり気に入り、夫のために一枚買い求めた。だが、彼がめったに袖を通さないことに最近気づいた。

現生人類とネアンデルタール人の違い

マックス・プランク進化人類学研究所は、ネアンデル谷の東側およそ四八〇キロメートルのライプツィヒ市内に位置する。研究所は竣工したばかりのバナナに似た建物に入っており、この町が東ドイツだった過去をまだひきずっている界隈では、いやが上にも目立つ。そのすぐ北側にはロシア風のアパート群があり、南側にはソヴィエト・パヴィリオンとして知られた、金色の尖塔をもつ巨大なホールがある(現在は使用されていない)。研究所のロビーにはカフェテリアと大型類人猿の展示がある。カフェテリアのテレビは、ライプツィヒ動物園内のオランウータンの様子をライブで流している。

スヴァンテ・ペーボはこの研究所の進化遺伝学部門を率いる。ひょろりと背が高く、顎がとがった面長で、もじゃもじゃの眉をしており、これは皮肉だよと伝えたいときにはその眉をつり上げる。ペーボのオフィスは二つのフィギュアに占領されていた。一方はペーボ自身の実物より大きいフィギュアで、彼の五十歳の誕生日に大学院生たちが贈ってくれたものだという(大学院生はみなそれぞれ違う部分を描いたため、全体として驚くほど彼によく似ていたが、色合いがまちまちでペーボは皮膚病にでもかかったように見える)。もう一方は、実物大のネアンデルタール人の骨格標本で、天井からつるされて足は床から浮いていた。

スウェーデン人のペーボは「古遺伝学の父」と呼ばれることもある。彼一人で古代DNA研究の道を切り拓いたようなものなのだ。大学院生時代になした初期の研究では、エジプトのミイラ組織から遺伝学的情報を抽出しようと試みた（彼はファラオどうしの血縁関係を知りたかった）。その後、関心をフクロオオカミや地上生のオオナマケモノに移した。マンモスやモアの骨からDNAを抽出したこともある。これらの計画は当時としては画期的なものだったとはいえ、いずれも彼が現在進めているはなはだ野心的な試み――ネアンデルタール人の全ゲノム解析――の前哨戦のようなものだ。

ペーボはこの計画を二〇〇六年に発表した。それは最初のネアンデルタール人発見の百五十周年にかろうじて間に合った。当時、ヒトゲノムの全塩基配列がすでに発表されていた。チンパンジー、マウス、ラットのゲノムも同様だった。しかし、これらのヒト、チンパンジー、マウス、ラットはもちろん生きている。死んだ動物のゲノム解析はそれとは比較にならないほど難しい。生き物が死ぬと、遺伝子物質は崩壊しはじめる。そのような状態で残されているのはDNAの長鎖ではなく、たとえ保存状態が最高でも、断片でしかない。これらの断片がどうつながっていたかを知る作業は、シュレッダーにかけられ、昨日のゴミといっしょくたにされ、ゴミの埋め立て地に捨てられた、マンハッタンの電話帳の中身を復元しようとするようなものだ。

計画が完成した暁には、ヒトゲノムとネアンデルタール人のゲノムを突き合わせ、両者が正確にはどこで分岐したのかを塩基対ごとに見ていくことが可能になる。ネアンデルタール人は現生人類ときわめて似通っていて、ことによると私たちにいちばん近い近縁種だったかもしれない。とはいえ、やはり彼らは私たちと同じではなかった。私たちのDNAのどこかに、両者を分ける変異（または変異群）、すなわち近縁種を死滅させ、彼らの骨を掘り返してそのゲノムを修復する生き物に私たちを変えた変異群があるはずだ。

「現生人類はネアンデルタール人とどこが違うのかを知りたいのです」とペーボは言う。「過去の壮大な社会を築き上げ、地球のすみずみにまで広がっていき、だれの目から見ても私たちに固有であるテクノロジーの創造を可能にしたものはなんだったのか。これには遺伝的な理由があるはずで、それはゲノムのどこかに隠されているのです」

ネアンデル谷の骨は石工によって発見され、粗末に扱われた。もし採石場の持ち主が遺骸（頭蓋冠《とうがいかん》、鎖骨、四肢の骨、二本の大腿骨、五本の肋骨の一部、骨盤の半分）の発見について知らされず、それを大切に扱うように言わなかったとしたら、これらの骨は失われただろう。ドウクツグマの骨だと思った採石場の持ち主は、それを化石にくわしい地元の教師ヨハン・カール・フールロットに委ねた。フールロットは、預かった骨がクマではなくヒトのものに似ていると気づいた。彼はこの骨を「人類の祖先のもの」と断定した。

たまたま、このころダーウィンが『種の起源』を出版したばかりで、骨はにわかにヒトの起源にかんする議論を巻き起こした。進化論に反対する人びとはフールロットの主張に異を唱えた。骨はふつうの人間のものだというのである。一説によれば、それはコサックで、ナポレオン戦争後の混乱で発見地に迷い込んだのだろうとされた。骨が奇妙なのは（ネアンデルタール人の大腿骨は独特の曲がり方をしている）このコサックが馬上で長い時間を過ごしたからだというのだ。別の説では、骨の主は骨軟化症を患っていたと考えられた。男はこの病気のためにあまりに痛みが強く、額をつねに緊張させていたために眉弓《びきゅう》が突出したというのだ（骨軟化症で慢性の痛みを抱えている男が、なぜ崖に登って洞窟に入ったのかについての説明はなかった）。

それから数十年で、ネアンデル谷のものに似た骨が次々と発見された。それは現生人類の骨より太く、頭骨が奇妙な形をしていた。これらすべての骨を、血迷ったコサックや骨軟化症の洞窟探検家のものにできないのは明らかだった。しかし、骨は進化論者にとっても謎だった。ネアンデルタール人はいたって大きな頭骨（平均して現代人より大きい）をもっていた。このことは、ヒトが小さな脳をもつ類人猿から、大きな脳をもつヴィクトリア時代の人へ漸進的に変化したという進化説と相容れなかった。一八七一年に出版された『人間の由来』でダーウィンは、ネアンデルタール人にはほんのわずかしか触れていない。「有名なネアンデルタール人の場合のように、ごく初期の人類の頭骨のなかにはよく発達し、大きいものもある[1]」と述べるにとどめている。

ヒトのようでいてヒトでないネアンデルタール人の存在は、私たちにとっていかにも不都合なため、『人間の由来』以降、彼らにかんして書かれたことの多くは、このやっかいな関係を反映している。一九〇八年、ほぼ完全な骨格が南仏のラ・シャペル・オー・サンの洞窟で発見された。それはパリの自然史博物館の古生物学者マルセラン・ブールの手にわたった。一連の論文でブールは、「いかにもネアンデルタール人らしい古代人像」をつくり上げた[2]。彼らは膝が曲がり、前屈みで、獣のようだとされた。ブールは次のように記す。ネアンデルタール人の骨は「明らかにサルのような特徴を備え[3]」頭骨の形状は「野蛮で低い知能をもつ」ことを示している。彼によれば、創造性、「芸術や宗教の概念」あるいは抽象的な思考能力は、明らかにこのようなゲジゲジ眉の生き物のおよぶところではなかった。ブールが出した結論は検討され、多くの同時代人に認められた。たとえば、イギリスの人類学者サー・グラフトン・エリオット・スミスは、ネアンデルタール人は「奇妙に見苦しい脚」で「前屈みに」歩くと書いている（スミスはさらに、ネアンデルタール人の「不格好さ」は「ほぼ体全体がぼさぼさの被毛に覆われていることでさらに強調される」と主張したが、彼らが被毛に覆われていたという物理的な証拠は当時もいまもない）。

1909年に描かれたネアンデルタール人。

ネアンデルタール人との交雑

一九五〇年代、アメリカのウィリアム・ストラウスとイギリスのアレクサンダー・ケイヴという二人の解剖学者が、ラ・シャペルの骨格をふたたび調べることにした。第一次世界大戦はもちろん第二次世界大戦は、現生人類の野蛮ぶりを存分に見せつけており、ネアンデルタール人はどうだったのかという疑問が生じた。ブールがネアンデルタール人の生来の姿勢だと考えていたものは、おそらく関節炎のせいでそうなったのだろうと、ストラウスとケイヴは考えた。彼らは膝を曲げて前屈みに歩いたわけではなかったのだ。実際、髭を剃って新品のスーツを着せれば、ネアンデルタール人はニューヨーク市の地下鉄でも「一部の住民」より目立たないだろうと二人は書く。[4] さらに最近の研究は、ネアンデルタール人がニューヨークの地下鉄で目立つか否かは別にして、彼らは明らかに直立歩行し、私たちと変わらないような歩きぶりだったとする傾向にある。

一九六〇年代、アメリカの考古学者ラルフ・ソレッキが、イラク北部のシャニダール洞窟でネアンデルタール人の遺体を数体発見した。シャニダール一号、またはナンディとして知られる一体は重い頭部損傷を負っており、そのせいで少なくとも目がいくらか不自由だっただろうと考えられている。その怪我が癒《い》えていることから、彼は自分が属する社会集団の人びとによって介抱されたことがうかがえた。シャニダール四号という別の遺体は埋葬された様子で、墓付近の土壌の分析結果からソレッキは、シャニダール四号に花が手向けられていると確信した。このことから、彼はネアンデルタール人には深い精神性があったと考えている。

「私たちは、人類の普遍性と美への愛着が、自分たちだけのものではないということに突如として目を開かされた」[5]と、ソレッキは自身の発見にかんする著書『シャニダール洞窟の謎』で書いている。以降、ソレッキが出した結論の一部は批判を浴びた。花は死を悼む近親者によっ

髭を剃って新品のスーツを着たネアンデルタール人。

て供えられたというより、ホリネズミによって洞窟に持ち込まれたらしいというのだった。とはいえ、ソレッキの主張は圧倒的な影響力をもち、ネアンデル谷で展示されているネアンデルタール人は、ソレッキの主張どおり精神性の深いヒトのような姿をしている。博物館のジオラマでは、ネアンデルタール人はティピ［北米先住民が住んでいたような円すい形テント］に住んでおり、皮革でできたヨガパンツのようなものをはき、凍りついた景観を思慮深げに眺めている。「ネアンデルタール人は先史時代のランボーではなかった」と、ある説明書きにはある。「彼は知性をもっていたのである」

　DNAはテキストデータにたとえられることが多いが、そのたとえは「テキスト」の定義が無意味な文字列を含むのであれば適切と言えるだろう。DNAは、梯子《はしご》のような形（有名な二重らせん）に結合したヌクレオチドという分子から構成される。各ヌクレオチドは四つの塩基（それぞれA、T、G、Cで示されるアデニン、チミン、グアニン、シトシン）のうち一つを含むので、ヒトゲノムの一部はたとえば「ACCTCCTCTAATGTCA」のようになる（これは10番染色体の実際の塩基配列であり、これに対応するゾウの塩基配列は「ACCTCCCCTAATGTCA」である）。ヒトゲノムは三十億個の塩基――というより塩基対――の長さをもつ。わかっているかぎりにおいて、その大半はなにもコード（特定のたんぱく質を指示）していない。

生物の長鎖DNAが断片化する、つまり「テキスト」が紙吹雪のようなものに変わるプロセスは、生物の死後ほぼすぐに始まる。死後数時間で、体内の酵素のはたらきによって消化がかなり進む。しばらくすると、残るのは小断片のみになり、長時間が経過すると（その長さは加水分解の条件に依存するらしい）、これらの小断片も変質してしまう。ここまで進行すると、どれほど根気強い古遺伝学者にもなす術はない。「永久凍土層にあった場合には五十万年くらい前までさかのぼることができるかもしれません」とペーボは言う。「しかし、その数字が百万年を超えることはまずないでしょう」。五十万年前と言えば、恐竜が絶滅してから約六千五百万年が経過している。一世を風靡《ふうび》した「ジュラシック・パーク」のストーリーも、残念ながらよくできた作り話で終わってしまいそうだ。とはいえ、現生人類は五十万年前にはまだ現れていなかった。

ゲノム計画のために、ペーボはクロアチアの洞窟で発見された二十一体のネアンデルタール人の骨格を入手することができた（DNAを抽出するためには、ペーボであろうとほかの古遺伝学者であろうと、骨の標本を削りとって溶かす必要がある。いたって自明な理由から、博物館や化石収集家はこのプロセスに同意するには二の足を踏むだろう）。これらの骨格のうち、ネアンデルタール人のDNAが検出されたのはわずかに三体だった。問題をより複雑にしたのは、検出されたDNAが、この三万年というもの骨を喰らっていた微生物のDNAに汚染されていたことだった。これは、塩基配列決定（シーケンシング）作業の大半がむだだったことを意味していた。「絶望しかけたときもありました」とペーボは語る。ある問題が解決されたかと思うと、すぐに別の問題が現れる。「それはもう一喜一憂の連続でした」と思い返すのは、この計画に数年にわたって携わった、カリフォルニア大学サンタクルーズ校で分子生物学エンジニアをしているエド・グリーンだ。

しかし、ようやく有用な結果（基本的にはA、T、G、Cの長いリスト）が得られるようになり、そのときペーボのチームのメンバーで、ハーヴァード大学医科大学院の遺伝学者デイヴィッド・ライヒがなにかがおかしいと気づいた。予期されたとおり、ネアンデルタール人の塩基配列はヒトのそれにたいそう似通ってはいた。ところが、類似度にはばらつきがあった。ネアンデルタール人は、アフリカ人よりヨーロッパ人やアジア人とより多くのDNAを共有していたのである。ライヒはこう話す。「私たちはこの結果を無視しようとしました。『これはなにかの間違いだ』と考えたのです」

ここ二十五年ほど、人類の進化にかかわる研究は、一般に「出アフリカ説」と呼ばれる考え方（専門家には「アフリカ単一起源説」または「交代説」と呼ばれる）に傾いていた。この説によれば、すべての現代人は、およそ二十万年前にアフリカに住んでいた少数の人びとの末裔《まつえい》とされる。およそ十二万年前、これらの人びとの一部が中東へ移動し、そこからさらに一部が北西のヨーロッパ、東のアジア、そして東の果てのオーストラリアへ拡散した。北や東へ移動中、現生人類は、すでにそこに暮らしていたネアンデルタール人その他の旧人類に遭遇し、彼らに取って代わった（交代した）。交代とは絶滅に追いやる行為を婉曲的にさす言葉だ。この移動モデルまたは「交代」モデルによれば、ネアンデルタール人と現生人類との関係は、地域にかかわりなく同じでなければならなかった。

ペーボのチームメンバーの多くは、ネアンデルタール人がヨーロッパ人とアジア人に近いという結果は、なんらかの汚染のせいに違いないと考えた。さまざまな時点でヨーロッパ人やアジア人の研究者が検体を処理したので、これらの人びとのDNAが混入したのではないかというのだ。この可能性を評価するため数種の検査が行なわれた。結果はいずれも汚染を示さなかった。「このパターンがずっと出つづけて、データを得れば得るほど、統計的にそれは無視できなくなりました」とライヒが語る。ほかのチームメンバーも徐々に考えを改めはじめた。二〇一〇年五月の『サイエンス』誌に論文が発表され、彼らはペーボが「部分交代説（leaky replacement）」と呼ぶ一種の異種交配論を紹介した[6]（後日、この論文はこの雑誌の二〇一〇年度優秀論文に選ばれ、チームは二万五〇〇〇ドルの賞金を射止めた）。この説によれば、現生人類はネアンデルタール人に「取って代わる」前に彼らと交雑した。この結びつきから生まれた子孫が、ヨーロッパ、アジア、そして新世界に広がったというのだ。

部分交代説は——これが正しいと仮定して——ネアンデルタール人と現生人類の近縁性について、これ以上ないほど強力な論拠を提供する。両者は恋に落ちなかったかもしれないが、それでも交雑した。そうして生まれた雑種は怪物扱いされたかもしれないし、されなかったかもしれない。いずれにしても、たぶん最初はネアンデルタール人か現生人類のなかのだれかが、この子たちの面倒を見た。雑種の一部は成長して自身の子をもうけ、その子がまた子をもうけというように現在まで連綿と続いてきた。交雑が起きて少なくとも三万年経った現在ですら、その証拠を見てとることができる。ニューギニア人からフランス人、そして漢民族にいたるまでアフリカ人以外のヒトはすべて、ネアンデルタール人のDNAを一〜四パーセントもつのだ。

ペーボが好きな英語の単語に「cool《クール》（すごいね）」がある。ネアンデルタール人がその遺伝子の一部を現生人類に残したという考えにやっとたどり着いたとき、彼はこう感じたという。「とてもクールだと思いました。つまり、このことは彼らが完全に絶滅したわけではなく、私たちのなかにわずかながら生きていることを意味するからです」

幼児と大型類人猿の比較実験

ライプツィヒ動物園は、町を挟んでマックス・プランク進化人類学研究所とは反対側にある。この動物園には独自の実験棟が敷地内にあり、特別にデザインされた実験室がポンゴランド〔ポンゴはオランウータン属のこと〕という大型類人猿飼育研究施設内にある。私たちの近縁種はいずれも生き残っていないため（私たちのなかにほんのわずか残っているとはいえ）、研究者はその次に近いチンパンジーやボノボ、そしてそれより遠いゴリラやオランウータン相手に生体実験を行なう（たいていは、同一か少なくとも類似の実験がヒトの幼児に対しても行なわれ、両者の結果が比較される）。

ある朝、私は実験が行われているのを見ようと動物園に出かけた。その日は、ＢＢＣの撮影クルーもポンゴランドに来て、動物の知性にかかわる番組を収録していた。私が大型類人猿飼育研究施設に来たとき、そこにはアメリカ公共放送サービス（ＰＢＳ）の番組名「アニマル・アインシュタインズ」が書かれたカメラケースが散乱していた。

カメラが入ったので、エクトール・マリン・マンリケという研究者が、純粋な科学目的ではすでに終了していた一連の実験を再度やってみせていた。ドカナという名の雌のオランウータンが実験室に連れてこられた。たいていのオランウータンがそうであるように、ドカナは赤銅色の毛をもち、うんざりした表情を顔に浮かべている。

最初の実験では、赤いジュースとストローが使われ、ドカナはジュースが飲めるストロー、飲めないストローを区別して見せた。二番目の実験では、同じように赤いジュースとストローが用意され、ドカナはなかにある棒を抜き去り、中空になったストローでジュースを飲むことで、ストローの「概念」を理解できることを実証した。最後に、人間なら天才《メンサ》レベルのきわめて高い知能を示すべく、ドカナはピーナッツが入った長いプラスチックの筒を手にした（筒は床に固定されていたので外すことはできなかった）。ドカナはまず拳を地面につけて歩くフィストウォークで水飲み場に行き、口に水を含んで同じ歩き方で戻ってくると、筒のなかに水を吐き出した。これをピーナッツが水に浮いて手に届くまでくり返した。このあと私は、BBCの撮影クルーが五歳児に同じ実験を行なうのも見学した。この場合は、ピーナッツではなくチョコレートの入った小さなプラスチックの容器が使われた。近くに水がいっぱい入った缶がこれ見よがしに置いてあるにもかかわらず、子どもたちのうちチョコレートの容器を水に浮かせたのはたった一人の女児だけで、それもいろいろヒントをもらったあとだった（「水をどう使うの？」ある男児はあきらめる前に不満気に尋ねた）。

「人を人たらしめるものはなにか」という問いに答える一つの方法は、「私たちと大型類人猿の違いはなにか」を問うことだ。より正確には、ヒトとヒト以外の類人猿の違いを問うことであり、そのわけはヒトもまた類人猿だからだ。人間ならだれでもすでに知っているし、ドカナの実験が改めて証明するように、ヒト以外の類人猿は非常に賢い。彼らは推論し、複雑なパズルを解き、仲間が知っていると思われることはなにか、また知らないと思われることはなにかを理解できる。

　ライプツィヒ動物園の研究者が一連の実験をチンパンジー、オランウータン、二歳半の幼児対象に行なったところ、この三者は外界の理解にかかわる広範なタスクで同等の成績を示した[7]。たとえば、ある実験者が三つのカップのうちどれかに褒美《ほうび》を入れ、カップを動かすと、類人猿は幼児に匹敵する頻度で褒美を見つけられる。じつを言うと、チンパンジーの場合は、幼児より見つける確率が高い。また類人猿は数量の概念を幼児並みに理解する。彼らは褒美がたくさん入った皿をかならず選ぶし、選択に数学めいたものが必要となる場合でも失敗しない。また、因果関係の理解についても、幼児と比べて遜色《そんしょく》のない成績を収めた（たとえば、類人猿は振ったときに音がするカップは、音がしないカップと比べて食べ物が入っている可能性が高いことを理解する）。類人猿と幼児は簡単な道具の使い方でも互角の能力を見せる。

幼児が一貫して類人猿よりすぐれた成績を収めたのは、社会的手がかりを読む必要のあるタスクだった。だれかが正しい容器を指さすか、それに視線をやるなどのヒントを与えると、幼児はその意味を理解する。類人猿はヒントが与えられていることを理解できないか、理解しても真似できない。同様に、箱を破るなどして褒美を手に入れる方法を見せられると、幼児はその意図を容易に理解し、相手の行動を模倣する。ところが、またしても類人猿は困惑するばかりだ。幼児のほうが社会的手がかりについてより有利なのはたしかで、それは実験者が同一種だからだ。しかし一般的に言って、類人猿は人間社会の重要な側面をなす集団的な問題解決の能力に欠けている。

「チンパンジーはいたって利口な行動をたくさんとります」と研究所の発達・比較心理学部門を率いるマイケル・トマセロは語る。「けれども、ヒトとのおもな違いは『互いの力を合わせること』にあります。今日、あなたは動物園にいらっしゃいましたが、二匹のチンパンジーが重いものをいっしょに運ぶのはご覧にならなかったはずです。彼らはそうした協力関係を結びません」

なにかを求めてやまない心

ペーボは夜遅くまで仕事するのがつねなので、夕食は午後七時まで開いている研究所のカフェですませることが多い。しかしある日、仕事を早く切り上げ、ライプツィヒ市内を案内しましょうと言ってくれた。私たちはバッハが葬られている教会を訪ね、アウアーバッハスケラーというバーに落ち着いた。ゲーテの戯曲『ファウスト』の第五場で、メフィストフェレスがファウストを連れてきたバーだ（ゲーテは大学時代にここを足しげく訪れたと言われる）。私は前日に動物園を訪ねたばかりだったので、仮想実験についてペーボに尋ねてみた。もしポンゴランドで私が見たような実験をネアンデルタール人対象に行なえるとしたら、なにをするか、と。彼らがどんな生き物だったと考えているか。彼らは言葉を話せたと思うか。ペーボは椅子に深く座り直し、胸の前で両腕を組んだ。

「私たちはとかく推測する動物です」と彼は口を開いた。「ですから私は『彼らが言葉を話せたと思うか』というような質問には答えないことにしています。なぜかと言いますと、正直な話、私にはわかりかねるからです。それに、ある意味、あなたも私と同じように推測することはできますからね」

ネアンデルタール人の遺体が発見された多くの現場には、彼らがどんな生き物だったかを示すヒントがたくさんある。少なくとも、推測することを厭《いと》わない人にとってはそうだ。ネアンデルタール人は並外れて強靭な肉体をもっていたと思われ、このことは彼らの太い骨が証明している。彼らは現生人類をぼろぼろに叩きのめせただろう。また彼らは石器づくりに長けていたが、何万年にもわたって同じ道具をつくりつづけたようだ。ときには死者を埋葬し、互いを殺したり食べたりもした。ナンディのみならず多くのネアンデルタール人の骨格に、病気やその後遺症のしるしが見受けられる。ネアンデル谷で最初に発見されたネアンデルタール人は、二度も深手を負っていた。一度は頭部に、もう一度は左腕に。ラ・シャペルのネアンデルタール人は関節炎を患っていたうえに、肋骨と膝蓋骨《しつがい》を骨折した形跡があった。これらの負傷は、ネアンデルタール人が貧弱な武器で行なう狩りの苛酷さを反映しているのかもしれない。彼らは飛び道具をつくったことがなく、獲物を殺すにはその上に馬乗りになるしかなかった。最初に発見されたナンディのようなネアンデルタール人も、ラ・シャペルのネアンデルタール人も傷が癒えていることから、彼らは互いに世話を焼いていたと考えられ、このことは彼らに共感力があったことを示唆する。考古学的な証拠から、ネアンデルタール人はヨーロッパまたは西アジアで進化し、そこから拡散したが、河川や海その他の障害物があったところで止まったと推測される(海面が現在よりかなり低かった最終氷期には、障害となるイギリス海峡は存在しなかった)。これが現生人類とネアンデルタール人のもっとも基本的な相違点であり、ペーボにとってもっとも興味深い点でもある。現生人類がオーストラリアにわたろうとしたとき、当時は氷期の真っ最中だったが、海をわたらずに目的地に行くことは不可能だった。

ホモ・エレクトゥスなどの旧人類は、「旧世界で多くの哺乳類と同様のパターンで拡散しま

人間

TACACTCACATTTTTTTGCATATTATCTAGTCCCATGACATTA

ネアンデルタール人

TACACTCACATTTTTTTACATATTATCTAGCCCCATGACATTA

チンパンジー

TACACTCACA-TTTTTTACATATTATCTAGTCCCATGACATTA

ヒト、ネアンデルタール人、チンパンジーそれぞれのゲノムに含まれる５番染色体の同一部分。

した」とペーボが話す。「彼らはマダガスカルにもオーストラリアにも到達していません。ネアンデルタール人にしてもそうです。陸地の見えない海に漕ぎ出していったのは、現生人類のみでした。むろん、このためには技術が欠かせません。舟が必要です。しかし、それ以外にも、なにか狂気じみたものがいると私は思うのです。だって、そうでしょう？ イースター島が発見されるまでに、いったいどれほど多くの人が太平洋に漕ぎ出して命を落としたと思いますか。つまり、この行為は常軌を逸しているのです。なぜ、そんなことをするのでしょう？ 名誉のため？ 不死を願って？ あるいは好奇心？ 現在も私たちは火星に行こうとしています。私たちは決して止まることがないのです」

ファウストのようになにかを求めてやまない心が、現生人類をもっともよく表しているとするなら、ファウスト的遺伝子とでも呼ぶべきものがあるはずだとペーボは語る。ネアンデルタール人と現生人類のＤＮＡを比較すれば、この「狂気」のようなものの正体がわかるだろうとペーボは何度も話した。「ある気まぐれな変異によって、ヒトが狂気と探究心に取り憑《つ》かれたのだといつの日か判明したとしたら、この染色体のささいな逆位［染色体の一部が切れ、元と逆向きにつながること］のために、これまでのすべてのことが起き、地球の生態系全体が変わり、ヒトがあらゆる生物の優位に立ったことに、驚きを覚えないではいられないでしょう」と彼はあるとき話した。また、こうも言った。「私たちはある意味、狂気に取り憑かれているのです。そうさせているのはなんなのでしょう？　私はそれを是が非でも知りたい。それがわかったら、ほんとうにクールじゃないですか」

ホビットとデニソワ人の発見

ある日の午後、私がペーボのオフィスにふらりと立ち寄ったとき、ペーボはライプツィヒから三十分ほどの場所で、最近素人の化石収集家が発見した頭蓋冠の写真を見せてくれた。電子メールで送られてきた写真から、ペーボはこの頭蓋冠はかなり古い時代のものだと判断した。初期のネアンデルタール人か、ホモ・ハイデルベルゲンシスのものではないかと考えたのだ。ホモ・ハイデルベルゲンシスは、現生人類とネアンデルタール双方の祖先だと考える人もいる。ペーボはどうしてもこの頭蓋冠を入手したいと考えた。それは採石場の水たまりから発見されていた。だから、この条件でずっと保たれていたのなら、早急に入手すればＤＮＡ抽出が可能かもしれないと思ったのだ。ところが、頭蓋冠はすでにマインツ大学に住む人類学教授の手にわたることが決まっていた。どうすればDNA解析に必要なだけの骨を分けてもらえるよう教授を説得できるだろうか。

ペーボは教授の知り合いとおぼしき人全員に電話をかけた。自分の秘書に頼んで教授の秘書に連絡をとり、教授の私用の携帯番号を教えてもらったり、お望みとあらば教授とベッドをともにすることも厭わないと冗談まで飛ばしたりした。あるいは彼はなかば本気だったかもしれない。ドイツ全土に電話をかけまくること一時間半あまり、ようやくペーボは自分の研究室のある研究者から耳寄りな情報を得た。この研究者は実際にその頭蓋冠を見たことがあり、けっして古い時代のものではないと結論づけていた。ペーボは瞬く間に興味を失った。

古い骨の場合、その正体はけっして前もってわかるものではない。数年前のこと、ペーボはインドネシアのフローレス島で発見された愛称「ホビット」の骨格の歯の一片を入手したことがある。二〇〇四年に発見されたばかりのホビットは、一般には小柄な旧人類の一種（ホモ・フローレシエンシス）だったと考えられている。歯はおよそ一万七千年前のものと判明し、クロアチアで発見されたネアンデルタール人の骨の半分ほどしか古くなかった。しかしペーボはこの歯からDNAを抽出することはできなかった。

約一年半後、彼はシベリア南部の洞窟でヒトのものに似た奇妙な臼歯とともに発掘された指の骨の一片を手に入れた。それは、鉛筆に付属している消しゴムほどの大きさで、四万年以上前のものだった。ペーボはそれを現生人類かネアンデルタール人のものと考えた。後者の場合、その発見現場はネアンデルタール人の遺体が発見された最東端ということになる。ホビットの歯と違って、指からは驚くほど大量のDNAが得られた。遺伝子データの解析が一部完了したとき、ペーボはたまたまアメリカにいた。彼がオフィスに電話すると、仲間の一人がこう言った。「いいですか、腰をぬかさないでくださいよ」。DNAは、その人差し指が、現生人類のものでもネアンデルタール人のものでもないことを指し示していた。その指の持ち主はまったく未知のホミニド（ヒト科）だった。『ネイチャー』誌の二〇一〇年十二月の号に発表された論文でペーボは、この新しい人類をその骨が発見されたデニソワ洞窟にちなんでデニソワ人と命名した。[8] この発見を伝えたある新聞の見出しは「指が明かす先史時代の歴史」だった。驚いたことに――いや、おそらくは予想どおり――現生人類はデニソワ人とも交わっていた。というのも、現代のニューギニア人は、デニソワ人のDNAを最大で六パーセント共有している（なぜ現生人類がニューギニアにおいて別のホモ属と交雑する一方で、シベリアやアジアではそうしなかったのかは明らかでないが、たぶん現生人類の移動パターンと関係があるのだろう）。

ホビットとデニソワ人の発見によって、現生人類は新たに二種の仲間を得たことになる。ほかの古人骨のDNAが解析されれば、ほかにも人類の仲間が見つかるかもしれない。著名なイギリスの古人類学者クリス・ストリンガーが私にこう言った。「まだまだ仰天するような発見はあるでしょう」

現段階では、デニソワ人やホビットを絶滅に追いやったものがなんであるかを示す証拠はないものの、彼らが消滅したタイミングと更新世後期の絶滅の一般的なパターンは、ある明白な容疑者を指し示している。デニソワ人やホビットは私たちの近縁種であるため、どちらも妊娠期間が長く、大型動物と同じ弱み、つまり低繁殖率をもっていたと考えられる。したがって、彼らを絶滅させるには、繁殖期にある成体の数を減らせばそれで足りただろう。

そしてこのことは、私たちに次に近い近縁種にも通じる。ヒトを除けば、現存している大型類人猿はすべて絶滅の危機に瀕しているのだ。野生下のチンパンジーの数はおそらく五十年前の半分に減り、マウンテンゴリラも同じような傾向にある。ローランドゴリラはさらに絶滅の足を速めている。彼らはこの二十年だけで六〇パーセント減少したと推定されている。その原因には密猟、病気、棲息地の減少が挙げられる。すでに狭まっているゴリラの棲息域に、各地の戦争を逃れた避難民が入り込んでくるため、棲息地の減少にはさらに拍車がかかっている。スマトラのオランウータンは「絶滅危惧IA類」に分類されているが、これは「野生環境では絶滅のリスクがきわめて高い」ことを意味する。この場合、脅威となるのは暴力より平和だ。スマトラでは、生き残っているオランウータンはアチェ州に棲む。この地方では最近になって政情不安にピリオドが打たれ、合法違法を問わず、森林伐採が増えた。人新世がもたらす思いがけない多様な影響の一つは、ヒトの系統樹の枝切りだ。ネアンデルタール人やデニソワ人などの近縁種を何世代も前に死滅させ、現在ヒトは「いとこ」や「またいとこ」にとりかかっている。これがすめば、大型類人猿のなかに人類以外の生物は一種も残されていないことになるかもしれない。

美を愛する変異

ネアンデルタール人の骨格がいちばん多く（七個体分）発見されたのは、およそ百年前、フランス南西部のラ・フェラシーだった。ラ・フェラシーはドルドーニュ地方にあり、ラ・シャペルからさほど離れておらず、ラスコー洞窟の壁画をはじめとする数十か所におよぶ重要な考古学的現場から車で三十分とかからない。

この数年、夏になると、ペーボの同僚一人を含むチームがラ・フェラシーで発掘作業をしているので、私はそこを訪ねて見学させてもらうことにした。煙草の乾燥小屋を改造した発掘本部に到着したのは、夕食のブルゴーニュ風牛煮込みにちょうど間に合う時刻だった。夕食は裏庭にセットしたにわか作りのテーブルでいただいた。

翌日、私はチームの何人かの考古学者とラ・フェラシーまで車で出かけた。現場はのどかな田舎で、道路のすぐそばだった。何千年も昔、ラ・フェラシーは巨大な石灰岩でできた洞窟だったが、一方の壁が崩れたために二面が開放されている。大きな岩棚が地面から六メートルほどの高さに突き出ていて、全体が丸天井の半球のように見えた。現場は針金の柵に囲まれ、防水シートがかけられているので犯罪現場さながらに見える。

その日は暑く、ほこりっぽかった。六人の学生が長い溝にしゃがみ込み、こてで土を掘っていた。溝の側面の赤っぽい土から骨が突き出ているのが見える。下のほうの骨はネアンデルタール人がそこに捨てたものだと聞かされた。表面に近い部分の骨は現生人類が残したもので、彼らはネアンデルタール人がいなくなったあとに洞窟を使った。この現場のネアンデルタール人の骨格はずっと前に掘り尽くされているが、歯などの小片が発見される可能性は捨てきれない。発掘された骨片、火打石の薄片など、わずかでも興味深いものは脇にとっておかれ、煙草の乾燥小屋に運ばれて標識をつけられる。

学生たちが土を掘り返すのをしばらく眺めてから、私は日陰に入った。ラ・フェラシーのネアンデルタール人たちの暮らしを想像してみる。いまこのあたりは木が生えているが、木はなかったかもしれない。谷にヘラジカがいたかもしれないし、トナカイやヤマネコ、マンモスがいても不思議はない。それ以外にはなにも頭に浮かんでこなかった。私は、いっしょにここにやって来た考古学者たちに質問をぶつけてみた。

「寒かったでしょうね」とマックス・プランク進化人類学研究所のシャノン・マクフェロンが答えた。

「それに臭かった」と付け加えたのは、カナダのサイモン・フレイザー大学のデニス・サンドゲート。

「腹も空かせていただろうね」。これはペンシルヴェニア大学のハロルド・ディブル。

「かなりの高齢まで生きた人はいなかったでしょう」とサンドゲートが言う。あとで小屋に戻り、この数日で出た品々を丹念に見てみた。動物の骨の小片が数百個あり、そのどれもが洗浄され、番号を振られ、小さなポリ袋に入れられていた。さらに火打石の薄片も数百個あった。

薄片の大半は道具をつくる際に出た破片——木屑の石器時代版——に思えたが、一部は道具そのものだと教わった。

いったん見るべきポイントを教えてもらうと、ネアンデルタール人が意図してつくった鋭角的な縁がわかるようになった。ある道具は異彩を放っていた。それは涙形をした手のひら大の火打石だった。考古学ではそれは握斧と呼ばれるが、おそらく現代の斧のような使われ方はしなかっただろう。溝の底近くで発見されたので、約七万年前のものと推定される。プラスチックの袋から出して、裏返してみる。少なくともヒトの目にはほぼ左右対称の形をしていて、とても美しい。私は、これをつくったネアンデルタール人はすぐれた美的感覚をもっていたに違いないと言った。マクフェロンが反論した。

「私たちはその後の世界を知っています」と彼は言った。「現代文明の姿を知っているから、自分たちがどのようにしてここに到達したかを説明したいと考えるのです。私たちには現在を過去に投影するきらいがあるのです。そこで美しい握斧を見ると、『見事な技だ、すでに芸術の域にある』と言ったりします。でも、それは現代人から見た考えでしかありません。自分が証明したいことを先走りして決めつけてしまうのは危険です」

発掘されたネアンデルタール人による無数の遺物のなかに、明確に芸術的あるいは装飾的な意図をもってつくられたものはほとんどないため、芸術的と解釈されたもの（たとえば、フランス中部のある洞窟で発見された象牙のペンダントなど）は、果てしない、ときに根深い対立の原因となった（考古学者のなかには、現生人類と遭遇したネアンデルタール人が、模倣してこれらのペンダントをつくったと考える人がいる一方で、これらのペンダントは、ネアンデルタール人に代わってこの洞窟に住んだ現生人類の手になると考える人もいる）。芸術性を示す遺物がないことから、ネアンデルタール人は芸術を解さない、あるいは同じことだが、芸術に興味がないと考える人びとがいる。私たちは握斧を「美しい」と感じるかもしれないが、彼らにとってそれは実用品だったのだ。ゲノムの観点から見れば、彼らは美を愛する変異に欠けていたのだ、と。

ドルドーニュ滞在最後の日、私は近くにあるコンバレル洞窟という考古学の現場（ホモ・サピエンスの遺跡）を訪れた。洞窟はかなり狭く、石灰岩の崖のなかを約三〇〇メートル近くジグザグに延びていた。十九世紀末の再発見後に洞窟は広げられて照明がつけられたので、快適とは言えないまでも、安全になかを歩くことができるようになった。一万二千〜一万三千年前に、ヒトがはじめてこの洞窟に入ったときの様子は現在とはまったく異なっていた。当時、洞窟内の天井はとても低く、移動するには這うしかなく、真っ暗闇で、灯りがないとなにも見えなかった。それでも、なにか——創造性、精神性、あるいは「狂気」——がヒトを駆り立てた。洞窟の奥の壁に無数の線画が刻まれている。描かれているのは一つ残らず動物で、多くは現在では絶滅したマンモス、ヨーロッパバイソン、ケブカサイなどだ。なかでも細部の見事なものは見る者を圧倒するような躍動感にあふれている。野生のウマはいまにも頭をもたげそうで、トナカイは頭を垂れて水を飲もうとしているかに見える。

コンバレル洞窟の壁に線画を残したヒトは、これらの絵に神秘的な力があると信じていたと考えられることが多く、ある意味においてそれは正しい。ネアンデルタール人はヨーロッパに十万年以上住んだが、ほかの脊椎動物と同じく大きな影響を周囲におよぼしたことはない。現生人類さえ現れなければ、ネアンデルタール人は現在でも、野生のウマやケブカサイとともにそこに暮らしていただろうと考えられる。外界を記号や表象によって表す能力は、それを変える能力、すなわち破壊する能力ともなる。私たちとネアンデルタール人を分けるのはわずかな遺伝学上の変異でしかないとはいえ、それは大きな違いを生み出したのだ。

第13章　羽をもつもの

現生人類
Homo sapiens

「未来学は高尚な学問と見なされたためしがない」[1]とジャーナリストのジョナサン・シェルは述べている。この言葉を胸に、私はサンディエゴの約五〇キロメートル北にある、サンディエゴ動物園の希少種保全研究センターをめざして出発した。道中、ゴルフコース、ワイン醸造所、ダチョウ農場を通りすぎた。到着すると、研究センターは病院のように静かだった。組織培養の専門家マーリス・ハウクが長い廊下の先にある窓のない部屋に案内してくれた。丈夫なオーブンミトンのような手袋を両手にはめると、彼女は大きな金属タンクの蓋をひねって開けた。缶の口からもやのような蒸気が上がった。

タンクの底にはマイナス一九六℃の液体窒素が入れられていて、その上に小さなプラスチック容器が入った箱がいくつか吊るされている。箱は塔のように積み上げられ、プラスチック容器は釘を打ったようにそれぞれの枠にまっすぐ入っている。ハウクがお目当ての箱を見つけ、プラスチック容器の場所を縦と横方向に数えていった。一二個のプラスチック容器を取り出すと、私の前のステンレス製のテーブルの上に置いた。「これです」と彼女が言う。

プラスチック容器の中身は、現地語で「ポオウリ」と呼ばれる最後のハワイミツスイが生きた証しだった。ポオウリはかわいい顔とクリーム色の胸をしたずんぐりした鳥で、マウイ島に棲んでいた。この鳥については、あるときだれかが「世界中でもっとも美しいが、とりたてて美しくもない」と私に言ったことがある。そしてこの鳥は、サンディエゴ動物園と米国魚類野生生物局が、彼らを救おうと最後の試みをした一、二年後の二〇〇四年秋に絶滅したと思われる。当時、生存が確認されていた個体は三羽だけだったため、その三羽を捕獲して繁殖させようという話になった。ところが、網にかかったのは一羽のみだった。つかまったポオウリは雌と考えられていたが雄と判明し、米国魚類野生生物局はポオウリは雄しか残されていないらしいと推測した。捕獲されていたポオウリが感謝祭の翌日に死ぬと、遺体はただちにサンディエゴ動物園に送られた。ハウクは遺体処理のために、ただちに動物園に駆けつけた。「これが最後のチャンスだわ」と考えたのを彼女は思い返す。「現代のドードーね」。ハウクはポオウリの目の細胞の培養に成功し、その成果物がいま目の前のガラス容器に収まっている。彼女は細胞を傷つけたくないので、約一分後には容器を箱に入れてタンクに戻した。

ポオウリの細胞が、ある意味で生かされている、この窓のない部屋は「冷凍動物園《フローズン・ズー》」と呼ばれる。この名称は使用権が登録されていて、ほかの施設が用いようとすれば、法を犯すことになる。この部屋にはハウクが開けたのと同じようなタンクが六個あり、そのなかには冷たい窒素に守られて一千種近い細胞系統が収まっている（じつを言うと、ここは「動物園」の片割れで、もう一方の片割れはその場所が厳重に秘密にされている。各細胞系統は二つの施設に等分され、停電などの不測の事態に備えている）。冷凍動物園は世界で最大数の種を凍結して維持するが、ほかの施設も凍結細胞計画を始動させている。たとえばシンシナティ動物園は「クライオバイオバンク〔クライオ（cryo）は寒冷、冷凍を意味する〕」、イギリスのノッティンガム大学は「フローズンアーク」を運営する。

いまのところ、サンディエゴ動物園の施設で凍結保存されている種のほとんどには、生きた仲間がいる。しかし、ポオウリと同じ道をたどる動植物が増えるにしたがい、状況は変わるだろう。ハウクがタンクにふたたび封をするあいだ、私はイオーラス洞窟の地面から回収され、アメリカ自然史博物館の「クライオコレクション」に送られた数百体の死んだコウモリのことを考えていた。ツボカビの脅威にさらされているカエル、海水の酸性化に苦しむサンゴ、密猟の絶えない厚《こう》皮《ひ》類〔サイ、ゾウ、カバなど〕など、地球温暖化や棲息地の分断化によって存続が脅かされている膨大な数の種の組織培養物を保存するのに、いったいどれだけの小さな容器と液体窒素が必要になるか計算しようと考えた。だが、すぐにあきらめた。私の頭で暗算するにはあまりに数字が大きかった。

このような終わり方をしなければならないものなのだろうか。世界でもっともすばらしい生き物――あるいは世界でもっともありきたりな生き物――に残された最後の望みは液体窒素のなかだけなのか。人類がどのようにほかの生物種を絶滅に追いやっているかを知ったなら、彼らを救うために行動を起こすことはできないのだろうか。未来を覗いてみることの意義は、行く手に危険が潜んでいるのであれば、それを避ける工夫をすることにあるのではないか。

もちろん、人類は破壊的で短絡的でありえるけれども、前向きで利他的でもありえる。レイチェル・カーソンが「地球をほかの生き物と共有する問題[2]」と呼んだものを徒《あだ》やおろそかにはせず、ほかの生き物のためになにかを犠牲にするのも厭わないことを、人間は幾度も証明してきた。アルフレッド・ニュートンがイギリス沿岸の海鳥の惨殺を報告すると、海鳥保護法が制定された。ジョン・ミューアがカリフォルニア州の山中で起きている自然破壊について書くと、それがヨセミテ国立公園の指定につながった。カーソンの『沈黙の春』が合成殺虫剤の危険性に警鐘を鳴らすと、十年としないうちにDDTの使用はおおむね禁止された（アメリカ国内でいまだにハクトウワシが生きている――実際、その数は増えている――という事実は、この変化がもたらした多くのすばらしい成果の一つだ）。

DDTの使用が禁止されてから一年後の一九七三年、アメリカ議会は絶滅危惧種法を制定した。その後、人びとがこの法律の対象となった生物の保護にどれだけ奔走したかは、にわかに信じがたいほどだ。いちいち例を挙げればきりがないので、ほんの数例を挙げよう。一九八〇年代のなかばまでには、カリフォルニアコンドルはわずか二十二羽に減っていた。この北米最大の鳥類を救済するため、野生生物学者は人形を使ってコンドルの雛を飼育した。彼らが送電線で感電死しないようにその模造品で訓練した。また人間の出すゴミを食べないように、ゴミに通電しておいて触れたら軽い衝撃が加わるようにした。コンドルの全個体（現在およそ四百羽いる）に西ナイルウイルスのワクチンを打った。ちなみに、この病気に対する人間用のワクチンはいまだに開発されていない。さらに定期的に鉛中毒の検査（シカの死体をあさるコンドルは鉛の銃弾をのみ込むことが多い）を行ない、中毒症状のある多数のコンドルをキレーション療法［キレート化剤という化学物質で金属の生理活性を失わせる］で治療した。なかには何度もキレーション療法を受けたコンドルもいる。アメリカシロヅルの救済にはさらに手がかかり、大半はボランティアでまかなわれている。毎年冬になると、超軽量航空機のパイロットチームが、人に育てられたアメリカシロヅルの雛にウィスコンシン州からフロリダ州へわたる術を教える。約二〇〇〇キロメートルにおよぶ距離の移動には最長で三か月ほどかかり、雛は途中で彼らを受け入れてくれる数十か所の私有地で羽を休める。こうした活動に直接かかわらないまでも、多数のアメリカ人が世界自然保護基金（WWF）、全米野生生物連盟（NWF）、野生動物を守る会、「野生生物と社会」学会（AWHS）、アフリカ野生動物保護財団（AWF）、ザ・ネイチャー・コンサーヴァンシー（TNC）、コンサヴェーション・インターナショナル（CI）などの団体に加入することで間接的に活動を支持している。

生物圏《バイオスフィア》が小さなプラスチック容器のみになってしまった未来を陰気に憂えているより、種の救済のためになにができるか、なにが実際になされているかに注目したほうが現実的で倫理的ではないだろうか。あるとき、アラスカ州のある保全グループの代表がこう言ったことがある。「人には希望が必要です。かく言う私も希望を必要としています。それがなければ私たちは生きていけないのです」

ハワイガラスの人工授精

保全研究センターの隣に、同じような灰褐色の建物があり、ここは動物病院になっている。この動物病院もやはりサンディエゴ動物園が運営しており、入院中の動物の大半はしばらく滞在するだけだが、ずっとここに暮らしている動物もいる。「キノヒ」という名のハワイガラスがそうだ。キノヒは現存する約百羽（すべて飼育下にある）のハワイガラス（ハワイ語で「アララ」）のうちの一羽だ。サンディエゴに滞在中、私は動物園の繁殖病理部門を率いるバーバラ・デュラントといっしょにキノヒに会いにいった。キノヒを理解できるのはデュラントしかいないと、私は人づてに聞いていた。会いにいく途中で、デュラントはとある売店に立ち寄り、キノヒの好物を買い入れた。ゴミムシダマシ、「ピンキー」と呼ばれる無毛マウスの子、そして成体マウスの後ろ半分をさらに二つに切ったもの（片方に脚が二本あり、もう片方に内臓がついている）。

アララがなぜ野生下で絶滅したのかは、だれにもわからない。たぶんポオウリの場合と同じく、原因は複数あるのだろう。棲息地の消失、マングースなどの侵入種による捕食、そして蚊などほかの侵入種が媒介する病気などだ。いずれにしても、森に棲んでいた最後のアララは二〇〇二年に死んだと考えられている。キノヒは、マウイ島にある飼育繁殖施設で二十年以上前に生まれた。だれに訊いてもかなり変わった鳥だという答えが返ってくる。仲間といっしょに育てられなかったので、自分がほかのアララと同じだとは考えていない。それに自分が人間だと考えている風でもない。「彼は自分だけの世界に生きているのです」とデュラントが語る。「彼はいつだかヘラサギに恋したことがありました」

キノヒは、二〇〇九年にサンディエゴ動物園に送られてきた。彼が仲間のアララとつがいになるのを拒んだので、希少な遺伝子プール〔繁殖集団内の遺伝子の総体〕に貢献してもらうために、なにか特別な措置を講じるべきだということになったためだ。キノヒの恋心、より直接的に言うなら、性腺をつかむ役目を仰せつかったのがデュラントだった。キノヒは彼女の努力になかなかすばやく反応した。アララにはペニスがないので、デュラントは彼の下腹部近くをなでてやる。けれども、私が会いにいった時点では、まだ彼女が言うところの「良好な射精」をするにはいたっていなかった。もうすぐ繁殖期なので、今年もまたデュラントは、週に三回、最長で五か月試すつもりでいた。もしキノヒが射精に成功したら、彼女はその精子をもってマウイ島へ急行し、繁殖施設の雌に人工授精を試みるつもりだった。

キノヒの檻に着いた。檻というよりスイートルームのようで、手前の小部屋は何人かの人が立っていられるほど広く、奥の部屋にはロープその他カラス用の遊具がある。キノヒは駆け寄って私たちを出迎えた。頭から足先まで真っ黒だ。ふつうのアメリカガラスに見えたが、デュラントはキノヒはくちばしと脚がアメリカガラスより太いと指摘した。まるで目が合うのを避けるかのように、キノヒは頭を前に傾けている。デュラントの姿を見たとき、鳥なりにあらぬことを考えただろうかと私は思った。彼女が持参したおやつを与える。彼は妙に聞き慣れたか

すれ声を上げた。カラスは人の声をまねすることができる。デュラントは彼の言葉を「わかっているよ」と訳してくれた。

「わかってるさ」と彼はくり返した。「わかってるんだ」

　キノヒの悲喜劇めいたセックスライフは、人間が絶滅を深刻に受け止めているというさらなる証拠（もっと証拠が必要ならばの話だが）である。一つの種を失う喪失感は大きく、私たちはそれを防ぐためならサイの超音波診断でもカラスの手淫でも手段を選ばない。テリー・ロスやバーバラ・デュラントのような人びと、そしてシンシナティ動物園やサンディエゴ動物園のような組織の尽力は、たしかに楽観できる理由になるかもしれない。私にしても、本書が違う趣旨のものなら希望をもつところだ。

　これまでの章の多くでは、個々の生物――パナマの黄金のカエル、オオウミガラス、スマトラサイ――の絶滅（絶滅寸前の状態）について述べてきたが、私がほんとうに伝えたかったのは、これらの生物がたどった運命のパターンだ。私の真意は、それが完新世絶滅であろうと人新世絶滅であろうと、あるいはそう呼んだほうがよければ六度目の大絶滅であろうと、絶滅をなぞり、この現象をより広い生命の歴史という文脈に置くことにある。この歴史は厳密な斉一説でも天変地異説でもなく、両者を合わせたものだ。起伏の多いこの歴史が教えてくれるのは、生命はことのほか強靭であるとはいえ、限りなく強靭なわけではないということだ。これまでに非常に長い平穏な時期があり、きわめてまれながら「地上の大変動」もあった。

これらの大激変の原因は、特定できるかぎり相互に大きく異なっている。オルドビス紀末の絶滅の場合は氷期、ペルム紀末の場合は地球温暖化と海洋化学状態の変化、白亜紀末の場合は隕石の衝突だった。現在進行中の絶滅には新たな原因がある。それは隕石でも巨大な火山の噴火でもなく、「あるひ弱な種」だ。ウォルター・アルヴァレズは私にこう語った。「私たちは人間が大量絶滅を起こすこともあるということを、いま自らの目で見届けているのです」

これらの悲惨な出来事がもつある共通点は変化であり、より正確に言えば変化の速度だ。種が適応できるより速く世界が変化すると、多くの種が死に絶える。変化の原因が、火を噴きながら空から落ちてくる場合でも、ホンダ車に乗って出社する場合でも、それは変わらない。私たちが事態をより深刻に受け止め、より多くの犠牲を払えば現在の絶滅は避けられるという考えは、あながち間違いではない。しかしそれは問題の本質をとらえてもいない。問題は私たちが事を深刻に受け止めるか否かではなく、私たちが世界を変える存在であるという点にある。

この能力は以前からあるとはいえ、現代はこの能力が最大限に発揮されている時代でもある。実際、この能力はそもそも私たちをヒトにした資質、つまり変化を求めてやまない性質、創造性、互いに協力して問題を解決し、複雑な作業を完了する能力と同質と考えてよさそうだ。自然界を表現するのに記号や表象を使いはじめたそのときから、人類は自分が住む世界の限界を押し広げてきた。「さまざまな意味において、人が使う言語は遺伝子コードに似ている」[3]とイギリスの古生物学者マイケル・ベントンは述べた。「情報は保存され、変更されて次世代に受け継がれていく。コミュニケーションによって社会の融和が図られ、おかげでヒトは進化から自由になることができた」。ヒトが単に思慮に欠けたり、自分本位だったり、凶暴だったりするだけの存在なら、そもそも保全研究センターなどというものはないはずだし、その必要もないだろう。ヒトがほかの種にとってなぜそれほど危険かについて考えたいなら、アフリカでAK-47ライフルをもった密猟者か、アマゾンで斧を手にした違法な木こりを想像してみるといい。あるいは、膝に本を置いた自分を想像するのがもっといいかもしれない。

加害者であり被害者でもある

アメリカ自然史博物館の生物多様性ホールには、ある展示物が床の中央に埋め込まれている。その展示物は中心の銘板を取り囲んでいる。銘板には、この地上に複雑な動物が出現してからの五億年で、大絶滅が五度起きたと書かれている。これらの絶滅は「地球規模の気候変動その他の原因によって起きたもので、これには地球と地球外の物体との衝突もおそらく含まれる」とある。さらに、「現在、六度目の大絶滅が進行中であり、今回の原因はひとえに人類が生態系の景観を変えたことにある」としている。

銘板からは高強度のプレキシガラス板が放射状に延び、その下に数種の絶滅動物の化石が収まっている。プレキシガラスは、博物館を訪れた何万人という人の靴によってすり減っているものの、たいていの人はおそらく自分がなんの上を歩いているか気づかないだろう。けれども、しゃがみ込んでよく見ると、それぞれの化石には種の名称と、それを死滅させた絶滅事件の名が記されている。化石は時系列に並んでいるので、最古のもの（オルドビス紀のフディイシ）が中央近くに、最新のもの（白亜紀後期のティラノサウルス・レックスの歯）が外側にある。展示物の外縁にたたずむと（この展示物を正しく見るにはこの位置が最適だ）、あなたは六度目の大絶滅の被害者が収まる場所に立っていることになる。

私たちが引き起こした絶滅によって私たち自身はどうなるのだろうか。一つの可能性は、私たちもいずれ自分たちが引き起こした「生態系の景観の変化」によって死に絶えるというものだ。この考えは次のようにして導き出される。人類は進化の拘束から自由になったとはいえ、地球の生物学系と地球化学系には依存したままだ。したがって、これらの系を破壊すること（熱帯多雨林を伐採し、大気組成を変え、海を酸性化すること）によって、私たちは自身の存続をも危険にさらす。地質学的記録から読みとれる多くの教訓のなかでもっとも痛みをともなうのは、投資信託と同じく生命においても、過去の業績は将来の結果を保証するものではないということだろう。大量絶滅が起きるとき、それは弱者のみならず強者をも滅ぼす。かつてV字形のフデイシはどこにでもいたのに、やがてどこにもいなくなった。アンモナイトは何億年にもわたって海を泳いでいたのに、いつの間にか姿を消した。人類学者のリチャード・リーキーは、「ヒトは六度目の大絶滅の原因であるのみならず、その犠牲者にもなるかもしれない」[4]と警告する。生物多様性ホール内にある標識は、スタンフォード大学の生態学者ポール・エーリックの次のような言葉を引いている。「ほかの種を絶滅に追い込むことにより、人類は自分がとまっている枝を切っている」

もう一つの可能性（こちらのほうが楽観的でいいと考える人もいる）は、ヒトはその才知を発揮し、そもそもその才知が招いた惨事を回避するというものだ。たとえば、地球温暖化があまりに大きな脅威となったなら、大気を調整してそれに対抗できると真剣に考える科学者たちがいる。たとえば、硫酸塩を成層圏に散布して太陽光を宇宙にはじき返したり、太平洋上に水滴を噴射して雲をつくったりする。もし、こうした手段がいずれもうまくいかず、いよいよのっぴきならなくなっても、まだ大丈夫と主張する人びとはいる。なに、別の惑星に移り住めばいいというのだ。最近出たある本は「火星、タイタン、エウロパ、月、小惑星など、見つけられるあらゆる住人不在の天体上」に都市を建設することを推奨している。「心配はいらない」とその著者は述べる。「探究心を忘れないかぎり人類は存続できる」[5]

どうやら、人類の運命を案じるにも個人差があるのは明らかなようだ。しかし、非人間的との謗《そし》りを覚悟の上で（私の親友の何人かは人間だ）私は言っておこう。いちばん大切なのは人類の存続ではない、と。この驚嘆すべき現在という瞬間に、私たちはこれから進化がたどる道、あるいは、たどらない道をまったく自覚することなく選びとっている。そのような力をもった生物がかつていたためしはなく、残念なことに、それが人類のもっとも永続的な遺産となるだろう。人類が書き、描き、つくり上げたすべてが塵《ちり》となり、ジャイアント・ラットが地球を受け継いだ――あるいは受け継がなかった――遠い未来の生命史は、「六度目の大絶滅」によって定められた道をたどりつづけていくだろう。

謝辞

大量絶滅について本を書くジャーナリストには大勢の人びとの協力が欠かせない。豊かな知識をもち、親切心に富み、辛抱強いたくさんの方々が、時間と専門知識をこのプロジェクトに注いでくれた。

両生類の危機として知られるようになった状況を理解するにあたって、エドガルド・グリフィス、ハイディ・ロス、ポール・クランプ、ヴァンス・ヴリーデンバーグ、デイヴィッド・ウェイク、カレン・リップス、ジョセフ・メンデルソン、エリカ・ブリー・ローゼンブラム、アラン・ペシエの諸氏に助力を賜った。

パリの自然史博物館を案内してくれたパスカル・タシーに礼を述べたい。オオウミガラスとそのかつての棲息地に案内してくれたグズムンドゥル・グズムンドソン、レイニール・スヴェインソン、ハルドウル・アウルマンソン、そしてエルデイ島行きを可能にしてくれたマグヌス・バーンハードソンにも感謝する。ニール・ランドマンは親切にもニュージャージー州の白亜紀フィールドを案内し、彼のすばらしいアンモナイトのコレクションを披露してくれた。ペルム紀末の絶滅について教えてくれたリンディ・エルキンズ＝タントンとアンディ・ノル、白亜紀末絶滅について教えてくれたニック・ロングリッチとスティーヴ・ドントにもお礼申し上げる。ヤン・ザラシーヴィッチはスコットランドで行なったフデイシの標本採集に同行させてくれたばかりか、この数年にわたり多数の質問に答えてくれた。忘れがたい（雨に濡れた）旅をともにしたダン・コンドンとイアン・ミラー、人新世にかかわる自身のアイデアを説明してくれたポール・クルッツェンにも感謝の意を表す。

海の酸性化はやっかいな問題だ。クリス・ラングドン、リチャード・フィーリー、クリス・サビン、ジーアニー・クレイパス、ヴィクトリア・ファブリー、ウルフ・リーベゼル、リー・カンプ、マーク・パガーニの助力がなければ、この問題について書くことは私にはできなかっただろう。ジェイソン・ホール＝スペンサーには、ことのほか感謝している。彼は凍るような寒さのなかでアラゴン城まで泳いでたどり着くための案内を引き受け、そのあとは山のような質問に辛抱強く答えてくれた。このときの旅の手配をしてくれたマリア＝クリスティーナ・ブーヤにもありがとうと伝えたい。

気候科学と海洋化学にかかわる話題については、何度もケン・カルデイラの助力を仰いだ。彼と夫人のリリアン、そしてワン・ツリー島で会ったチーム全員——ジャック・シルヴァーマン、ケニー・シュナイダー、ターニャ・リヴリン、ジェン・ライフェル、そして独特の存在感を放っていたラッセル・グレアム——に深く感謝している。さらにデイヴィ・クライン、ブラッド・オプダイク、セリーナ・ウォード、オーヴ・ヘグ＝グルベルにも感謝を捧げたい。

マイルズ・シルマンは特別な世界の特別な案内人となってくれた。時間と知識を惜しみなく与えてくれた彼にはいくら感謝しても足りないほどだ。また彼の博士課程学生のウィリアム・ファルファン・リオスとカリーナ・ガルシア・カブレラにも感謝する。クリス・トーマスにも感謝している。

この本は、トム・ラヴジョイの助力がなければ、そもそもプロジェクト自体が始動しなかったかもしれない。私が知りうるかぎり、彼の寛容さと忍耐には限りというものがなかった。彼の力添えと励ましに深く感謝している。マリオ・コーン＝ハフトはアマゾン雨林の専門家であるとともに、すばらしく陽気な案内人だった。リタ・メスキータ、ホセ・ルイス・カマルゴ、グスタヴォ・フォンセカ、ヴィルジリオ・ヴィアナにも感謝する。

スコット・ダーリングとアル・ヒックスは白鼻症候群の深刻さを理解した最初の人びとに入る。彼らはこの症候群について学ぶそばから私に教えてくれ、おかげで私はおおいに助かった。ライアン・スミス、スーシー・フォン・エッティンゲン、アリサ・ベネットは、親切にも私をイオーラス洞窟に何度も連れていってくれた。ジョー・ローマンはこの本の侵入種にかかわる部分を親切にも読んで助言してくれた。

テリー・ロスとクリス・ジョンソンは、現在と過去の大型動物について私の理解を助けてくれた。絶滅率の計算をしてくれたジョン・アルロイに深謝する。アンソニー・バーノスキーにも感謝したい。

スヴァンテ・ペーボは、古生物学一般とネアンデルタール人のゲノムプロジェクトとの複雑さにかんして長時間を割いて説明してくれた。ペーボ、ラ・フェラシーをていねいに案内してくれたシャノン・マクフェロン、いつも最後の質問に答えてくれたエド・グリーンに感謝する。サンディエゴでは、マーリス・ハウク、オリヴァー・ライダー、バーバラ・デュラント、ジェニー・メロウにたいそう世話になった。

探すのが不可能に近い本や論文を見つけてくれたウィリアムズ大学のレファレンス司書の方々、白亜紀末の絶滅にかんする自身のファイルを親切にも貸してくれたジェイ・パサコフに感謝する。

二〇一〇年、私は幸運にもジョン・サイモン・グッゲンハイム記念財団のフェローシップを獲得した。そのおかげで、訪ねたい場所に行くことができた。この本には、ラナン文学フェローシップとハインツ・ファミリー・ファウンデーションからも間接的に支援を賜った。

この本の数章は、部分的にまず『ニューヨーカー』誌に掲載された。同誌のデイヴィッド・レムニクとドロシー・ウィッケンデンの助言、支持、忍耐に深く感謝している。つねに賢明な助言をくれたジョン・ベネットにも感謝したい。別の数章も部分的に『ナショナル・ジオグラフィック』誌とウェブサイトe360に掲載された。ロブ・クンジグ、ジェイミー・シュリーヴ、ロジャー・コーンの助力とアイデアにも感謝する。スティーヴン・バークレーとエリザ・フィッシャーのたゆまぬ支えにもおおいに感謝している。

未熟な原稿を一冊の本に仕上げてくれたローラ・ワイス、メリル・レヴァヴィ、キャロライン・ザンカン、ヴィッキー・ヘアーに感謝を捧げる。

ジリアン・ブレイクは、本書のようなプロジェクトにこれ以上望めないような編集者でいてくれた。賢明で、何事も厳密に調べ、冷静そのものだった。私が少しでも本筋から外れそうになると、落ち着いて元に戻してくれた。キャシー・ロビンズはいつもながら絶妙な仕事ぶりを見せてくれた。彼女の助言と洞察は何物にも代えがたく、彼女はいつでも励ましの言葉を忘れなかった。

この数年におよぶプロジェクトのあいだ、多くの友人や家族が私の支えとなってくれたが、それと気づいていない人もいるだろう。ジム・シェパードとカレン・シェパード、アンドレア・バレット、スーザン・グリーンフィールド、トッド・パーダム、ナンシー・ピック、ローレンス・ダグラス、ステュワート・アデルソン、そしてマーリンとジェラルドとダンのコルバート一家にありがとうと言いたい。バリー・ゴールドスタインにとくに感謝する。最終的にこの本をまとめ上げる手助けをしてくれたネッド・クライナー、そしてサッカーゲームにいつも姿を見せない母親に、けっして罪悪感をもたせなかったアーロンとマシューにもありがとうと伝えたい。

最後に、今回もどこまでも支えてくれた夫のジョン・クライナーに感謝したい。私はこの本を彼とともに、そして彼のために書いた。

訳者あとがき

中米のパナマ共和国で、カエルが次々と姿を消した。熱帯や亜熱帯には色鮮やかなカエルが多く、なかでも「黄金のカエル」はその美しさでひときわ目を引いたものだった。本書の著者エリザベス・コルバートがこうしたカエルの異変に気づいたのは、児童雑誌の記事と学術誌の論文がきっかけだった。論文は「われわれは六度目の大量絶滅のさなかにいるのか？」と題され、マウンテンキアシカエルが何匹も腹を上にして死んでいる写真を掲載していた。そこから著者の「絶滅」を追う旅が始まった。

黄金のカエルから始まった旅は、すでに絶滅したアメリカマストドン、オオウミガラス、アンモナイト、フデイシ、ネアンデルタール人、そして絶滅の一歩手前にいるスマトラサイ、サンゴ、ハワイガラスなどへ移っていった。著者は、これら絶滅種の痕跡と絶滅危惧種の今を追って世界各地を訪れる。パナマ、フランス、アイスランド、グレートバリアリーフ、ペルー、ブラジル……。厳寒の海に潜り、コウモリが冬眠する廃坑や洞窟に入り、夜のグレートバリアリーフで方向を見失う。調査はときに命懸けだった。こうした調査の様子を伝える描写は生き生きと臨場感にあふれている。それだけでも十分に楽しいが、本書の真骨頂はやはり生物の

「絶滅」の昔と今を概観できることだ。

絶滅と聞くと、たいていの人は恐竜の絶滅を思い浮かべるだろう。絶滅という概念は昔からあったように思われがちだが、じつはそうでもない。この考え方が生まれたのは革命に揺れていたフランスで、かの国の著名な博物学者ジョルジュ・キュヴィエの功績が大きかった。キュヴィエは乏しい証拠しかないにもかかわらず、生命史に方向があることに気づき、絶滅の概念を確立した。ところが興味深いことに、フランス国立自然史博物館で彼の同僚だったジャン＝バティスト・ラマルクの生物変移説（いまで言う進化論）になびくことはなく、絶滅には天変地異がかかわっていると考えた。しかし当時の科学界は、地質学者チャールズ・ライエルの斉一説一色に染まっており、天変地異や生物の絶滅などという主張はまともに取り上げてはもらえなかった。ライエルは地球上の変化は今も昔も一定で緩慢なのだから、生物の大量死など起こりうるはずもないと主張していたのだ。そんなライエルに心酔したのが若き日のダーウィンだった。ダーウィンはガラパゴス諸島でカメの絶滅に遭遇しているはずだが、キュヴィエの絶滅の概念を受け入れることはなかった。

地球上ではかつて五度にわたって大規模な生物の絶滅が起き、これらの絶滅は「ビッグファイブ」と呼ばれる。五度にわたる絶滅の原因はさまざまだったことが現在ではわかっている。しかし、この結論にいたるまでには紆余曲折があった。たとえば、隕石衝突説はいっとき絶滅の原因にかんする統一理論のようになった。だが、いま現在私たちの眼前で起きている「六度目の大絶滅」の犯人は人類にほかならないと著者は言う。今回の大絶滅は人類が出現した時点からすでに始まっていたことが最近になって解明されつつあり、私たちは地質学的に見て「人新世《アントロポセン》」にいるというのである。「人新世」という言葉は、もともとオランダ生まれの大気化学者パウル・クルッツェンの造語で、国際層位学委員会（ＩＣＳ）はすでに「人新世」を現代の地質年代の名称とするか否かを正式に検討中だそうだ。そう遠くない未来、世界中の地質学の教科書が改訂されるのかもしれない。

本書を読むと、日常の時間の観念から一歩離れてものを見るようになり、自分が長大な自然史のほんの一部しか知らないことに気づかされる。そして自ら「人類」と称するちっぽけな生き物が、その「ちっぽけさ」にそぐわないほど絶大な影響をこの地球におよぼしていることをも思い知らされる。この本をはじめて読んだとき、多くの人、なかでも若い人に手にとってもらえればと思った。生物の絶滅に自分も加担していること、そして人類もまたいずれ消えていくかもしれないことに、いっときなりとも思いを馳せてもらえたらと考えたからだ。

著者のエリザベス・コルバートは、六度目の大絶滅をなんとか食い止めるための処方箋を本書で説くわけではない。ジャーナリストの冷徹な目で見てきたことを報告しており、本書の結びは衝撃的ですらある。だが、最終章は「羽をもつもの」と題されている。『ナショナルジオグラフィック』誌によるインタビューに答えて、この章題はエミリー・ディキンソンの詩「希望には羽がある」を踏まえていると著者は語っている。人類はたしかに現在進行中の大絶滅の張本人ではあるけれども、一方で絶滅危惧種を救おうと奔走する人びとはたくさんいると著者は言う。本書にも、そういった人びとがたくさん登場する。著者は、そこにかすかな希望の光を見いだしているのかもしれない。

本書に出てくる生物の名称について、ひと言お断りしておきたい。この本はその性質上、和名がない生物や、和名も英名もない生物にも触れている。本書では和名があるものについては、それを用いた。和名や英名のないものについては、英名やラテン語の学名のカタカナ読みとした。またラテン語にはさまざまな読み方があるが、可能な範囲で一般的な読みを採用するよう心がけた。さらに、専門用語で定訳のないと思われるものには仮の訳語をあてた。

本書は、エリザベス・コルバートの*The Sixth Extinction: An Unnatural History*の全訳である。この本は、『ニューヨーク・タイムズ・ブックレビュー』誌の二〇一四年ベスト十冊、『パブリッシャーズ・ウイークリー』誌の二〇一四年ノンフィクション部門ベストブックス、『ライブラリージャーナル』誌の二〇一四年トップ十冊に選ばれた。また辛口で知られるベテラン批評家のミチコ・カクタニ氏も、本書を二〇一四年ベスト十冊に挙げている。

著者のエリザベス・コルバートは『ニューヨーク・タイムズ』紙記者を経て、一九九九年から『ザ・ニューヨーカー』誌のスタッフライターで、これまでに二度にわたって全米雑誌賞を受賞している。既刊の邦訳に、『地球温暖化の現場から』(仙名紀訳、オープンナレッジ、二〇〇七年)がある。

この本を訳すにあたり、著者のエリザベス・コルバート氏に連絡を取ったところ、不明な点があればぜひ連絡をくださいというありがたい返事を頂戴した。幸い、氏の手を煩わすことなく作業を終えたが、親切な言葉をいただいたことに感謝したい。また、ワン・ツリー島の研究ステーションの壁に残された警句についてステーションに直接問い合わせたところ、ステーション管理補佐のアシュリー・ジョーンズ博士がわざわざお調べになったうえで結果を教えてくださった。ここに記して、感謝申し上げる。

最後に、この刺激的な本に出会わせてくださったNHK出版の松島倫明氏、細やかで的確な編集をしてくださった塩田知子氏、内容にまで踏み込んで助言くださった校正者の酒井清一氏にお礼申し上げる。そのほか刊行までにお世話になった数多くの方々にも感謝の意を表したい。

二〇一五年三月

鍛原多惠子

［原注］

第1章　パナマの黄金のカエル

1. Ruth A. Musgrave, "Incredible Frog Hotel," *National Geographic Kids*, Sept. 2008, 16-19.
2. D. B. Wake and V. T. Vredenburg,"Colloquium Paper: Are We in the Midst of the Sixth Mass Extinction? A View from the World of Amphibians," *Proceedings of the National Academy of Sciences* 105 (2008): 11466-73.
3. Martha L. Crump, *In Search of the Golden Frog* (Chicago: University of Chicago Press, 2000), 165.
4. 背景絶滅率の複雑な計算について教えてくれたジョン・アルロイに感謝している。Alroyの"Speciation and Extinction in the Fossil Record of North American Mammals," in *Speciation and Patterns of Diversity*, edited by Roger Butlin, Jon Bridle, and Dolph Schluter (Cambridge: Cambridge University Press, 2009), 310-23も参照のこと。
5. A. Hallam and P. B. Wignall, *Mass Extinctions and Their Aftermath*(Oxford: Oxford University Press, 1997), 1.
6. David Jablonski, "Extinctions in the Fossil Record," in *Extinction Rates*, edited by John H. Lawton and Robert M. May (Oxford: Oxford University Press, 1995), 26.
7. Michael Benton, *When Life Nearly Died: The Greatest Mass Extinction of All Time* (New York: Thames and Hudson, 2003), 10.
8. David M. Raup, *Extinction: Bad Genes or Bad Luck?* (New York: Norton, 1991), 84.［『大絶滅――遺伝子が悪いのか運が悪いのか？』デイヴィッド・M・ラウプ／渡辺政隆訳／平河出版社／1996年］
9. ジョン・アルロイの2013年6月9日付けの私信。
10. Joseph R. Mendelson, "Shifted Baselines, Forensic Taxonomy, and Rabb's Fringe-

limbed Treefrog: The Changing Role of Biologists in an Era of Amphibian Declines and Extinctions," *Herpetological Review* 42 (2011): 21-25.
11. Malcolm L. McCallum,"Amphibian Decline or Extinction? Current Declines Dwarf Background Extinction Rates," *Journal of Herpetology* 41 (2007): 483-91.
12. Michael Hoffmann et al.,"The Impact of Conservation on the Status of the World's Vertebrates," *Science* 330 (2010): 1503-9. ロンドン動物学会に2012年8月31日付けの報告書。*Spineless——Status and Trends of the World's Invertebrates*も参照のこと。

第2章　マストドンの臼歯

1. Paul Semonin, *American Monster: How the Nation's First Prehistoric Creature Became a Symbol of National Identity* (New York: New York University Press, 2000), 15.
2. Frank H. Severance, *An Old frontier of France: The Niagara Region and Adjacent Lakes under French Control* (New York: Dodd, 1917), 320.
3. Claudine Cohen, *The Fate of the Mammoth: Fossils, Myth, and History* (Chicago: University of Chicago Press, 2002), 90 所収の引用。
4. Semonin, *American Monster*, 147-48 所収の引用。
5. Cohen, *The Fate of the Mammoth*, 98.
6. Dorinda Outram, *Georges Cuvier: Vocation, Science and Authority in Post-Revolutionary France* (Manchester, En gland: Manchester University Press, 1984), 13 所収の引用。
7. Martin J. S. Rudwick, *Bursting the Limits of Time: The Reconstruction of Geohistory in the Age of Revolution* (Chicago: University of Chicago Press, 2005), 355 所収の引用。
8. Rudwick, *Bursting the Limits of Time*, 361.
9. Georges Cuvier and Martin J. S. Rudwick, *Georges Cuvier, Fossil Bones, and Geological Catastrophes: New Translations and Interpretations of the Primary Texts* (Chicago: University of Chicago Press, 1997), 19.
10. Stephen Jay Gould, *The Panda's Thumb: More Reflections in Natural History* (New York: Norton, 1980), 146 所収の引用。[『パンダの親指——進化論再考』スティーヴ

ン・ジェイ・グールド／桜町翠軒訳／早川書房／1986年]
11. Cuvier and Rudwick, *Fossil Bones*, 49.
12. 同上、56。
13. Rudwick, *Bursting the Limits of Time*, 501.
14. Charles Coleman Sellers, *Mr. Peale's Museum: Charles Willson Peale and the First Popular Museum of Natural Science and Art* (New York: Norton, 1980), 142.
15. Charles Willson Peale, *The Selected Papers of Charles Willson Peale and His Family*, edited by Lillian B. Miller, Sidney Hart, and David C. Ward, vol. 2, pt. 1 (New Haven, Conn.: Yale University Press, 1988), 408.
16. 同上、vol. 2, pt. 2, 1189。
17. 同上、vol. 2, pt. 2, 1201。
18. Toby A. Appel, *The Cuvier-Geoffroy Debate: French Biology in the Decades before Darwin* (New York: Oxford University Press, 1987), 190 所収の引用。[『アカデミー論争――革命前後のパリを揺るがせたナチュラリストたち』トビー・A・ラペル／西村顕治訳／時空出版／1990年]
19. Martin J. S. Rudwick, *Worlds Before Adam: The Reconstruction of Geohistory in the Age of Reform* (Chicago: University of Chicago Press, 2008), 32 所収の引用。
20. Cuvier and Rudwick, *Fossil Bones*, 217.
21. Richard Wellington Burkhardt, *The Spirit of System: Lamarck and Evolutionary Biology* (Cambridge, MA: Harvard University Press, 1977), 199 所収の引用。
22. Cuvier and Rudwick, *Fossil Bones*, 229.
23. Rudwick, *Bursting the Limits of Time*, 389.
24. Cuvier and Rudwick, *Fossil Bones*, 228.
25. Georges Cuvier, "Elegy of Lamarck," *Edinburgh New Philosophical Journal* 20 (1836): 1-22.
26. Cuvier and Rudwick, *Fossil Bones*, 190.
27. 同上、261。

第3章　最初にペンギンと呼ばれた鳥

1. Rudwick, *Worlds Before Adam*, 358.
2. Leonard G. Wilson, "Lyell: The Man and His Times," in *Lyell: The Past Is the Key*

to the Present, edited by Derek J. Blundell and Andrew C. Scott (Bath, En gland: Geological Society, 1998), 21.

3. Charles Lyell, *Life, Letters and Journals of Sir Charles Lyell*, edited by Mrs. Lyell, vol. 1 (London: John Murray, 1881), 249.
4. Charles Lyell, *Principles of Geology*, vol. 1 (Chicago: University of Chicago Press, 1990), 123. [『地質学原理』 チャールズ・ライエル／河内洋佑訳／朝倉書店／ 2006年]
5. 同上、vol. 1, 153。
6. Leonard G. Wilson, *Charles Lyell, the Years to 1841: The Revolution in Geology* (New Haven, Conn.: Yale University Press, 1972), 344.
7. A. Hallam, *Great Geological Controversies* (Oxford: Oxford University Press, 1983), ix.
8. 風刺画の意味にかんする議論については、Martin J. S. Rudwick, *Lyell and Darwin, Geologists: Studies in the Earth Sciences in the Age of Reform* (Aldershot, England: Ashgate, 2005), 537-40を参照のこと。
9. Frank J. Sulloway, "Darwin and His Finches: The Evolution of a Legend," *Journal of the History of Biology* 15 (1982): 1-53.
10. Lyell, *Principles of Geology*, vol. 1, 476.
11. Sandra Herbert, *Charles Darwin, Geologist* (Ithaca, N.Y.: Cornell University Pre-ss, 2005), 63.
12. Claudio Soto-Azat et al., "The Population Decline and Extinction of Darwin's Frogs," *PLOS ONE* 8 (2013).
13. David Dobbs, *Reef Madness: Charles Darwin, Alexander Agassiz, and the Meaning of Coral* (New York: Pantheon, 2005), 152.
14. Rudwick, *Worlds before Adam*, 491.
15. Janet Browne, *Charles Darwin: Voyaging* (New York: Knopf, 1995), 186.
16. Charles Lyell, *Principles of Geology*, vol. 2 (Chicago: University of Chicago Press, 1990), 124.
17. Ernst Mayr, *The Growth of Biological Thought: Diversity, Evolution, and Inheritance* (Cambridge, Mass.: Belknap Press of Harvard University Press, 1982), 407.
18. Charles Darwin, *On the Origin of Species: A Facsimile of the First Edition* (Cambridge, Mass.: Harvard University Press, 1964), 84. [『種の起源』 チャールズ・ダーウィン／渡辺政隆訳／光文社／ 2009年]
19. 同上、320。
20. 同上、320。
21. 同上、318。

22. Errol Fuller, *The Great Auk* (New York: Abrams, 1999), 197.
23. Truls Moum et al., "Mitochondrial DNA Sequence Evolution and Phylogeny of the Atlantic Alcidae, Including the Extinct Great Auk (*Pinguinus impennis*)," *Molecular Biology and Evolution* 19 (2002): 1434-39.
24. Jeremy Gaskell, *Who Killed the Great Auk?* (Oxford: Oxford University Press, 2000), 8.
25. 同上、9。
26. Fuller, *The Great Auk*, 64 所収の引用。
27. Gaskell, *Who Killed the Great Auk?*, 87 所収の引用。
28. Fuller, *The Great Auk*, 64.
29. 同上、65-66 所収の引用。
30. Tim Birkhead, "How Collectors Killed the Great Auk," *New Scientist* 142 (1994): 26.
31. Gaskell, *Who Killed the Great Auk?*, 109 所収の引用。
32. 同上、37 所収の引用。オーデュボンの記述については、ギャスケルも矛盾を指摘している。
33. Fuller, *The Great Auk*, 228-29.
34. Alfred Newton, "Abstract of Mr. J. Wolley's Researches in Iceland Respecting the Gare-Fowl or Great Auk," *Ibis* 3 (1861): 394.
35. Alexander F. R. Wollaston, *Life of Alfred Newton* (New York: E. P. Dutton, 1921), 52.
36. 同上、112 所収の引用。
37. 同上、121 所収の引用。
38. ダーウィンの書簡はすべてではないにしても多くがオンラインで閲覧できる。Darwin Correspondence Project のエリザベス・スミスは、親切にもデータベース全体を検索してくれた。
39. Thalia K. Grant and Gregory B. Estes, *Darwin in Galápagos: Footsteps to a New World* (Princeton, N.J.: Princeton University Press, 2009), 123.
40. 同上、122。
41. David Quammen, *The Reluctant Mr. Darwin: An Intimate Portrait of Charles Darwin and the Making of His Theory of Evolution* (New York: Atlas Books/Norton, 2006), 209.

第4章　古代海洋の覇者

1. Walter Alvarez, "Earth History in the Broadest Possible Context."カリフォルニア大学バークレー校の国際会館で開催された第97回年次学内発表大会で、2010年4月19日に発表された。
2. Walter Alvarez, *T. rex and the Crater of Doom* (Princeton, N.J.: Princeton University Press, 1997), 139.
3. 同上、69。
4. Richard Muller, *Nemesis* (New York: Weidenfeld and Nicolson, 1988), 51.
5. Charles Officer and Jake Page, "The K-T Extinction," in *Language of the Earth: A Literary Anthology*, 2nd ed., edited by Frank H. T. Rhodes, Richard O. Stone, and Bruce D. Malamud (Chichester, England: Wiley, 2009), 183 所収の引用。
6. Malcolm W. Browne, "Dinosaur Experts Resist Meteor Extinction Idea," *New York Times*, Oct. 29, 1985 所収の引用。
7. *New York Times* Editorial Board, "Miscasting the Dinosaur's Horoscope," *New York Times*, Apr. 2, 1985.
8. Lyell, *Principles of Geology*, vol. 3 (Chicago: University of Chicago Press, 1991), 328.
9. David M. Raup, *The Nemesis Affair: A Story of the Death of Dinosaurs and the Ways of Science* (New York: Norton, 1986), 58. [『ネメシス騒動——恐竜絶滅をめぐる物語と科学のあり方』デイヴィッド・M・ラウプ／渡辺政隆訳／平河出版社／1990年]
10. Darwin, *On the Origin of Species*, 310-11.
11. 同上、73。
12. George Gaylord Simpson, *Why and How: Some Problems and Methods in Historical Biology* (Oxford: Pergamon Press, 1980), 35.
13. Browne, "Dinosaur Experts Resist Meteor Extinction Idea." 所収の引用。
14. B. F. Bohor et al., "Mineralogic Evidence for an Impact Event at the Cretaceous-Tertiary Boundary," *Science* 224 (1984): 867-69.
15. Neil Landman et al., "Mode of Life and Habitat of Scaphitid Ammonites," *Geobios* 54 (2012): 87-98.
16. スティーヴン・ドントの2012年1月5日付けの私信。
17. Nicholas R. Longrich, T. Tokaryk, and D. J. Field, "Mass Extinction of Birds at the Cretaceous-Paleogene (K-Pg) Boundary," *Proceedings of the National Academy of Sciences* 108 (2011): 15253-257.
18. Nicholas R. Longrich, Bhart-Anjan S. Bhullar, and Jacques A. Gauthier, "Mass

Extinction of Lizards and Snakes at the Cretaceous-Paleogene Boundary," *Proceedings of the National Academy of Sciences* 109 (2012): 21396-401.
19. Kenneth Rose, *The Beginning of the Age of Mammals* (Baltimore: Johns Hopkins University Press, 2006), 2.
20. Paul D. Taylor, *Extinctions in the History of Life* (Cambridge: Cambridge University Press, 2004), 2.

第5章　人新世へようこそ

1. Jerome S. Bruner and Leo Postman, "On the Perception of Incongruity: A Paradigm," *Journal of Personality* 18 (1949): 206-23. この実験について教えてくれたジェイムズ・グリックに感謝している。*Chaos: Making a New Science* (New York: Viking, 1987), 35 を参照のこと。［『カオス――新しい科学をつくる』ジェイムズ・グリック／大貫昌子訳／新潮社／1991年］
2. Thomas S. Kuhn, *The Structure of Scientific Revolutions*, 2nd ed. (Chicago: University of Chicago Press, 1970), 64. ［『科学革命の構造』トーマス・クーン／中山茂訳／みすず書房／1971年］
3. Patrick John Boylan, "William Buckland, 1784-1859: Scientific Institutions, Vertebrate Paleontology and Quaternary Geology" (Ph.D. dissertation, University of Leicester, England, 1984), 468 所収の引用。
4. William Glen, *Mass Extinction Debates: How Science Works in a Crisis* (Stanford, Calif.: Stanford University Press, 1994), 2.
5. Hallam and Wignall, *Mass Exinctions and Their Aftermath*, 4.
6. Richard A. Fortey, *Life: A Natural History of the First Four Billion Years of Life on Earth* (New York: Vintage, 1999), 135. ［『生命40億年全史』リチャード・フォーティ／渡辺政隆訳／草思社／2003年］
7. David M. Raup and J. John Sepkoski Jr.,"Periodicity of Extinctions in the Geologic Past," *Proceedings of the National Academy of Sciences* 81 (1984): 801-5.
8. Raup, *The Nemesis Affair*, 19.
9. *New York Times* Editorial Board, "Nemesis of Nemesis," *New York Times*, July 7, 1985.
10. Luis W. Alvarez, "Experimental Evidence That an Asteroid Impact Led to the

Extinction of Many Species 65 Million Years Ago," *Proceedings of the National Academy of Sciences* 80 (1983): 633.
11. Timothy M. Lenton et al., "First Plants Cooled the Ordovician," *Nature Geoscience* 5 (2012): 86-89.
12. Timothy Kearsey et al., "Isotope Excursions and Palaeotemperature Estimates from the Permian/Triassic Boundary in the Southern Alps (Italy)," *Palaeogeography, Palaeoclimatology, Palaeoecology* 279 (2009): 29-40.
13. Shu-zhong Shen et al., "Calibrating the End-Permian Mass Extinction," *Science* 334 (2011): 1367-72.
14. Lee R. Kump, Alexander Pavlov, and Michael A. Arthur, "Massive Release of Hydrogen Sulfide to the Surface Ocean and Atmosphere during Intervals of Oceanic Anoxia," *Geology* 33 (2005): 397-400.
15. Carl Zimmer, introduction to paperback edition of *T. Rex and the Crater of Doom* (Princeton, N.J.: Princeton University Press, 2008), xv.
16. Jan Zalasiewicz, *The Earth After Us: What Legacy Will Humans Leave in the Rocks?* (Oxford: Oxford University Press, 2008), 89.
17. 同上、240。
18. William Stolzenburg, *Rat Island: Predators in Paradise and the World's Greatest Wildlife Rescue* (New York: Bloomsbury, 2011), 21 所収の引用。[『ねずみに支配された島』ウィリアム・ソウルゼンバーグ／野中香方子訳／文藝春秋／2014年]
19. Terry L. Hunt, "Rethinking Easter Island's Ecological Catastrophe," *Journal of Archaeological Science* 34 (2007): 485-502.
20. Zalasiewicz, *The Earth After Us*, 9.
21. Paul J. Crutzen, "Geology of Mankind," *Nature* 415 (2002): 23.
22. Jan Zalasiewicz et al., "Are We Now Living in the Anthropocene?" *GSA Today* 18 (2008): 6.

第6章　われらをめぐる海

1. Jason M. Hall-Spencer et al., "Volcanic Carbon Dioxide Vents Show Ecosystem Effects of Ocean Acidification," *Nature* 454 (2008): 96-99. 詳細は補足の表より。
2. ウルフ・リーベゼルの2012年8月6日付けの私信。

Henry George Bohn (London: H. G. Bohn, 1850), 213-17.
6. 多様性の緯度勾配にかんする多くの説がGary G. Mittelbach et al., "Evolution and the Latitudinal Diversity Gradient: Speciation, Extinction and Biogeography," *Ecology Letters*10 (2007): 315-31に要約されている。
7. Daniel H. Janzen, "Why Mountain Passes Are Higher in the Tropics," *American Naturalist* 101 (1967): 233-49.
8. Alfred R. Wallace, *Tropical Nature and Other Essays* (London: Macmillan, 1878), 123.［『熱帯の自然』アルフレッド・R・ウォレス／谷田専治、新妻昭夫訳／平河出版社／1987年］
9. Kenneth J. Feeley et al., "Upslope Migration of Andean Trees," *Journal of Biogeography* 38 (2011): 783-91.
10. Alfred R. Wallace, *The Wonderful Century: Its Successes and Its Failures* (New York: Dodd, Mead, 1898), 130.
11. Darwin, *On the Origin of Species*, 366-67.
12. Rocío Urrutia and Mathias Vuille, "Climate Change Projections for the Tropical Andes Using a Regional Climate Model: Temperature and Precipitation Simulations for the End of the 21st Century," *Journal of Geophysical Research* 114 (2009).
13. Alessandro Catenazzi et al., "*Batrachochytrium dendrobatidis* and the Collapse of Anuran Species Richness and Abundance in the Upper Man? National Park, Southeastern Peru,"*Conservation Biology* 25 (2011): 382-91.
14. Anthony D. Barnosky, *Heatstroke: Nature in an Age of Global Warming* (Washington, D.C.: Island Press/Shearwater Books, 2009), 55-56.
15. Chris D. Thomas et al., "Extinction Risk from Climate Change," *Nature* 427 (2004): 145-48.
16. Chris Thomas, "First Estimates of Extinction Risk from Climate Change," in *Saving a Million Species: Extinction Risk from Climate Change*, edited by Lee Jay Hannah (Washington, D.C.; Island Press, 2012), 17-18.
17. Aradhna K. Tripati, Christopher D. Roberts, and Robert E. Eagle, "Coupling of CO_2 and Ice Sheet Stability over Major Climate Transitions of the Last 20 Million Years," *Science* 326 (2009): 1394-97.

第9章　乾燥地の島

1. Jeff Tollefson, "Splinters of the Amazon," *Nature* 496 (2013): 286.
2. 同上。
3. Roger LeB. Hooke, José F. Martín-Duque, and Javier Pedraza, "Land Transformation by Humans: A Review," *GSA Today* 22 (2012): 4-10.
4. Erle C. Ellis and Navin Ramankutty, "Putting People in the Map: Anthropogenic Biomes of the World," *Frontiers in Ecology and the Environment* 6 (2008): 439-47.
5. Richard O. Bierregard et al., *Lessons from Amazonia: The Ecology and Conservation of a Fragmented Forest* (New Haven, Conn.: Yale University Press, 2001), 41.
6. Jared Diamond, "The Island Dilemma: Lessons of Modern Biogeographic Studies for the Design of Natural Reserves," *Biological Conservation* 7 (1975): 129-46.
7. Jared Diamond, " 'Normal' Extinctions of Isolated Populations," in *Extinctions*, edited by Matthew H. Nitecki (Chicago: University of Chicago Press, 1984), 200.
8. Susan G. W. Laurance et al.,"Effects of Road Clearings on Movement Patterns of Understory Rainforest Birds in Central Amazonia," *Conservation Biology* 18 (2004) 1099-109.
9. E. O. Wilson, *The Diversity of Life* (1992; reprint, New York: Norton, 1993), 3-4.［『生命の多様性』 E・O・ウィルソン／大貫昌子、牧野 俊一訳／岩波書店／ 2004年］
10. Carl W. Rettenmeyer et al., "The Largest Animal Association Centered on One Species: The Army Ant *Eciton burchellii* and Its More Than 300 Associates," *Insectes Sociaux* 58 (2011): 281-92.
11. 同上。
12. Terry L. Erwin, "Tropical Forests: Their Richness in Coleoptera and Other Arthropod Species," *Coleopterists Bulletin* 36 (1982): 74-75.
13. Andrew J. Hamilton et al., "Quantifying Uncertainty in Estimation of Tropical Arthropod Species Richness," *American Naturalist* 176 (2010): 90-95.
14. E. O. Wilson, "Threats to Biodiversity," *Scientific American*, September 1989, 108-16.
15. John H. Lawton and Robert M. May, *Extinction Rates* (Oxford: Oxford University Press, 1995), v.
16. "Spineless: Status and Trends of the World's Invertebrates," published online July 31, 2012, 17.
17. Thomas E. Lovejoy, "Biodiversity: What Is It?" in *Biodiversity II: Understanding*

and Protecting Our Biological Resources, edited by Marjorie L. Kudla, Don E. Wilson, and E. O. Wilson (Washington, D.C.: Joseph Henry Press, 1997), 12.

第10章　新パンゲア大陸

1. チャールズ・ダーウィンがJ・D・フックに宛てた、1855年4月19日付けの書簡。Darwin Correspondence Project, Cambridge University.
2. チャールズ・ダーウィンが *Gardeners' Chronicle* に寄せた1855年5月21日付けの書簡。Darwin Correspondence Project, Cambridge University.
3. Darwin, *On the Origin of Species*, 385.
4. 同上、394。
5. Alfred Wegener, *The Origin of Continents and Oceans*, translated by John Biram (New York: Dover, 1966), 17.［『大陸と海洋の起源』 アルフレッド・ウェゲナー／竹内均訳／講談社／ 1990年］
6. Mark A. Davis, *Invasion Biology* (Oxford: Oxford University Press, 2009), 22.
7. Anthony Ricciardi, "Are Modern Biological Invasions an Unprecedented Form of Global Change?" *Conservation Biology* 21 (2007): 329-36.
8. Randall Jarrell and Maurice Sendak, *The Bat-Poet* (1964; reprint, New York: HarperCollins, 1996), 1.
9. Paul M. Cryan et al., "Wing Pathology of White-Nose Syndrome in Bats Sugge-sts Life-Threatening Disruption of Physiology," *BMC Biology* 8 (2010).
10. マメコガネの拡散にかんするこの記述は、Charles S. Elton, *The Ecology of Invasions by Animals and Plants* (1958; reprint, Chicago: University of Chicago Press, 2000), 51-53による。
11. Jason van Driesche and Roy van Driesche, *Nature out of Place: Biological Invasio-ns in the Global Age* (Washington, D.C.: Island Press, 2000), 91.
12. ハワイの陸生巻貝にかんする情報は、Christen Mitchell et al., *Hawaii's Comprehen-sive Wildlife Conservation Strategy* (Honolulu: Department of Land and Natural Resources, 2005)による。
13. David Quammen, *The Song of the Dodo: Island Biogeography in an Age of Extinctions* (1996; reprint, New York: Scribner, 2004), 333.［『ドードーの歌——美しい世界の島々からの警鐘』 デイヴィッド・クォメン／鈴木主税訳／河出書房新社／

1997年]

14. Van Driesche and Van Driesche, *Nature out of Place*, 123.
15. George H. Hepting, "Death of the American Chestnut," *Forest and Conservation History* 18 (1974): 60.
16. Paul Somers, "The Invasive Plant Problem," http://www.mass.gov/eea/docs/dfg/nhesp/land-protection-and-management/invasive-plant-problem. pdf.
17. John C. Maerz, Victoria A. Nuzzo, and Bernd Blossey, "Declines in Woodland Salamander Abundance Associated with Non-Native Earthworm and Plant Invasions," *Conservation Biology* 23(2009): 975-81.
18. "Operation Toad Day Out: Tip Sheet," Townsville City Council.
19. Steven L. Chown et al.,"Continent-wide Risk Assessment for the Establishment of Nonindigenous Species in Antarctica," *Proceedings of the National Academy of Sciences* 109 (2012): 4938-43.
20. Alan Burdick, *Out of Eden: An Odyssey of Ecological Invasion* (New York: Farrar, Straus and Giroux, 2005), 29. [『翳りゆく楽園——外来種vs.在来種の攻防をたどる』アラン・バーディック/伊藤和子訳/武田ランダムハウスジャパン/ 2009年]
21. Jennifer A. Leonard et al.,"Ancient DNA Evidence for Old World Origin of New World Dogs," *Science* 298 (2002): 1613-16.
22. Kim Todd, *Tinkering with Eden: A Natural History of Exotics in America* (New York: Norton, 2001), 137-38 所収の引用。
23. Peter T. Jenkins, "Pet Trade," in *Encyclopedia of Biological Invasions*, edited by Daniel Simberloff and Marcel Rejmánek(Berkeley: University of California Press, 2011), 539-43.
24. Gregory M. Ruiz et al., "Invasion of Coastal Marine Communities of North America: Apparent Patterns, Processes, and Biases," *Annual Review of Ecology and Systematics* 31 (2000): 481-531.
25. Van Driesche and Van Driesche, *Nature out of Place*, 46.
26. Elton, *The Ecology of Invasions by Animals and Plants*, 50-51.
27. James H. Brown, *Macroecology* (Chicago: University of Chicago Press, 1995), 220.

第11章　サイの超音波診断

1. Ludovic Orlando et al., "Ancient DNA Analysis Reveals Woolly Rhino Evolutionary Relationships," *Molecular Phylogenetics and Evolution* 28 (2003): 485-99.
2. E. O.Wilson, *The Future of Life* (2002; reprint, New York: Vintage, 2003), 80.［『生命の未来』 E・O・ウィルソン／山下篤子訳／角川書店／ 2003年］
3. Adam Welz, "The Dirty War Against Africa's Remaining Rhinos," *e360*, published online Nov. 27, 2012.
4. Fiona Maisels et al., "Devastating Decline of Forest Elephants in Central Africa," *PLOS ONE* 8 (2013).
5. Thomas Lovejoy, "A Tsunami of Extinction," *Scientific American*, Dec. 2012, 33-34.
6. Tim F. Flannery, *The Future Eaters: An Ecological History of the Australasian Lands and People* (New York: G. Braziller, 1995), 55.
7. Valérie A. Olson and Samuel T. Turvey, "The Evolution of Sexual Dimorphism in New Zealand Giant Moa (Dinornis) and Other Ratites," *Proceedings of the Royal Society B* 280 (2013).
8. Alfred Russel Wallace, *The Geographical Distribution of Animals with a Study of the Relations of Living and Extinct Faunas as Elucidating the Past Changes of the Earth's Surface*, vol. 1 (New York: Harper and Brothers, 1876), 150.
9. Robert Morgan, "Big Bone Lick," posted online at: http://www.big-bone-lick.com/2011/10/.
10. Charles Lyell, *Travels in North America, Canada, and Nova Scotia with Geological Observations*, 2nd ed. (London: J. Murray, 1855), 67.
11. Charles Lyell, *Geological Evidences of the Antiquity of Man, with Remarks on Theories of the Origin of Species by Variation*, 4th ed., revised (London: J. Murray, 1873), 189.
12. Donald K. Grayson, "Nineteenth Century Explanations," in *Quaternary Extinctions: A Prehistoric Revolution*, edited by Paul S. Martin and Richard G. Klein (Tucson: University of Arizona Press, 1984), 32 所収の引用。
13. Wallace, *The Geographical Distribution of Animals*, 150-51.
14. Alfred R. Wallace, *The World of Life: A Manifestation of Creative Power, Directive Mind and Ultimate Purpose* (New York: Moffat, Yard, 1911), 264.
15. Paul S. Martin, "Prehistoric Overkill," in *Pleistocene Extinctions: The Search for*

a Cause, edited by Paul S. Martin and H. E. Wright (New Haven, Conn.: Yale University Press, 1967), 115.
16. Jared Diamond, *Guns, Germs, and Steel: The Fates of Human Societies* (New York: Norton, 1997), 43. [『銃・病原菌・鉄』 ジャレド・ダイアモンド／倉骨彰訳／草思社／2012年]
17. Susan Rule et al., "The Aftermath of Megafaunal Extinction: Ecosystem Transformation in Pleistocene Australia," *Science* 335 (2012): 1483-86.
18. John Alroy, "A Multispecies Overkill Simulation of the End-Pleistocene Megafaunal Mass Extinction," *Science* 292 (2001): 1893-96.
19. John Alroy, "Putting North America's End-Pleistocene Megafaunal Extinction in Context," in *Extinctions in Near Time: Causes, Contexts, and Consequences*, edited by Ross D. E. MacPhee (New York: Kluwer Academic/Plenum, 1999), 138.

第12章　狂気の遺伝子

1. Charles Darwin, *The Descent of Man* (1871; reprint, New York: Penguin, 2004), 75. [『ダーウィン著作集〈1〉人間の進化と性淘汰』 チャールズ・ダーウィン／長谷川眞理子訳／文一総合出版／1999年]
2. James Shreeve, *The Neanderthal Enigma: Solving the Mystery of Human Origins* (New York: William Morrow, 1995), 38. [『ネアンデルタールの謎』 ジェイムズ・シュリーヴ／名谷一郎訳／角川書店／1996年]
3. Marcellin Boule, *Fossil Men; Elements of Human Palaeontology*, translated by Jessie Elliot Ritchie and James Ritchie(Edinburgh: Oliver and Boyd, 1923), 224.
4. William L. Straus Jr. and A. J. E. Cave, "Pathology and the Posture of Neanderthal Man," *Quarterly Review of Biology* 32 (1957): 348-63.
5. Ray Solecki, *Shanidar, the First Flower People* (New York: Knopf, 1971), 250.
6. Richard E. Green et al., "A Draft Sequence of the Neandertal Genome," *Science* 328 (2010): 710-22.
7. E. Herrmann et al., "Humans Have Evolved Specialized Skills of Social Cognition: The Cultural Intelligence Hypothesis," *Science* 317 (2007): 1360-66.
8. David Reich et al., "Genetic History of an Archaic Hominin Group from Denisova Cave in Siberia," *Nature* 468(2010): 1053-60.

第13章　羽をもつもの

1. Jonathan Schell, *The Fate of the Earth* (New York: Knopf, 1982), 21.
2. Carson, *Silent Spring*, 296.
3. Michael Benton, "Paleontology and the History of Life," in *Evolution: The First Four Billion Years*, edited by Michael Ruse and Joseph Travis (Cambridge, Mass.: Belknap Press of Harvard University Press, 2009), 84.
4. Richard E. Leakey and Roger Lewin, *The Sixth Extinction: Patterns of Life and the Future of Humankind* (1995; reprint, New York: Anchor, 1996), 249.
5. Annalee Newitz, *Scatter, Adapt, and Remember: How Humans Will Survive a Mass Extinction* (New York: Doubleday, 2013), 263.

[参考文献]

Alroy, John. "A Multispecies Overkill Simulation of the End-Pleistocene Megafaunal Mass Extinction." *Science* 292 (2001): 1893–96.

Alvarez, Luis W. "Experimental Evidence That an Asteroid Impact Led to the Extinction of Many Species 65 Million Years Ago." *Proceedings of the National Academy of Sciences* 80 (1983): 627–42.

Alvarez, Luis W., W. Alvarez, F. Asaro, and H. V. Michel. "Extraterrestrial Cause for the Cretaceous-Tertiary Extinction." *Science* 208 (1980): 1095–108.

Alvarez, Walter. *T. rex and the Crater of Doom*. Princeton, N.J.: Princeton University Press, 1997.

———. "Earth History in the Broadest Possible Context." Ninety-Seventh Annual Faculty Research Lecture. University of California, Berkeley, International House, delivered Apr. 29, 2010.

Appel, Toby A. *The Cuvier-Geoffroy Debate: French Biology in the Decades Before Darwin*. New York: Oxford University Press, 1987.

Barnosky, Anthony D. "Megafauna Biomass Tradeoff as a Driver of Quaternary and Future Extinctions." *Proceedings of the National Academy of Sciences* 105 (2008): 11543–48.

———. *Heatstroke: Nature in an Age of Global Warming*. Washington, D.C.: Island Press/Shearwater Books, 2009.

Benton, Michael J. *When Life Nearly Died: The Greatest Mass Extinction of All Time*. New York: Thames and Hudson, 2003.

Bierregaard, Richard O., et al. *Lessons from Amazonia: The Ecology and Conservation of a Fragmented Forest*. New Haven, Conn.: Yale University Press, 2001.

Birkhead, Tim. "How Collectors Killed the Great Auk." *New Scientist* 142 (1994): 24–27.

Blundell, Derek J., and Andrew C. Scott, eds. *Lyell: The Past Is the Key to the Present*. London: Geological Society, 1998.

Bohor, B. F., et al. "Mineralogic Evidence for an Impact Event at the Cretaceous-Tertiary Boundary." *Science* 224 (1984): 867–69.

Boule, Marcellin. *Fossil Men: Elements of Human Palaeontology*. Translated by Jessie J. Elliot Ritchie and James Ritchie. Edinburgh: Oliver and Boyd, 1923.

Bowen, James, and Margarita Bowen. *The Great Barrier Reef: History, Science, Heritage*. Cambridge: Cambridge University Press, 2002.

Brown, James H. *Macroecology*. Chicago: University of Chicago Press, 1995.

Browne, Janet. *Charles Darwin: Voyaging*. New York: Knopf, 1995.

———. *Charles Darwin: The Power of Place*. New York: Knopf, 2002.

Browne, Malcolm W. "Dinosaur Experts Resist Meteor Extinction Idea." *New York Times*, Oct. 29, 1985.

Buckland, William. *Geology and Mineralogy Considered with Reference to Natural Theology*. London: W. Pickering, 1836.

Burdick, Alan. *Out of Eden: An Odyssey of Ecological Invasion*. New York: Farrar, Straus and Giroux, 2005.

Burkhardt, Richard Wellington. *The Spirit of System: Lamarck and Evolutionary Biology*. Cambridge, Mass.: Harvard University Press, 1977.

Butlin, Roger, Jon Bridle, and Dolph Schluter, eds. *Speciation and Patterns of Diversity*. Cambridge: Cambridge University Press, 2009.

Caldeira, Ken, and Michael E. Wickett. "Anthropogenic Carbon and Ocean pH." *Nature* 425 (2003): 365.

Carpenter, Kent E., et al. "One-Third of Reef-Building Corals Face Elevated Extinction Risk from Climate Change and Local Impacts." *Science* 321 (2008): 560–63.

Carson, Rachel. *Silent Spring*. 40th anniversary ed. Boston: Houghton Mifflin, 2002.

[『沈黙の春』レイチェル・カーソン／青樹簗一訳／新潮社／1974年]

———. *The Sea Around Us*. Reprint, New York: Signet, 1961. [『われらをめぐる海』日下実男訳／早川書房／1977年]

Catenazzi, Alessandro, et al. "*Batrachochytrium dendrobatidis* and the Collapse of Anuran Species Richness and Abundance in the Upper Manú National Park, Southeastern Peru." *Conservation Biology* 25 (2011): 382–91.

Chown, Steven L., et al. "Continent-wide Risk Assessment for the Establishment of Nonindigenous Species in Antarctica." *Proceedings of the National Academy of Sciences* 109 (2012): 4938–43.

Chu, Jennifer. "Timeline of a Mass Extinction." MIT News Office, published online Nov. 18, 2011.

Cohen, Claudine. *The Fate of the Mammoth: Fossils, Myth, and History*. Chicago: University of Chicago Press, 2002.

Coleman, William. *Georges Cuvier, Zoologist: A Study in the History of Evolution Theory*. Cambridge, Mass.: Harvard University Press, 1964.

Collen, Ben, Monika Böhm, Rachael Kemp, and Jonathan E. M. Baillie, eds. *Spineless: Status and Trends of the World's Invertebrates*. London: Zoological Society, 2012.

Collinge, Sharon K. *Ecology of Fragmented Landscapes*. Baltimore: Johns Hopkins University Press, 2009.

Collins, James P., and Martha L. Crump. *Extinctions in Our Times: Global Amphibian Decline*. Oxford: Oxford University Press, 2009.

Crump, Martha L. *In Search of the Golden Frog*. Chicago: University of Chicago Press, 2000.

Crutzen, Paul J. "Geology of Mankind." *Nature* 415 (2002): 23.

Cryan, Paul M., et al. "Wing Pathology of White-Nose Syndrome in Bats Suggests Life-Threatening Disruption of Physiology." *BMC Biology* 8 (2010).

Cuvier, Georges, and Martin J. S. Rudwick. *Georges Cuvier, Fossil Bones, and Geological Catastrophes: New Translations and Interpretations of the Primary Texts*. Chicago: University of Chicago Press, 1997.

Darwin, Charles. *The Structure and Distribution of Coral Reefs*. 3rd ed. New York: D.

Appleton, 1897.

———. *On the Origin of Species: A Facsimile of the First Edition*. Cambridge, Mass.: Harvard University Press, 1964. [『種の起源』 チャールズ・ダーウィン／渡辺政隆訳／光文社／ 2009年]

———. *The Autobiography of Charles Darwin, 1809–1882: With Original Omissions Restored*. New York: Norton, 1969. [『ダーウィン自伝』 八杉龍一、江上生子訳／筑摩書房／ 2000年]

———. *The Works of Charles Darwin. Vol. 1, Diary of the Voyage of H.M.S.* Beagle. Edited by Paul H. Barrett and R. B. Freeman. New York: New York University Press, 1987.[『ダーウィン全集1「ビーグル」号航海記』内山賢次訳／白揚社／ 1938年]

———. *The Works of Charles Darwin*. Vol. 2, *Journal of Researches*. Edited by Paul H. Barrett and R. B. Freeman. New York: New York University Press, 1987.

———. *The Works of Charles Darwin*. Vol. 3, *Journal of Researches*, Part 2. Edited by Paul H. Barrett and R. B. Freeman. New York: New York University Press, 1987.

———. *The Descent of Man*. 1871. Reprint, New York: Penguin, 2004.『人間の進化と性淘汰』 長谷川眞理子訳／文一総合出版／ 1999年]

Davis, Mark A. *Invasion Biology*. Oxford: Oxford University Press, 2009.

De'ath, Glenn, et al. "The 27-Year Decline of Coral Cover on the Great Barrier Reef and Its Causes." *Proceedings of the National Academy of Sciences* 109 (2012): 17995–99.

DeWolf, Gordon P. *Native and Naturalized Trees of Massachusetts*. Amherst: Cooperative Extension Service, University of Massachusetts, 1978.

Diamond, Jared. "The Island Dilemma: Lessons of Modern Biogeographic Studies for the Design of Natural Reserves." *Biological Conservation* 7 (1975): 129–46.

Diamond, Jared. *Guns, Germs, and Steel: The Fates of Human Societies*. New York: Norton, 2005. [『銃・病原菌・鉄』 ジャレド・ダイアモンド／倉骨彰訳／草思社／ 2012年]

Dobbs, David. *Reef Madness: Charles Darwin, Alexander Agassiz, and the Meaning of Coral*. New York: Pantheon, 2005.

Ellis, Erle C., and Navin Ramankutty. "Putting People in the Map: Anthropogenic

Biomes of the World." *Frontiers in Ecology and the Environment* 6 (2008): 439–47.

Elton, Charles S. *The Ecology of Invasions by Animals and Plants*. 1958. Reprint, Chicago: University of Chicago Press, 2000.

Erwin, Douglas H. *Extinction: How Life on Earth Nearly Ended 250 Million Years Ago*. Princeton, N.J.: Princeton University Press, 2006.

Erwin, Terry L. "Tropical Forests: Their Richness in Coleoptera and Other Arthropod Species." *Coleopterists Bulletin* 36 (1982): 74–75.

Fabricius, Katherina E., et al. "Losers and Winners in Coral Reefs Acclimatized to Elevated Carbon Dioxide Concentrations." *Nature Climate Change* 1 (2011): 165–69.

Feeley, Kenneth J., et al. "Upslope Migration of Andean Trees." *Journal of Biogeography* 38 (2011): 783–91.

Feeley, Kenneth J., and Miles R. Silman. "Biotic Attrition from Tropical Forests Correcting for Truncated Temperature Niches." *Global Change Biology* 16 (2010): 1830–36.

Flannery, Tim F. *The Future Eaters: An Ecological History of the Australasian Lands and People*. New York: G. Braziller, 1995.

Fortey, Richard A. *Life: A Natural History of the First Four Billion Years of Life on Earth*. New York: Vintage, 1999. [『生命40億年全史』 リチャード・フォーティ／渡辺政隆訳／草思社／2013年]

Fuller, Errol. *The Great Auk*. New York: Abrams, 1999.

Gaskell, Jeremy. *Who Killed the Great Auk?* Oxford: Oxford University Press, 2000.

Gattuso, Jean-Pierre, and Lina Hansson, eds. *Ocean Acidification*. Oxford: Oxford University Press, 2011.

Gleick, James. *Chaos: Making a New Science*. New York: Viking, 1987. [『カオス――新しい科学をつくる』 ジェイムズ・グリック／大貫昌子訳／新潮社／1991年]

Glen, William, ed. *The Mass-Extinction Debates: How Science Works in a Crisis*. Stanford, Calif.: Stanford University Press, 1994.

Goodell, Jeff. *How to Cool the Planet: Geoengineering and the Audacious Quest to Fix Earth's Climate*. Boston: Houghton Mifflin Harcourt, 2010.

Gould, Stephen Jay. *The Panda's Thumb: More Reflections in Natural History*. New

York: Norton, 1980. [『パンダの親指——進化論再考』スティーヴン・ジェイ・グールド/桜町翠軒訳/早川書房/1986年]

Grant, K. Thalia, and Gregory B. Estes. *Darwin in Galápagos: Footsteps to a New World*. Princeton, N.J.: Princeton University Press, 2009.

Grayson, Donald K., and David J. Meltzer. "A Requiem for North American Overkill." *Journal of Archaeological Science* 30 (2003): 585–93.

Green, Richard E., et al. "A Draft Sequence of the Neandertal Genome." *Science* 328 (2010): 710–22.

Hallam, A. *Great Geological Controversies*. Oxford: Oxford University Press, 1983.

Hallam, A., and P. B. Wignall. *Mass Extinctions and Their Aftermath*. Oxford: Oxford University Press, 1997.

Hall-Spencer, Jason M., et al. "Volcanic Carbon Dioxide Vents Show Ecosystem Effects of Ocean Acidification." *Nature* 454 (2008): 96–99.

Hamilton, Andrew J., et al. "Quantifying Uncertainty in Estimation of Tropical Arthropod Species Richness." *American Naturalist* 176 (2010): 90–95.

Hannah, Lee Jay, ed. *Saving a Million Species: Extinction Risk from Climate Change*. Washington, D.C.: Island Press, 2012.

Haynes, Gary, ed. *American Megafaunal Extinctions at the End of the Pleistocene*. Dordrecht: Springer, 2009.

Heatwole, Harold, Terence Done, and Elizabeth Cameron. *Community Ecology of a Coral Cay: A Study of One Tree Island, Great Barrier Reef, Australia*. The Hague: W. Junk, 1981.

Hedeen, Stanley. *Big Bone Lick: The Cradle of American Paleontology*. Lexington: University Press of Kentucky, 2008.

Hepting, George H. "Death of the American Chestnut." *Forest and Conservation History* 18 (1974): 60–67.

Herbert, Sandra. *Charles Darwin, Geologist*. Ithaca, N.Y.: Cornell University Press, 2005.

Herrmann, E., et al. "Humans Have Evolved Specialized Skills of Social Cognition: The Cultural Intelligence Hypothesis." *Science* 317 (2007): 1360–66.

Hoegh-Guldberg, Ove, et al. "Coral Reefs under Rapid Climate Change and Ocean

Acidification." *Science* 318 (2007): 1737–42.

Hoffmann, Michael, et al. "The Impact of Conservation on the Status of the World's Vertebrates." *Science* 330 (2010): 1503–9.

Holdaway, Richard N., and Christopher Jacomb. "Rapid Extinction of the Moas (Aves: Dinornithiformes): Model, Test, and Implications." *Science* 287 (2000): 2250–54.

Hooke, Roger, José F. Martin-Duque, and Javier Pedraza. "Land Transformation by Humans: A Review." *GSA Today* 22 (2012): 4–10.

Huggett, Richard J. *Catastrophism: Systems of Earth History*. London: E. Arnold, 1990.

Humboldt, Alexander von. *Views of Nature, or, Contemplations on the Sublime Phenomena of Creation with Scientific Illustrations*. Translated by Elsie C. Otté and Henry George Bohn. London: H. G. Bohn, 1850.

Humboldt, Alexander von, and Aimé Bonpland. *Essay on the Geography of Plants*. Edited by Stephen T. Jackson. Translated by Sylvie Romanowski. Chicago: University of Chicago Press, 2008.

Hunt, Terry L. "Rethinking Easter Island's Ecological Catastrophe." *Journal of Archaeological Science* 34 (2007): 485–502.

Hutchings, P. A., Michael Kingsford, and Ove Hoegh-Guldberg, eds. *The Great Barrier Reef: Biology, Environment and Management*. Collingwood, Australia: CSIRO, 2008.

Janzen, Daniel H. "Why Mountain Passes Are Higher in the Tropics." *American Naturalist* 101 (1967): 233–49.

Jarrell, Randall, and Maurice Sendak. *The Bat-Poet*. 1964. Reprint, New York: HarperCollins, 1996.

Johnson, Chris. *Australia's Mammal Extinctions: A 50,000 Year History*. Cambridge: Cambridge University Press, 2006.

Kiessling, Wolfgang, and Carl Simpson. "On the Potential for Ocean Acidification to Be a General Cause of Ancient Reef Crises." *Global Change Biology* 17 (2011): 56–67.

Knoll, A. H. "Biomineralization and Evolutionary History." *Reviews in Mineralogy*

and Geochemistry 54 (2003): 329–56.

Kudla, Marjorie L., Don E. Wilson, and E. O. Wilson, eds. *Biodiversity II: Understanding and Protecting Our Biological Resources*. Washington, D.C.: Joseph Henry Press, 1997.

Kuhn, Thomas S. *The Structure of Scientific Revolutions*. 2nd ed. Chicago: University of Chicago Press, 1970. [『科学革命の構造』 トーマス・クーン／中山茂訳／みすず書房／ 1984年]

Kump, Lee, Timothy Bralower, and Andy Ridgwell. "Ocean Acidification in Deep Time." *Oceanography* 22 (2009): 94–107.

Kump, Lee R., Alexander Pavlov, and Michael A. Arthur. "Massive Release of Hydrogen Sulfide to the Surface Ocean and Atmosphere during Intervals of Oceanic Anoxia." *Geology* 33 (2005): 397.

Landman, Neil, et al. "Mode of Life and Habitat of Scaphitid Ammonites." *Geobios* 54 (2012): 87–98.

Laurance, Susan G. W., et al. "Effects of Road Clearings on Movement Patterns of Understory Rainforest Birds in Central Amazonia." *Conservation Biology* 18 (2004): 1099–109.

Lawton, John H., and Robert M. May. *Extinction Rates*. Oxford: Oxford University Press, 1995.

Leakey, Richard E., and Roger Lewin. *The Sixth Extinction: Patterns of Life and the Future of Humankind*. 1995. Reprint, New York: Anchor, 1996.

Lee, R. *Memoirs of Baron Cuvier*. New York: J. and J. Harper, 1833.

Lenton, Timothy M., et al. "First Plants Cooled the Ordovician." *Nature Geoscience* 5 (2012): 86–9.

Levy, Sharon. *Once and Future Giants: What Ice Age Extinctions Tell Us about the Fate of Earth's Largest Animals*. Oxford: Oxford University Press, 2011.

Longrich, Nicholas R., Bhart-Anjan S. Bhullar, and Jacques A. Gauthier. "Mass Extinction of Lizards and Snakes at the Cretaceous-Paleogene Boundary." *Proceedings of the National Academy of Sciences* 109 (2012): 21396–401.

Longrich, Nicholas R., T. Tokaryk, and D. J. Field. "Mass Extinction of Birds at the Cretaceous-Paleogene (K-Pg) Boundary." *Proceedings of the National Academy of*

Sciences 108 (2011): 15253–57.

Lopez, Barry. *Arctic Dreams*. 1986. Reprint, New York: Vintage, 2001.

Lovejoy, Thomas. “A Tsunami of Extinction.” *Scientific American*, Dec. 2012, 33–34.

Lyell, Charles. *Travels in North America, Canada, and Nova Scotia with Geological Observations*. 2nd ed. London: J. Murray, 1855.

———. *Geological Evidences of the Antiquity of Man; with Remarks on Theories of the Origin of Species by Variation*. 4th ed, revised. London: Murray, 1873.

———. *Life, Letters and Journals of Sir Charles Lyell*, edited by Mrs. Lyell. London: J. Murray, 1881.

———. *Principles of Geology*. Vol. 1. Chicago: University of Chicago Press, 1990. [『地質学原理』チャールズ・ライエル／河内洋佑訳／朝倉書店／2006年]

———. *Principles of Geology*. Vol. 2. Chicago: University of Chicago Press, 1990. [『地質学原理』]

———. *Principles of Geology*. Vol. 3. Chicago: University of Chicago Press, 1991. [『地質学原理』]

MacPhee, R. D. E., ed. *Extinctions in Near Time: Causes, Contexts, and Consequences*. New York: Kluwer Academic/Plenum, 1999.

Maerz, John C., Victoria A. Nuzzo, and Bernd Blossey. “Declines in Woodland Salamander Abundance Associated with Non-Native Earthworm and Plant Invasions.” *Conservation Biology* 23 (2009): 975–81.

Maisels, Fiona, et al. “Devastating Decline of Forest Elephants in Central Africa.” *PLOS ONE* 8 (2013).

Martin, Paul S., and Richard G. Klein, eds. *Quaternary Extinctions: A Prehistoric Revolution*. Tucson: University of Arizona Press, 1984.

Martin, Paul S., and H. E. Wright, eds. *Pleistocene Extinctions: The Search for a Cause*. New Haven, Conn.: Yale University Press, 1967.

Marvin, Ursula B. *Continental Drift: The Evolution of a Concept*. Washington, D.C.: Smithsonian Institution Press (distributed by G. Braziller), 1973.

Mayr, Ernst. *The Growth of Biological Thought: Diversity, Evolution, and Inheritance*. Cambridge, Mass.: Belknap Press of Harvard University Press, 1982.

McCallum, Malcolm L. "Amphibian Decline or Extinction? Current Declines Dwarf Background Extinction Rates." *Journal of Herpetology* 41 (2007): 483–91.

McKibben, Bill. *The End of Nature*. New York: Random House,1989.

Mendelson, Joseph R. "Shifted Baselines, Forensic Taxonomy, and Rabb's Fringelimbed Treefrog: The Changing Role of Biologists in an Era of Amphibian Declines and Extinctions." *Herpetological Review* 42 (2011): 21–25.

Mitchell, Alanna. *Seasick: Ocean Change and the Extinction of Life on Earth*. Chicago: University of Chicago Press, 2009.

Mitchell, Christen, et al. *Hawaii's Comprehensive Wildlife Conservation Strategy*. Honolulu: Department of Land and Natural Resources, 2005.

Mittelbach, Gary G., et al. "Evolution and the Latitudinal Diversity Gradient: Speciation, Extinction and Biogeography." *Ecology Letters* 10 (2007): 315–31.

Monks, Neale, and Philip Palmer. *Ammonites*. Washington, D.C.: Smithsonian Institution Press, 2002.

Moum, Truls, et al. "Mitochondrial DNA Sequence Evolution and Phylogeny of the Atlantic Alcidae, Including the Extinct Great Auk (*Pinguinus impennis*)." *Molecular Biology and Evolution* 19 (2002): 1434–39.

Muller, Richard. *Nemesis*. New York: Weidenfeld and Nicolson, 1988.

Musgrave, Ruth A. "Incredible Frog Hotel." *National Geographic Kids*, Sept. 2008, 16–19.

Newitz, Annalee. *Scatter, Adapt, and Remember: How Humans Will Survive a Mass Extinction*. New York: Doubleday, 2013.

Newman, M. E. J., and Richard G. Palmer. *Modeling Extinction*. Oxford: Oxford University Press, 2003.

Newton, Alfred. "Abstract of Mr. J. Wolley's Researches in Iceland Respecting the Gare-Fowl or Great Auk." *Ibis* 3 (1861): 374–99.

Nitecki, Matthew H., ed. *Extinctions*. Chicago: University of Chicago Press, 1984.

Novacek, Michael J. *Terra: Our 100-Million-Year-Old Ecosystem—and the Threats That Now Put It at Risk*. New York: Farrar, Straus and Giroux, 2007.

Olson, Valérie A., and Samuel T. Turvey. "The Evolution of Sexual Dimorphism in New Zealand Giant Moa (Dinornis) and Other Ratites." *Proceedings of the Royal*

Society B 280 (2013).

Orlando, Ludovic, et al. "Ancient DNA Analysis Reveals Woolly Rhino Evolutionary Relationships." *Molecular Phylogenetics and Evolution* 28 (2003): 485–99.

Outram, Dorinda. *Georges Cuvier: Vocation, Science and Authority in Post-Revolutionary France*. Manchester, England: Manchester University Press, 1984.

Palmer, Trevor. *Perilous Planet Earth: Catastrophes and Catastrophism through the Ages*. Cambridge: Cambridge University Press, 2003.

Peale, Charles Willson. *The Selected Papers of Charles Willson Peale and His Family*. Edited by Lillian B. Miller, Sidney Hart, and Toby A. Appel. New Haven, Conn.: Yale University Press (published for the National Portrait Gallery, Smithsonian Institution), 1983–2000.

Phillips, John. *Life on the Earth*. Cambridge: Macmillan and Company, 1860.

Plaisance, Laetitia, et al. "The Diversity of Coral Reefs: What Are We Missing?" *PLOS ONE* 6 (2011).

Powell, James Lawrence. *Night Comes to the Cretaceous: Dinosaur Extinction and the Transformation of Modern Geology*. New York: W. H. Freeman, 1998. [『白亜紀に夜がくる――恐竜の絶滅と現代地質学』ジェームズ・ローレンス パウエル／寺嶋英志、瀬戸口烈司訳／青土社／2001年]

Quammen, David. *The Song of the Dodo: Island Biogeography in an Age of Extinctions*. 1996. Reprint, New York: Scribner, 2004. [『ドードーの歌――美しい世界の島々からの警鐘』デイヴィッド・クォメン／鈴木主税訳／河出書房新社／1997年]

———. *The Reluctant Mr. Darwin: An Intimate Portrait of Charles Darwin and the Making of His Theory of Evolution*. New York: Atlas Books/Norton, 2006.

———. *Natural Acts: A Sidelong View of Science and Nature*. Revised ed., New York: Norton, 2008.

Rabinowitz, Alan. "Helping a Species Go Extinct: The Sumatran Rhino in Borneo." *Conservation Biology* 9 (1995): 482–88.

Randall, John E., Gerald R. Allen, and Roger C. Steene. *Fishes of the Great Barrier Reef and Coral Sea*. Honolulu: University of Hawaii Press, 1990.

Raup, David M. *The Nemesis Affair: A Story of the Death of Dinosaurs and the Ways of Science*. New York: Norton, 1986. [『ネメシス騒動――恐竜絶滅をめぐる物語と科

学のあり方』デイヴィッド・M・ラウプ／渡辺政隆訳／平河出版社／1990年]

———. *Extinction: Bad Genes or Bad Luck?* New York: Norton, 1991. [『大絶滅——遺伝子が悪いのか運が悪いのか?』渡辺政隆訳／平河出版社／1996年]

Raup, David M., and J. John Sepkoski Jr. "Periodicity of Extinctions in the Geologic Past." *Proceedings of the National Academy of Sciences* 81 (1984): 801–5.

———. "Mass Extinctions in the Marine Fossil Record." *Science* 215 (1982): 1501–3.

Reich, David, et al. "Genetic History of an Archaic Hominin Group from Denisova Cave in Siberia." *Nature* 468 (2010): 1053–60.

Rettenmeyer, Carl W., et al. "The Largest Animal Association Centered on One Species: The Army Ant *Eciton burchellii* and Its More Than 300 Associates." *Insectes Sociaux* 58 (2011): 281–92.

Rhodes, Frank H. T., Richard O. Stone, and Bruce D. Malamud. *Language of the Earth: A Literary Anthology.* 2nd ed. Chichester, England: Wiley, 2009.

Ricciardi, Anthony. "Are Modern Biological Invasions an Unprecedented Form of Global Change?" *Conservation Biology* 21 (2007): 329–36.

Rose, Kenneth D. *The Beginning of the Age of Mammals.* Baltimore: Johns Hopkins University Press, 2006.

Rosenzweig, Michael L. *Species Diversity in Space and Time.* Cambridge: Cambridge University Press, 1995.

Rudwick, M. J. S. *The Meaning of Fossils: Episodes in the History of Palaeontology.* 2nd revised ed. New York: Science History, 1976. [『化石の意味——古生物学史挿話』マーティン・J・S・ラドウィック／菅谷暁訳／風間敏訳／みすず書房／2013年]

———. *Bursting the Limits of Time: The Reconstruction of Geohistory in the Age of Revolution.* Chicago: University of Chicago Press, 2005.

———. *Lyell and Darwin, Geologists: Studies in the Earth Sciences in the Age of Reform.* Aldershot, England: Ashgate, 2005.

———. *Worlds Before Adam: The Reconstruction of Geohistory in the Age of Reform.* Chicago: University of Chicago Press, 2008.

Ruiz, Gregory M., et al. "Invasion of Coastal Marine Communities in North America: Apparent Patterns, Processes, and Biases." *Annual Review of Ecology and Systematics* 31 (2000): 481–531.

Rule, Susan, et al. "The Aftermath of Megafaunal Extinction: Ecosystem Transformation in Pleistocene Australia." *Science* 335 (2012): 1483–86.

Ruse, Michael, and Joseph Travis, eds. *Evolution: The First Four Billion Years.* Cambridge, Mass.: Belknap Press of Harvard University Press, 2009.

Schell, Jonathan. *The Fate of the Earth.* New York: Knopf, 1982.

Sellers, Charles Coleman. *Mr. Peale's Museum: Charles Willson Peale and the First Popular Museum of Natural Science and Art.* New York: Norton, 1980.

Semonin, Paul. *American Monster: How the Nation's First Prehistoric Creature Became a Symbol of National Identity.* New York: New York University Press, 2000.

Severance, Frank H. *An Old Frontier of France: The Niagara Region and Adjacent Lakes under French Control.* New York: Dodd, 1917.

Shen, Shu-zhong, et al. "Calibrating the End-Permian Mass Extinction." *Science* 334 (2011): 1367–72.

Sheppard, Charles, Simon K. Davy, and Graham M. Pilling. *The Biology of Coral Reefs.* Oxford: Oxford University Press, 2009.

Shreeve, James. *The Neandertal Enigma: Solving the Mystery of Modern Human Origins.* New York: William Morrow, 1995.

Shrenk, Friedemann, and Stephanie Müller. *The Neanderthals.* London: Routledge, 2009.

Silverman, Jacob, et al. "Coral Reefs May Start Dissolving when Atmospheric CO_2 Doubles." *Geophysical Research Letters* 35 (2009).

Simberloff, Daniel, and Marcel Rejmánek, eds., *Encyclopedia of Biological Invasions.* Berkeley: University of California Press, 2011.

Simpson, George Gaylord. *Why and How: Some Problems and Methods in Historical Biology.* Oxford: Pergamon Press, 1980.

Soto-Azat, Claudio, et al. "The Population Decline and Extinction of Darwin's Frogs." *PLOS ONE* 8 (2013).

Stanley, Steven M. *Extinction.* New York: Scientific American Library, 1987.

Stolzenburg, William. *Rat Island: Predators in Paradise and the World's Greatest Wildlife Rescue.* New York: Bloomsbury, 2011.

Straus, William L., Jr., and A. J. E. Cave. "Pathology and the Posture of Neanderthal Man." *Quarterly Review of Biology* 32 (1957): 348–63.

Sulloway, Frank J. "Darwin and His Finches: The Evolution of a Legend." *Journal of the History of Biology* 15 (1982): 1–53.

Taylor, Paul D. *Extinctions in the History of Life*. Cambridge: Cambridge University Press, 2004.

Thomas, Chris D., et al. "Extinction Risk from Climate Change." *Nature* 427 (2004): 145–48.

Thomson, Keith Stewart. *The Legacy of the Mastodon: The Golden Age of Fossils in America*. New Haven, Conn.: Yale University Press, 2008.

Todd, Kim. *Tinkering with Eden: A Natural History of Exotics in America*. New York: Norton, 2001.

Tollefson, Jeff. "Splinters of the Amazon." *Nature* 496 (2013): 286–89.

Tripati, Aradhna K., Christopher D. Roberts, and Robert A. Eagle. "Coupling of CO_2 and Ice Sheet Stability over Major Climate Transitions of the Last 20 Million Years." *Science* 326 (2009): 1394–97.

Turvey, Samuel. *Holocene Extinctions*. Oxford: Oxford University Press, 2009.

Urrutia, Rocío, and Mathias Vuille. "Climate Change Projections for the Tropical Andes Using a Regional Climate Model:Temperature and Precipitation Simulations for the End of the 21st Century." *Journal of Geophysical Research* 114 (2009).

Van Driesche, Jason, and Roy Van Driesche. *Nature out of Place: Biological Invasions in the Global Age*. Washington, D.C.: Island Press, 2000.

Veron, J. E. N. *A Reef in Time: The Great Barrier Reef from Beginning to End*. Cambridge, Mass.: Belknap Press of Harvard University Press, 2008.

———. "Is the End in Sight for the World's Coral Reefs?" *e360*, published online Dec. 6, 2010.

Wake, D. B., and V. T. Vredenburg. "Colloquium Paper: Are We in the Midst of the Sixth Mass Extinction? A View from the World of Amphibians." *Proceedings of the National Academy of Sciences* 105 (2008): 11466–73.

Wallace, Alfred Russel. *The Geographical Distribution of Animals with a Study of*

the Relations of Living and Extinct Faunas as Elucidating the Past Changes of the Earth's Surface. Vol. 1. New York: Harper and Brothers, 1876.

———. *Tropical Nature and Other Essays*. London: Macmillan, 1878. [『熱帯の自然』アルフレッド・R・ウォレス／谷田専治、新妻昭夫訳／平河出版社／ 1987年]

———. *The Wonderful Century: Its Successes and Its Failures*. New York: Dodd, Mead, 1898. [『驚くべき世紀』中島茂一訳／博文館／ 1911年]

———. *The World of life: A Manifestation of Creative Power, Directive Mind and Ultimate Purpose*. New York: Moffat, Yard, 1911. [『生物の世界』大日本文明協會編／大日本文明協會事務所／ 2000年]

Wegener, Alfred. *The Origin of Continents and Oceans*. Translated by John Biram. New York: Dover, 1966. [『大陸と海洋の起源』アルフレッド・ウェゲナー／竹内均訳／講談社／ 1990年]

Wells, Kentwood David. *The Ecology and Behavior of Amphibians*. Chicago: University of Chicago Press, 2007.

Welz, Adam. "The Dirty War against Africa's Remaining Rhinos." *e360*, published online Nov. 27, 2012.

Whitfield, John. *In the Beat of a Heart: Life, Energy, and the Unity of Nature*. Washington, D.C.: National Academies Press, 2006.

Whitmore, T. C., and Jeffrey Sayer, eds. *Tropical Deforestation and Species Extinction*. London: Chapman and Hall, 1992.

Wilson, Edward O. "Threats to Biodiversity." *Scientific American*, Sept. 1989, 108–16.

———. *The Diversity of Life*. 1992. Reprint, New York: Norton, 1993. [『生命の多様性』エドワード・O・ウィルソン／大貫昌子、牧野俊一訳／岩波書店／ 2004年]

———. *The Future of Life*. 2002. Reprint, New York: Vintage, 2003. [『生命の未来』山下篤子訳／角川書店／ 2003年]

Wilson, Leonard G. *Charles Lyell, the Years to 1841: The Revolution in Geology*. New Haven, Conn.: Yale University Press, 1972.

Wollaston, Alexander F. R. *Life of Alfred Newton*. New York: E. P. Dutton, 1921.

Worthy, T. H., and Richard N. Holdaway. *The Lost World of the Moa: Prehistoric Life of New Zealand*. Bloomington: Indiana University Press, 2002.

Zalasiewicz, Jan. *The Earth After Us: What Legacy Will Humans Leave in the Rocks?*

Oxford: Oxford University Press, 2008.

Zalasiewicz, Jan, et al. "Are We Now Living in the Anthropocene?" *GSA Today* 18 (2008): 4–8.

Zalasiewicz, Jan, et al. "Graptolites in British Stratigraphy." *Geological Magazine* 146 (2009): 785–850.

P174　Nancy Sefton/Science Source

P195　David Doubilet/National Geographic/Getty Images

P200　© Miles R. Silman

P207　© William Farfan Rios

P209　© Miles Silman

P231　The Biological Dynamics of Forest Fragments Project

P242　© Konrad Wothe/Minden Pictures

P251　© Philip C. Stouffer

P260　U.S. Fish and Wildlife Service/Science Source

P270　John Kleiner

P281　Vermont Fish and Wildlife Department/Joel Flewelling

P288　Tom Uhlman, Cincinnati Zoo

P294　© Natural History Museum, London/Mary Evans Picture Library

P304　AFP/Getty Images/Newscom

P307　Neanderthal Museum

P313　© Paul D. Stewart/NPL/Minden Pictures

P315　Neanderthal Museum

P325　Ed Greenの好意により掲載。

P342　San Diego Zoo

写真の調査はLaura Wyss and Wyssphoto, Inc.による。
巻頭の年表および、32、110、123、219ページの画像は、
マッピングスペシャリストによるレンダリング。

［図版クレジット］

P21　© Vance Vredenburg

P23　© Michael & Patricia Fogden/Minden Pictures

P32　David M. Raup and J. John Sepkoski Jr./*Science* 215 (1982),1502より。

P52　Paul D. Stewart/Science Source

P59　The Rare Book Room, Buffalo and Erie County Public Library, Buffalo, New Yorkの許可を得て転載。

P61　The Granger Collection, New York

P63　© The British Library Board, 39.i.15 pl.1

P74　Hulton Archive/Getty Images

P89　Natural History Museum/Science Source

P90　© Natural History Museum, London/Mary Evans Picture Library

P93　Matthew Kleiner

P103　Elizabeth Kolbert

P105　© ER Degginger/Science Source

P110　John Phillips's *Life on Earth* より。

P115　Detlev van Ravenswaay/Science Source

P119　NASA/GSFC/DLR/ASU/Science Source

P123　The Paleontological Societyの許可を得て掲載。

P132　John Scott/E+/Getty Images

P135　British and Irish Graptolite Group

P138　EMR Wood/Palaeontolographical Society

P156　John Kleiner

P162　Steve Gschmeissner/Science Source

P170　© Gary Bell/OceanwideImages.com

［著者］

エリザベス・コルバート

Elizabeth Kolbert

ジャーナリスト。『ニューヨーク・タイムズ』紙記者を経て、1999年より『ニューヨーカー』誌記者。著書に『地球温暖化の現場から』（オープンナレッジ）がある。『ニューヨーカー』誌連載記事が、アメリカ科学振興協会（AAAS）賞、ナショナル・アカデミー・コミュニケーション賞（いずれも雑誌部門）をダブル受賞し、のちに単行本 *The Climate of Man* として刊行（未邦訳）。そのほかに、2度の全米雑誌賞、ハインツ賞、グッゲンハイム・フェローシップなどの受賞歴がある。

［訳者］

鍛原多惠子

Taeko Kajihara

翻訳家。米国フロリダ州ニューカレッジ卒業(哲学・人類学専攻)。訳書にコーキン『ぼくは物覚えが悪い』、ニコレリス『越境する脳』、マーカス『脳はありあわせの材料から生まれた』、ワイナー『寿命1000年』、アッカーマン『かぜの科学』『からだの一日』（以上、早川書房）、マクニック、マルティネス=コンデ、ブレイクスリー『脳はすすんでだまされたがる』（角川書店）、ストーン、カズニック『オリバー・ストーンが語る　もうひとつのアメリカ史1』(共訳、早川書房)ほか多数。

［編集協力］

奥村育美

［校正］

酒井清一

［本文DTP］

天龍社

6度目の大絶滅

2015(平成27)年3月25日　第1刷発行

著者
エリザベス・コルバート

訳者
鍛原多惠子

発行者
溝口明秀

発行所
NHK出版
〒150-8081　東京都渋谷区宇田川町41−1
TEL　0570-002-245(編集)
0570-000-321(注文)
ホームページ　http://www.nhk-book.co.jp
振替　00110-1-49701

印刷
亨有堂印刷所／近代美術

製本
ブックアート

Printed in Japan
ISBN978-4-14-081670-7 C0040

NHK出版の本

フューチャー・オブ・マインド　心の未来を科学する

ミチオ・カク
斉藤隆央 訳

テレパシー・記憶の増強・AI……。いつか、現実はSFを超える。たとえば、心で考えるだけで物を動かす。感情や感覚をインターネットで送る。記憶や知能を増強することができる――。「心」をめぐる科学の最前線とそこから導かれる驚愕の未来図を、世界的な理論物理学者が綴る。第一級のサイエンス・ノンフィクション。

NHKスペースシップアースの未来

松井孝典　ジャレド・ダイアモンド　ダニエル・ヤーギン
ヨルゲン・ランダース　エイモリー・ロビンス　NHK取材班

独自の文明論で現代に警鐘を鳴らす日本と海外の賢者たちによる最新の提言と、番組取材班による世界各地のルポを通じて、〝宇宙船地球号〟のエネルギー・環境問題を多角的に考える一冊。BS1で放送された『国際共同制作シリーズ スペースシップアースの未来』の出版化。世界の賢者たちの貴重なインタビューを全文収載。

NHK出版の本

乾燥標本収蔵1号室
大英自然史博物館　迷宮への招待

リチャード・フォーティ
渡辺政隆　野中香方子 訳

博物館の奥に広がる巨大迷路に潜むのは、人目に触れることのない膨大なコレクションと、その狭間で蠢く研究者たち。潜水服姿で街をさまよう古生物学者、寄生虫を宿しては仲間に提供する微生物学者……。浮世離れした彼らの生態は、博物学の愉しみを知るほどに愛おしくなる…？　『生命40億年全史』の著者が語り尽くす、大英自然史博物館全史。

プラスチックスープの海
北太平洋巨大ごみベルトは警告する

チャールズ・モア　カッサンドラ・フィリップス
海輪由香子 訳

「便利」の代名詞、プラスチックはリサイクルもされず、膨大な量が海へと流れ着く。レジ袋を詰まらせて死ぬ海鳥、漁網を飲み込んで餓死するクジラ、プランクトンと間違ってプラスチック粒子を食べる魚。環境ホルモンを溶出するプラスチックを海洋生物が食べていることの意味とは？　北太平洋ごみベルトを発見した海洋環境調査研究者が徹底解明する。